新安江流域水环境管理模型应用研究

赵越　杨文杰　赵康平　李国光　姚瑞华　王玉秋　等著

中国环境出版社·北京

图书在版编目（CIP）数据

新安江流域水环境管理模型应用研究/赵越等著. —北京：中国环境出版社，2015.12

ISBN 978-7-5111-2656-6

Ⅰ. ①新… Ⅱ. ①赵… Ⅲ. ①流域—水环境—环境管理—研究—休宁县 Ⅳ. ①X143

中国版本图书馆 CIP 数据核字（2015）第 303991 号

出 版 人　王新程
责任编辑　李卫民
责任校对　尹　芳
封面设计　岳　帅

出版发行　中国环境出版社
（100062　北京市东城区广渠门内大街 16 号）
网　　址：http://www.cesp.com.cn
电子邮箱：bjgl@cesp.com.cn
联系电话：010-67112765（编辑管理部）
010-67112735（第一分社）
发行热线：010-67125803，010-67113405（传真）
印　　刷　北京盛通印刷股份有限公司
经　　销　各地新华书店
版　　次　2015 年 12 月第 1 版
印　　次　2015 年 12 月第 1 次印刷
开　　本　787×960　1/16
印　　张　17.5
字　　数　324 千字
定　　价　50.00 元

前　言

模型技术在流域水环境管理中已经得到越来越广泛的应用。模型技术以流域模型为支撑，通过与水质、绩效评估等模型的联用，综合评价流域水环境质量与污染负荷状况，可为流域规划与污染防治提供科学可靠的决策支持信息。

流域模型通过综合应用数学模型的方法，定量描述流域系统及其内部污染机理过程与时空分布特征，识别出污染产生的来源及迁移路径，分析并预测污染负荷及其对水体造成的影响，建立土地利用变化及不同管理措施对污染过程与水质的影响关系；水质模型根据物质守恒原理用数学方法对水质组分在循环过程中发生的物理、化学、生物化学和生态学等方面的相互关系和变化规律进行识别；绩效评估模型运用经济学方法，对环境投资的相对效率进行评定，有利于调整投资的结构，以期取得更好的效率。

新安江流域作为我国首个国家层面的跨省流域水环境补偿试点，其流域水环境保护受到社会各界高度关注。本书以 GWLF、SPARROW、SWAT 等流域模型为基础手段，在技术上联用了流域生成工具 ArcHydro 模型、一维河道模型 QUAL2Kw 和绩效评估模型 DEA 等，结合新安江流域水环境补偿试点的管理需求和流域实际情况，重点分析了这些模型在新安江流域的应用以及对水环境管理决策的支持。相关研究成果已在新安江流域得到实践验证，对于科学保护新安江流域水环境与水资源具有重要意义。同时，也可为全国其他流域水环境管理与保护提供借鉴与参考。

全书共分为 8 章。第 1 章概述了模型技术研究现状与进展，以及研究区的自然、经济社会情况；第 2～7 章分别介绍了不同模型的特征、应用条件及关键技术环节，在此基础上，通过大量参数的设定，以新安江流域为研究对象进行模拟实证研究，实现对大尺度区域面源污染输出负荷的模拟和对流域水环境质量的评价、模拟和预警等功能，以满足流域水环境管理需求；第 8 章提出了建议。

本书得到了环境保护部“新安江流域跨界水环境补偿机制监督管理及重点流域跨界水环境补偿机制研究”项目的支持。本书编写的具体分工如下：第 1 章由姚瑞华、杨文杰执笔；第 2 章由续衍雪、赵越执笔；第 3 章由李国光执笔；第 4

章由杨文杰、孙运海执笔；第 5 章由徐敏、谢阳村执笔；第 6 章由赵康平、王玉秋执笔；第 7 章由赵越执笔。全书由赵越统一修改定稿。

本书在研究和写作过程中，得到了环境保护部、环境保护部环境规划院、黄山市环境保护局、黄山市财政局、黄山市新安江流域生态建设保护局、黄山市环境监测站、南开大学等单位相关领导、老师及学生的大力支持和帮助，在此表示衷心的感谢！

由于编者水平有限，书中难免有错漏之处，欢迎各位专家和读者批评指正。

作　者

2015 年 12 月

目 录

第 1 章　概论

1.1　流域模型技术研究进展

模型技术作为流域规划与管理的重要工具，已经得到越来越广泛的应用，并为流域水质目标制定与污染控制提供了科学可靠的决策支持信息。目前，QUAL2K、BASINS、AGNPS、HSPF 等模型在国外的水质预警、应急监测、流域规划和环境管理等方面得到了广泛应用，我国则由于环境基础信息数据的不完整，限制了模型的广泛使用和研究。为提高流域水环境管理水平，科学判断流域水污染形势，需要借助现代水质模型的研究与开发成果以及计算机、信息技术等手段，获得置信度高的模拟结果，为流域水环境规划与综合决策提供借鉴和参考。

1.1.1　国外模型的研究现状

流域特征与模型复杂度的相互匹配是模型模拟效果的决定因素。模型的选取应综合考虑流域属性（包括面积、用途、土地类型、地理条件等）、管理目标、数据储备、成本效益分析等因素，选取与目标流域最相适应的模型体系，是模型模拟的前提和基础。用于支持流域水质管理的模型体系，主要包括三类[1]：污染负荷模型、受纳水体模型和集成化模拟系统。

1.1.1.1　污染负荷模型

污染负荷模型一般用来描述和估计各种污染源产生的污染负荷量，计算出进入河道的污染负荷量，作为水质模型的污染源边界输入条件，并为水质管理和水环境规划提供必要的信息，为河道纳污量和污染物削减量的计算奠定基础。

通过对城市面源模型、农业面源模型和流域面源模型的应用条件进行梳理分析可知，SPARROW、GWLF、SWAT、HSPF 是目前国际研究较多，也基本获得公认的流域负荷模型。其中 SWAT 和 HSPF 模型具有研究精度高、计算效率高、机理过程相对全面、便于二次开发等优点，但缺点是数据需求量大，要求精度也高；GWLF 能较好地在月尺度上模拟氮、磷污染负荷，缺点是模型缺乏空间异质性；相比较而言，SPARROW 的复杂度介于传统的统计学模型与机理模型之间，将流域水环境质量与监测站点的空间属性紧密联系起来，反映流域中长期水质状况以及主要影响因子，适合于大中尺度的流域模拟。

1.1.1.2 受纳水体模型

受纳水体模型一般用来模拟沉积物或污染物在河流、湖泊、水库、河口、沿海等水体中的运动和衰减转化过程，是水质预测、评价、分析的重要工具。根据模型模拟对象的不同，可以分为湖泊水质模型、河流水质模型、水库水质模型等。

河流水质模型（如 QUAL2E、QUAL2K、WASP、BASINS 等）预测多种污染物在河流中的迁移、转化规律。QUAL2E 水质过程模拟比较简单，可以用来模拟树枝状河系中的多种水质组分。与 QUAL2E 相比，QUAL2K 模型不仅适用于完全混合的树枝状河系，而且允许多个排污口、取水口的存在以及支流汇入和流出。WASP 是一个综合性水质模拟模型，可模拟河流、水库及湖泊的水质变化，可研究点源和面源问题。BASINS 适合对多种尺度下流域的各种污染物的点源和面源进行综合分析，缺点是数据需求量较高，我国现有的基础资料难以满足。

湖泊水质模型（如 BATHTUB、CE-QUAL-W2、EFDC 等）是在河流水质模型发展的基础上建立起来的，是一种利用数学语言来描述湖泊污染过程中的物理、化学、生物化学及生物生态各方面之间的规律和相互联系的手段，结构上从简单的零维模型发展到复杂的水质-水动力学-生态综合模型和生态结构动力学模型。相比较而言，BATHTUB 模型所需的数据量及参数量相对较少，且精度也能达到评估的要求，能够满足环境管理的需要，适合于在空间数据缺乏，基础数据库、监测数据不完整的情况下使用。CE-QUAL-W2 和 EFDC 模型精度高、机理过程相对全面、对数据需求量也比较高，需要较高的专业基础知识，才能实现对湖泊和水库的精细模拟。

1.1.1.3 集成化模拟系统

对于有多重土地和水体功能的流域，如土地、河流、运河、水库、河口，污染物和受纳水体的表征通常需要多类或多个模型进行联合使用来描述整个流域系统。集成化模拟系统主要是整合和串联若干种模型以便增强模拟功能，形成一套计算机应用系统。BASINS 模型是美国环保局最常用的模型系统，该系统为模型与模型之间的数据调用、协同工作提供了绝好的平台，使 QUAL2E、HSPF、SWAT、PLOAD 模型组块得到较好的兼容和使用。

多模型集成化模拟是美国制订 TMDL 计划的主要工具。如美国环保局和纽约环保局将 GWLF 与 BATHTUB 模型联用，对纽约杰斐逊县月亮湖的总磷进行模拟，制订了 TMDL 计划；美国环保局将 GWLF 与 BATHTUB 模型联用，对西弗吉尼亚州卡诺瓦县的赖德诺尔湖的富营养化进行模拟，制订了 TMDL 计划。南达科他州环境和自然资源部将 AGNPS 与 BATHTUB 模型联用，对赫尔曼湖（Herman Lake）的富营养化进行模拟，制订了 TMDL 计划。

1.1.1.4 模型主要特点比较

近年来，随着对污染物污染机理的深入研究，许多模型在污染负荷模拟、水质响应研究等方面取得了显著进展，如 AGNPS、GWLF、MIKE、SPARROW、SWAT、BASINS 等。这些模型的共同特点就是考虑到影响水体中的污染物浓度的综合因素，并通过一定的假设对这些影响因素进行概化，进一步提高了模型模拟的真实度。

研究表明，GWLF、SWAT、SWMM、HSPF 模型适合于对流域污染负荷进行评估和分析，CE-QUAL-W2、EFDC、QUAL 2E、QUAL 2K、WASP 模型多用于污染负荷对受纳水体水质的影响分析。AGNPS、AnnAGNPS、HSPF、MIKE SHE、SWAT 是目前研究比较广泛、应用比较成熟的面源模型，其中，SWAT 模型多用于模拟地表水和地下水的水质和水量，适合长期预测土地管理措施对具有多种土壤、土地利用和管理条件的大面积复杂流域的水文、泥沙和农业化学物质产量的影响。HSPF 多用于在农田和城市混合用地的流域进行长期连续模拟。AGNPS 和 AnnAGNPS 属于暴雨污染模型，多用于模拟评估流域地表径流、泥沙、营养物以及农药的迁移。流域模型的主要特点及比较情况见表 1-1。

1.1.2 国内模型研究现状

1.1.2.1 模型在中国的主要发展历程

与国外相比，我国模型研究起步较晚，且多集中在受纳水体模型的研究。20 世纪 70 年代开始开展环境容量的研究，并将环境容量基础理论研究成果应用于目标总量控制制度中。随后，我国开始农业面源水质模型的研究，主要集中在水环境富营养化与面源污染、土地利用方式与面源污染负荷之间关系的研究上，初步把握了面源污染负荷的发生状况。受国外研究的影响，研究方法集中在分析土地

表 1-1 主要流域模型的比较

模型	特征	受纳水体动力学	受纳水体水质	流域	时间尺度	水文	优点	缺点	试点区域和范围
AGNPS	评价和预测小流域农业面源污染	不考虑	不适用	适用	小于1天	地表水	可提供流域内不同地点的影响信息	单事件模型	意大利 Alpone 流域以及中国南方
AnnAGNPS	用于评价流域内面源污染长期影响	不考虑	不适用	适用	天	地表水	能够模拟评估最佳管理措施（农业活动、池塘、长满水草的河道、灌溉方面）	不考虑降水空间差异	模型预测澳大利亚一个小流域的营养物质迁移
BASINS	基于地理信息系统的流域管理工具	考虑	适用	适用	天或小于天	地表水 地下水	有一个大型数据库能够从多个流域和水质模型中选择	需要许多 GIS 数据；需学习高端建模工具	BASINS 模型及其组件已在许多 TMDL 的研究发展中得到应用
SWAT	复杂大流域的面源模型	不考虑	适用	适用	天	地表水 地下水	可很好地评估管理措施变化引起的水质影响	适用于农业信息比较齐备的情况	美国 18 个主要流域、德国
SWMM	中尺度流域气候和土地利用类型变化对水质的影响分析	不考虑	适用	适用	小于1天	地表水 地下水	模型为中尺度流域 N 元素模拟提供了有效方法	属面源模型；讨论气候和土质对水质的影响	易北河流域（流经中欧）
TOPMODEL	湿润流域水文过程模拟；体现降雨径流模拟的思想	不考虑	不适用	适用	天或小于天	地表水 地下水	模型结构简单，优选参数少	对水文要素的空间变异性及水文单元的相互联系考虑不足	英国山区、美国东部、布柳河流域
MIKE SHE	模拟整个陆地水文循环中的水流运动、水质以及土壤侵蚀过程	考虑	不适用	适用	小于1天	地表水 地下水	可用于分析、规划和管理大范围水资源和环境问题	计算量大，所需时间较长；不同过程耦合存在难度	非洲 Senegal 流域
SPARROW	适合在流域尺度上找出主要污染源，分析流域的水质现状	不考虑	不适用	适用	年	地表水	要求输入监测数据相对较少，大部分数据易获取	输出为长期年平均值	松花江
GWLF	对以营养物质和沉	不考虑	不适用	适用	月	地表水	可方便分析管理措施	仅限于营养物质和沉	宾夕法尼亚州选择

模型	特征	受纳水体动力学	受纳水体水质	流域	时间尺度	水文	优点	缺点	试点区域和范围
	积物污染为主要特征的流域比较适用					地下水	的实施效果	积物的负荷预测，对于有流动和负荷输移的河流不适用	32 个子流域以及特拉华支流（Branch Delaware River）等
HSPF	适用于混合均匀的河流、水库和单一流向的水体	不考虑	适用	适用	小于1天	地表水 地下水	可以模拟面与点的管理方案；提供长期的连续模拟；土地和管理方案同时模拟	点方案模拟较弱；要求中高度的运转能力	美国斯威夫特（Swift Creek）流域、滇池流域、大阁河等
QUAL2E	适用于混合的枝状河流系统	不考虑	适用	不适用	—	地表水	可以研究废水排放对河流水质的影响	应用河段最多 25 个	长江重庆段、通惠河、呼和浩特市
QUAL2K	为综合性、多样化的河流水质模型	不考虑	适用	不适用	—	地表水	由一些简单模型组合而成，大量的动力学参数可参照简单模型的数值	应用河段最多 25 个	汉江中下游、钱塘江、滇池、官厅水库、西苕溪干流梅溪段
CE-QUAL-W2	研究污染负荷对受纳水体水质的影响	考虑	适用	不适用	小于1天	地表水	能模拟所有重要的富营养化过程和藻类动态变化过程	没有水深网格生成器或数据展示和后续处理的功能	美国斯威夫特流域、官厅水库
EFDC	通用的三维水动力和迁移模型	考虑	适用	不适用	—	地表水 地下水	可研究点源、面源污染，有机物迁移、归趋等	水文、水质等专业基础知识要求较高	北美的切萨皮克（Chesapeake）湾，弗吉尼亚詹姆斯河（James River）河口、约克河（York River）
WASP	用于不同环境污染决策系统中分析和预测自然和人为污染导致的各种水质状况	考虑	适用	不适用	—	地表水	与其他模型能够很好地耦合，进行二次开发	一维水动力模型	美国波托马克河、南水北调襄樊段、三峡库区、渭河流域

利用方式与面源污染的关系，立足于受纳水体的水质，建立计算回水区域污染物输出量的经验统计模型，对土壤养分径流损失和农药化学物质进入土壤中的迁移转化及作用机理进行了研究。

20 世纪 80 年代后，我国开始自主研发一些水质模型。如河海大学自主开发了太湖河网一维非稳态水量水质数学模型以及太湖湖体水量、水质及富营养化数学模型，并且在太湖流域、珠江三角洲流域开展了试点研究；北京师范大学自主研发了分布式生态水文模型 EcoHAT 系统，用于黄河流域、贵州喀斯特地区等地区研究，能从物理化学机理上对区域生态水文过程进行综合模拟。

1.1.2.2 模型中国化研究现状

将已经应用比较成熟的模型进行中国化试点研究和应用，也是国内众多研究者努力的方向。南开大学将 SPARROW 模型在松花江流域进行了试点研究，GWLF 和 BATHTUB 模型在于桥水库进行了试点研究；中国科学院生态环境研究中心将 SWAT 模型进行二次开发，提高模型的适用性，并在海河流域进行了试点研究；北京大学将 HSPF 模型在滇池流域进行了试点研究，建立了滇池流域水土资源利用方式、点源排放、农业种植方式、气象、治污工程与水质的响应关系。这些研究与实践有力地推动了水质模型的中国化应用。

1.1.2.3 模型应用过程中存在的问题

虽然模型在我国实际应用过程中取得了较大的进展，但是模型的实践应用和理论研究还有很多不足，主要表现在以下几个方面。

（1）国家环境基础数据库没有构建

模型在建立和运行过程中，需要大量的环境基础信息数据进行参数的校正和率定。目前，我国基本信息数据（行政区域边界、子流域边界、污染源位置）、环境背景数据（土壤特征、土地利用、数字高程、河流网格）、关键数据（水体水质、水文资料、气象资料、降雨材料）、污染源数据（污染源分布、污染物排放量）等掌握在不同的管理部门手里，国家环境基础数据库没有构建，基础信息缺乏共享机制。而部分数据对水质模型的关键参数校正分析具有重要意义，数据无法获得或者获得数据的质量好坏严重限制了模型的构建，以及在实际过程中的应用。

（2）分析评价工具基本缺失

流域系统的概化分析、污染物的时空转化关系、水质参数的相互影响、地理数据和历史数据的结合等均需要多种分析评价工具。目前，各种评价工具的评价结果往往只能说明单一问题，且评价过程受边界条件的制约，评价结果多不能被相互借鉴、参考、比较和分析，使得模型的研究和使用比较散，没有形成体系。分析评价工具的整体性、系统性较差，标准化水平较低也是限制模型的研究和使用的重要因素。

（3）通用性模型没有建立和推广

迄今为止，国家层面还没有公开推荐，也没有被大家公认通用的、具有可比性的水环境质量评价模型。各部门选用模型的随意性很大，造成同一地区、不同模型预测结果存在较大差异的现象，不仅不能反映本地区的污染状态，同时也不便于与其他地区进行比较。模型参数的校正和率定缺乏法定的依据和标准，也容易产生模型的“异参同效”现象。例如，即使流域污染物入河量估算偏大，但同时入河系数偏小仍可以得到相同的污染物入河量；同样污水入河量偏小而污水浓度偏大时也可能得到相同的入河负荷等。另外，模型在使用过程中存在较多人为因素，也增加了模型模拟的难度，如河流水体上存在水库、闸坝的调度，调度随意性大，使得水量过程的模拟非常困难，相应水质过程模拟难度更大。

1.2 新安江流域概况

1.2.1 流域范围

研究区范围主要指安徽省境内新安江流域，面积为 6 408.40 km^2。其中包括黄山市的屯溪区、徽州区、歙县全境，以及黄山区、休宁县、黟县、祁门县的部分地区，面积为 5 569.75 km^2；还包括宣城市绩溪县的部分地区，面积为 838.64 km^2。详细范围见表 1-2。

表 1-2 新安江流域（安徽省境内）范围

区县	乡镇（街道）	面积/km^2
黄山市	屯溪区、黄山区、徽州区、歙县、休宁县（部分）、黟县（部分）、祁门县（部分）	5 569.75
宣城市	绩溪县（部分）	838.64
合计		6 408.40

1.2.2 自然地理概况

新安江流域属亚热带季风气候区，温暖湿润，雨量充沛，光照充足，多年平均气温 17℃，最低月平均气温 5.8℃，最高月平均气温 28.9℃；地貌以山地丘陵为主，海拔为 700～1 200 m；植被茂密，森林覆盖率达 75%以上；研究区山高坡陡、降雨强度大，容易诱发滑坡、崩塌和泥石流等地质灾害，现有地质灾害隐患点 1 660 多处，水土流失面积 2 300 多 km^2。研究区水系发达，主要河流有新安江、武强溪、富强溪等 30 余条，均汇集于千岛湖，水质状况优良。

新安江是黄山市主要河流，发源于黄山市休宁县六股尖，地跨皖浙两省，为钱塘江正源，是安徽省内仅次于长江、淮河的第三大水系，也是浙江省最大的入境河流。新安江干流长度约 359 km，其中安徽省境内 242.3 km，大小支流 600 多条。流域总面积约 11 452.5 km^2，黄山市境内 5 856.07 km^2，占流域总面积的 51.1%。新安江经千岛湖、富春江、钱塘江在杭州湾入东海。省界断面多年平均出境水量占千岛湖年均入湖总水量的 60%以上。

境内还有发源于黄山北坡的清弋江，北流入长江；发源于黄山南坡西段的阊江，南流入鄱阳湖。清弋江和阊江均属于长江水系。

新安江流域水系概化图，见图 1-1。

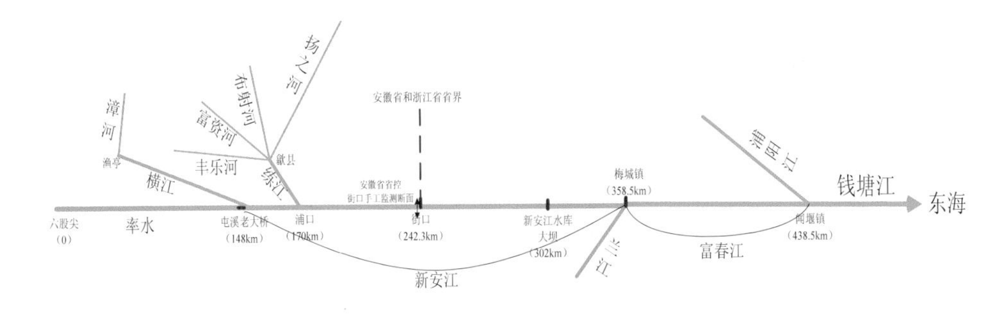

图 1-1 新安江流域水系概化

1.2.3 水资源及水环境质量

1.2.3.1 水资源现状及变化趋势

（1）降水量

黄山市和绩溪县均属于亚热带湿润季风气候，四季分明，雨量充沛，湿度较大，降水量年际变化较大，时空分布不均。图 1-2 表明黄山市 2007—2013 年降水量比 2005—2007 年总体偏多。具体如表 1-3 所示。

表 1-3　2005—2013 年研究区降雨量情况

年份	降雨量	
	mm	亿 m^3
2005	1 340.6	131.77
2006	1 402.3	137.83
2007	1 400.2	137.63
2008	1 806.3	177.54
2009	1 701.3	167.22
2010	2 133.0	209.18
2011	1 748.2	171.45
2012	2 108.2	206.75
2013	1 578.9	154.84

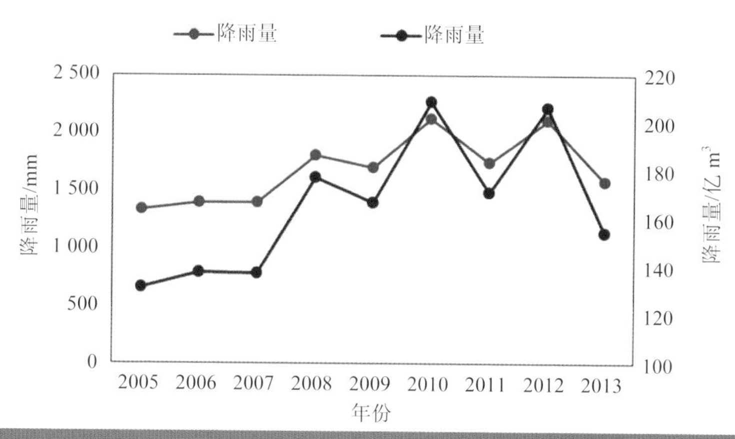

图 1-2　2005—2013 年黄山市降雨量变化趋势

（2）水资源量

黄山市水资源比较丰富，多年平均地表水资源量为 90.6 亿 m^3，地下水资源量 13.9 亿 m^3。全市多年平均入境水量 8.7 亿 m^3，出境水量 116.9 亿 m^3。2005—2013 年，年际地表水资源量变化较大，与降雨量年际变化一致，地下水资源量基本保持稳定，具体见表 1-4 和图 1-3。

表 1-4 2005—2013 年黄山市水资源量情况 单位：亿 m^3

年份	地表水	地下水	入境水量	出境水量
2005	57.27	9.17	—	—
2006	66.66	10.66	—	—
2007	60.55	9.71	—	—
2008	90.70	14.45	—	—
2009	90.70	14.45	—	—
2010	138.69	21.53	9.9	142.59
2011	96.885	14.309	7.60	98.6
2012	121.53	16.6	9.8	128.4
2013	92.675	13.9	7.5	97.9

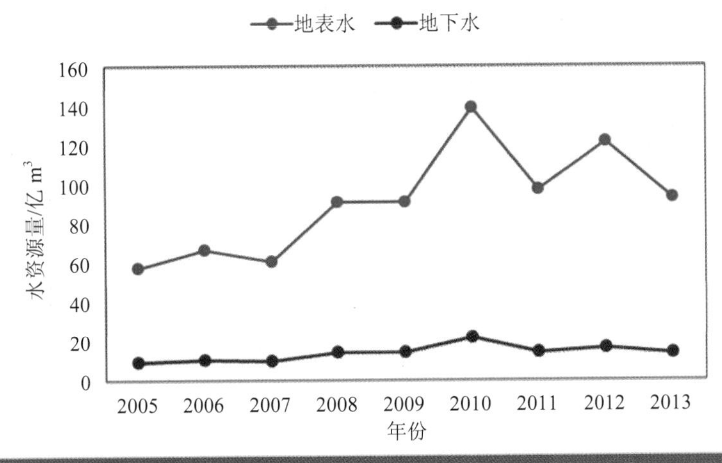

图 1-3 2005—2013 年黄山市地表水地下水资源量变化趋势

1.2.3.2 水环境现状及变化趋势

新安江流域（安徽省境内）共有 9 个河流型断面。其中 8 个属于黄山市，分别为：黄山林校、市自来水厂、黄口、篁墩、渔梁、浦口、南源口和街口（安徽）。1 个属于宣城市绩溪县，为绩歙交界碑。

本项目根据《地表水环境质量评价办法（试行）》及《地表水环境质量标准》（GB 3838—2002），采用单指标法（水温、粪大肠杆菌、总氮不参评）对新安江流域水质现状与变化趋势进行评价。对于皖浙两省交界的街口断面，2004—2010 年采用安徽省数据，2011—2013 年采用两省联合监测数据。

2004—2013 年，新安江流域总体水质稳定保持为优。多数断面达到地表水环境质量 II 类标准。练江渔梁断面水质多数年份保持在III类。主要影响该断面水质类别的指标为总磷。2004—2013 年新安江流域总体水质情况见表 1-5。

表 1-5　2000—2013 年新安江水质状况

年份	类别	I 类	II 类	III类	IV类	V 类	劣 V 类	合计
2004	断面数/个	0	7	1	0	0	0	8
	所占比例/%	0	87.5	12.5	0	0	0	100
2005	断面数/个	0	8	0	0	0	0	8
	所占比例/%	0	100	0	0	0	0	100
2006	断面数/个	0	7	1	0	0	0	8
	所占比例/%	0	87.5	12.5	0	0	0	100
2007	断面数/个	0	7	2	0	0	0	9
	所占比例/%	0	77.8	22.2	0	0	0	100
2008	断面数/个	0	8	1	0	0	0	9
	所占比例/%	0	88.9	11.1	0	0	0	100
2009	断面数/个	0	8	1	0	0	0	9
	所占比例/%	0	88.9	11.1	0	0	0	100
2010	断面数/个	0	8	1	0	0	0	9
	所占比例/%	0	88.9	11.1	0	0	0	100
2011	断面数/个	0	8	0	0	0	0	8
	所占比例/%	0	100	0	0	0	0	100
2012	断面数/个	0	8	0	0	0	0	8
	所占比例/%	0	100	0	0	0	0	100
2013	断面数/个	0	8	0	0	0	0	8
	所占比例/%	0	100	0	0	0	0	100

1.2.3.3　主要污染物排放量及变化趋势

2004—2013 年，黄山市工业 COD、工业氨氮排放量呈总体下降趋势，尤其在 2010—2013 年，下降幅度较大。生活 COD 总体有下降趋势，2010—2011 年下降幅度较为明显，具体见图 1-4～图 1-7。

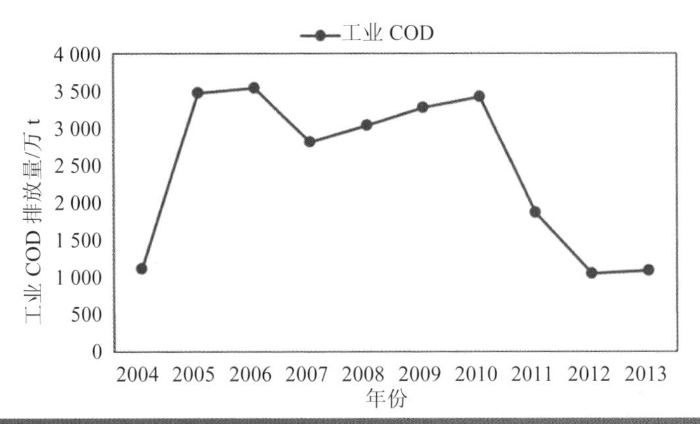

图 1-4 2004—2013 年黄山市工业 COD 排放量变化趋势

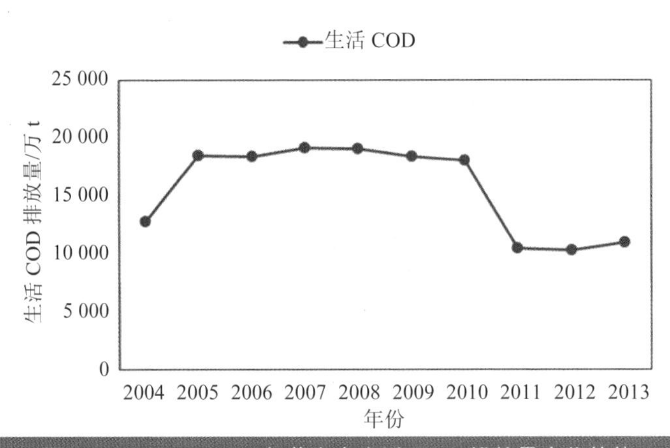

图 1-5 2004—2013 年黄山市生活 COD 排放量变化趋势

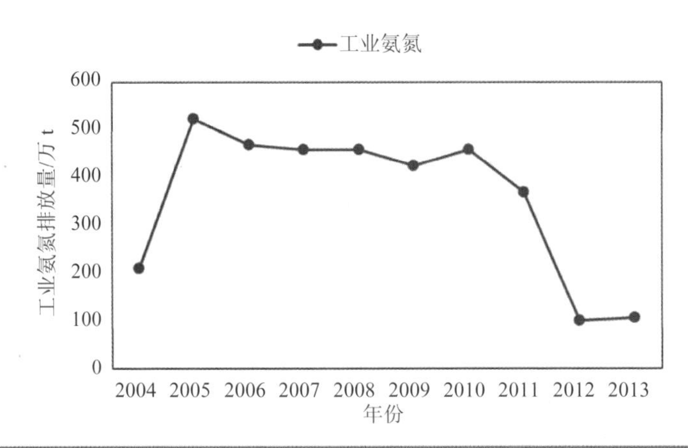

图 1-6 2004—2013 年黄山市工业氨氮排放量变化趋势

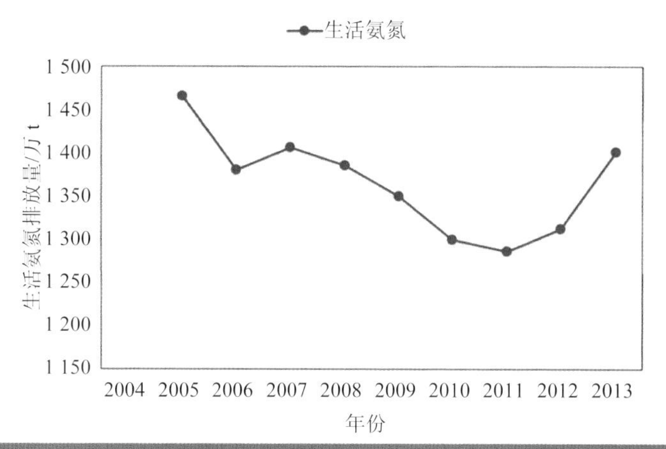

图 1-7 2004—2013 年黄山市生活氨氮排放量变化趋势

1.2.4 经济社会概况

流域内以农村人口为主。2013 年，研究区共有户籍人口 165.09 万人，其中农村人口约 85 万人，约占常住人口的 55.5%。

人口增长较慢，城镇化速度较快。整体来看，研究区人口自 2000 年以来呈缓慢增长趋势。户籍总人口由 2003 年的 164.86 万人增加至 2013 年的 165.09 万人，仅增加 0.23 万人，常住人口由 2005 年的 157.7 万人减少到 2013 年的 153.3 万人，实际减少 4.4 万人。城镇化率由 2005 年的 33.41%升高至 44.51%，提高 11.1 个百分点。

研究区经济总量在安徽省处于较低水平。2013 年流域地区国民生产总值（GDP）520.3 亿元，按可比价格计算，比上年增长 9.2%，占安徽省 GDP 总量的 2.7%。与安徽省其他地区相比，该地区生产总值低于省内其他地市。具体见图 1-8。

研究区产业结构总体以第二产业为主。2013 年安徽省新安江流域第一产业产值 61.6 亿元，第二产业产值 243.7 亿元，其中工业增加值 193.39 亿元，第三产业产值 215 亿元，全市三次产业结构为 11.8∶46.8∶41.4，整体上以第二产业为主。

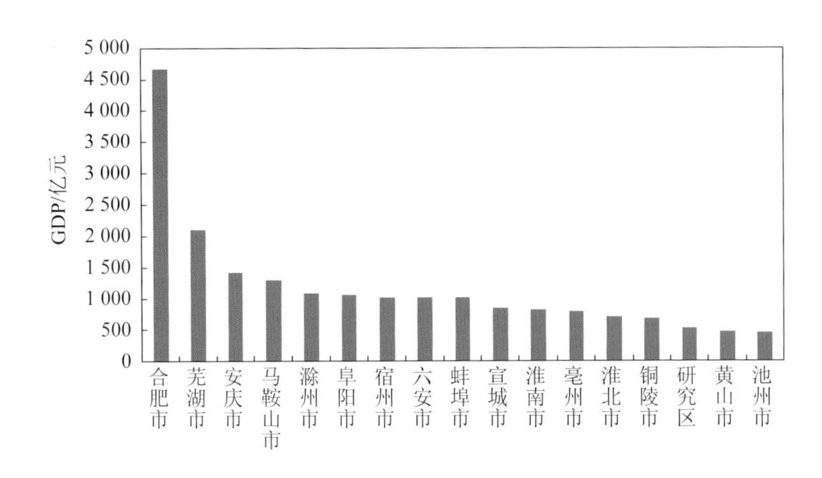

图 1-8 安徽省各地市 2013 年 GDP

1.3 主要内容

本书综合了流域生成工具 Arc Hydro 模型，流域模型 GWLF、SPARROW、SWAT，一维河道模型 QUAL2Kw，绩效评估模型 DEA 等，结合流域水环境管理需求和流域实际情况，注重针对性和可操作性，重点研究了这些模型在新安江流域的应用以及对水环境管理的决策支持。

其中，流域模型可以定量描述新安江流域系统及其内部污染发生的过程，分析并预测污染负荷及其对水体造成的影响，探讨污染机理过程与时空分布特征，识别出污染产生的来源及迁移路径，分析并预测污染负荷及其对水体造成的影响，建立土地利用变化及不同管理措施对污染过程与水质的影响关系，为下一步制定更加精细、严格的污染管控措施提供依据；水质模型根据物质守恒原理，用数学方法对水质组分在循环过程中发生的物理、化学、生物化学和生态学等方面的相互关系和变化规律进行识别；绩效评估模型运用经济学方法，对环境投资的相对效率进行评定，有利于调整污染治理投资的结构，以期取得更好的治污效果。各模型主要功能分别概述如下：

1.3.1 Arc Hydro 模型

Arc Hydro 模型是一种基于 ArcGIS 的水资源管理应用系统，其主要目的是为流域数据分配并管理各种属性值，同时为水资源管理及应用提取 DEM 数字流域、生成水文网络、按照属性值进行水文网络追踪等。Arc Hydro 模型由水文数据模型（arc hydro data model）和水文工具集（arc hydro tools）两部分组成。水文数据模型是由 ESRI 公司和美国得克萨斯州奥斯汀大学水资源研究中心（CRWR）联合开发推出的一个开放式、基于 COM 类的、可扩展的用于水资源领域的数据模型；水文工具集主要作用是为水资源管理及应用提取 DEM 数字流域、生成水文网络、按属性值进行水文网络跟踪，为流域数据分配并管理各种属性值。Arc Hydro 充分运用面向对象数据库思想来建立水文数据库，利用 Arc Hydro 基于数字高程模型（DEM）提取的流域水系特征可以作为流域模型的主要输入数据和参数。

1.3.2 GWLF 模型

通用流域污染负荷模型（generalized watershed loading function，GWLF）是目前国际上通用的流域营养盐通量模拟与负荷源解析模型，属于半机理、半经验性流域负荷模型。其模型复杂度适中，数据需求量与我国现有数据条件相匹配，能够在月尺度上提供可靠的模拟结果，其精度可满足我国环境管理的一般需求。此外，GWLF 模型参数规模适度，模型参数集的录入与组织形式较为灵活，为开展相关的参数校准率定与灵敏性和不确定分析创造了条件，在缺乏标准参数数据库的情况下具有较强的自适应能力，易于在缺乏模型经验的地区开展应用。本书主要介绍了 GWLF 模型的原理和在新安江流域的构建、营养盐污染过程模拟、污染源负荷源解析及时间差异性分析、流域负荷情景分析及趋势预测、基于行政区域污染源解析、面向水环境管理决策支持的最佳管理实践等内容。

1.3.3 SPARROW 模型

流域空间属性回归模型（spatially referenced regressions on watershed attributes，SPARROW）模型是由美国国家地质调查局（USGS）开发的一款流域模型，其以统计学方法为基础，同时加入了简单的过程模拟，是介于简单经验模型与复杂机理模型之间的一种预测方法，根据物质守恒定理，利用连续监测数据及非线性回归方法估算地表水的污染源构成及流域内的水质分布，同时考虑气象和土壤条件（例如降雨、地形、植被、土壤类型、渗透率等）对污染物传输的影响。

作为一个大尺度流域模型，美国应用 SPARROW 模型针对全国范围内的河流进行了一系列研究。Richard A.等在 1997 年利用全国范围内的 379 个监测点对 60 000 多个河段 TN、TP 的来源及分布情况进行了模拟和预测，证实了 SPARROW 模型在优化监测网络、预测未监测河段水质情况方面的能力。随后 Richard B.等发表报告认为国家的水质管理不仅需要现有的实时监测手段，更需要利用

SPARROW 这样的模型对未监测河段水质进行预测，节省经费的同时还可以对全国水质情况有整体的评估和了解。2008 年，Schwarz 等对美国全国河流内的悬浮颗粒物的来源及分布进行了研究，开拓了 SPARROW 模型能够模拟的污染物种类。2010 年，Shih 等利用 SPARROW 模型对全国河流中的有机碳（TOC）进行了模拟，探讨了土地利用形式与有机碳排放之间的关系，证明了 SPARROW 模型在大尺度流域内针对不同种类的污染物的模拟能力。

SPARROW 模型最大的特点之一就是以 DEM 为基础，生成研究区域内的河网及子流域分区图，包含监测站点及其他一系列空间属性数据，建立河网拓扑关系，估算污染物从产生到进入河流的传输过程以及在水中的衰减过程。本书主要介绍了 SPARROW 模型原理和构建、模型校准及营养盐结果分析、流域污染负荷来源精细化源解析、新安江生态补偿效果评估等。

1.3.4 QUAL2Kw 模型

QUAL2Kw 是 2005 年美国华盛顿生态局的 Gregory Pelletier 与塔夫斯大学的 Steven Chapra、Hua Tao 在 QUAL2K 的基础上开发的。作为一维稳态的河道水质模型，QUAl2Kw 以河段作为其最小计算单元，且假定每个河段具有相同的水文、水质特征。相比 QUAL2K 模型，QUAL2Kw 模型在模拟算法上没有较大的改变，但增加遗传算法的校准模块能对参数进行全局最优化。QUAL2Kw 模型是一个多用途的河流综合水质模型，在北美、亚洲、欧洲得到广泛应用，可以模拟的参数包括水温、pH、碱度、电导率、悬浮性颗粒物、溶解氧、腐殖质、快速反应 BOD 和慢反应 BOD、有机氮、氨氮、硝态氮、有机磷、无机磷、浮游植物、底藻、病原体以及一个用户定义的指标。本书主要介绍了 QUAl2Kw 模型在新安江流域的应用以及和流域负荷模型 GWLF 的对接和联用。

1.3.5 SWAT 模型

SWAT 模型是一个连续时间、半分布式、基于过程的流域模型，能够用于较大的流域和复杂的下垫面条件，各种土壤、土地利用类型及农业管理措施的组合，评价对流域产流、产沙及农业化学物质迁移、转化的影响。SWAT 模型最初是由美国农业部农业研究所（USDA—ARS）支持开发的，到目前已经有 30 余年的发展历史和研究经验。SWAT 模型包括水文过程子模型、土壤侵蚀过程子模型和污染物负荷子模型，每个子模型又分为陆域模块和河道/水库模块两个部分。本书主要介绍了 SWAT 模型在新安江屯溪流域的构建及应用。

1.3.6 DEA 模型

数据包络分析（data envelopment analysis，DEA）是运筹学、管理学与数理经济学交叉研究的一个领域，它是由 Chames 与 Cooper 等于 1978 年创建的。DEA 主要采用数学规划的模型评价具有多输入多输出的部门或决策单元（deision making units，DMU）之间的相对有效性，是一种非参数的评估方法，同时也是估计生产前沿面的一种有效方法。环境投入与污染物削减之间关系复杂，并非简单的线性关系可以描述。DEA 的显著特点是其不需要考虑投入与产出之间的函数关系，而且不需要预先估计参数和做任何权重假设，避免了主观因素，通过对比产出与投入加权之和，计算决策单元的投入产出效率。在环境治理过程中，由于投入了大量的资金，希望获得尽可能高的治理效率，而经济与环境指标之间一般并没有直接的对应函数关系，因此使用 DEA 分析方法投入（环境投资）与产出（污染物削减）之间的关系被认为是一种有效可行的方法。本书介绍了 DEA 模型在新安江不同区县生态补偿效果上的评价应用。

第2章 流域生成工具：Arc Hydro

随着地理信息系统和数字化流域技术的迅速发展，流域水文模型已成为研究水文自然规律和解决水文实践问题不可缺少的工具。利用 Arc Hydro 基于数字高程模型（DEM）提取的流域水系特征不仅可以作为流域模型（例如，GWLF 模型，SPARROW 模型以及 SWAT 模型）的主要输入数据和参数[2,3]，而且其所包含的水文信息也是构建流域分布式水文模型的重要基础数据以及反映流域特征的基本骨架[4]，因此利用有效的工具提取获得的流域水系特征已成为流域水文模拟和环境模型应用的研究热点。

本章主要研究了基于 Arc GIS 地理信息系统平台的 Arc Hydro 模型的结构及使用方法，包括从原始高程数据提取河网的步骤。案例区域选取位于黄山市辖区范围内的新安江流域，采用 90 m 分辨率的 DEM 作为基本地形数据，对新安江流域水文特征进行提取，生成新安江河网及流域。

2.1 Arc Hydro 模型简介

Arc Hydro 模型是一种基于 Arc GIS 平台的水资源管理应用系统，由水文数据模型（Arc Hydro Data Model）和水文工具集（Arc Hydro Tools）两部分组成（图 2-1）。其中 Arc Hydro Data Model 为海量流域数据提供有效的存储框架，而 Arc Hydro Tools 为方便快速提取流域基本数据提供工具集。Arc Hydro Tools 是对 Arc Hydro Data Model 的实例化，二者共同为 GIS 在水资源方面的应用提供基础支持[5]。

2.1.1 Arc Hydro 水文数据模型

该模型包括五个部分[6]：

（1）Network（水文网络）：水文网络要素数据集模块，表达河流的总体信息和地表水流的连通性。

（2）Drainage（汇流区）：汇流区要素数据集模块，表达由地形地貌定义的河谷线、分水线、汇流区等水文地理几何特征。

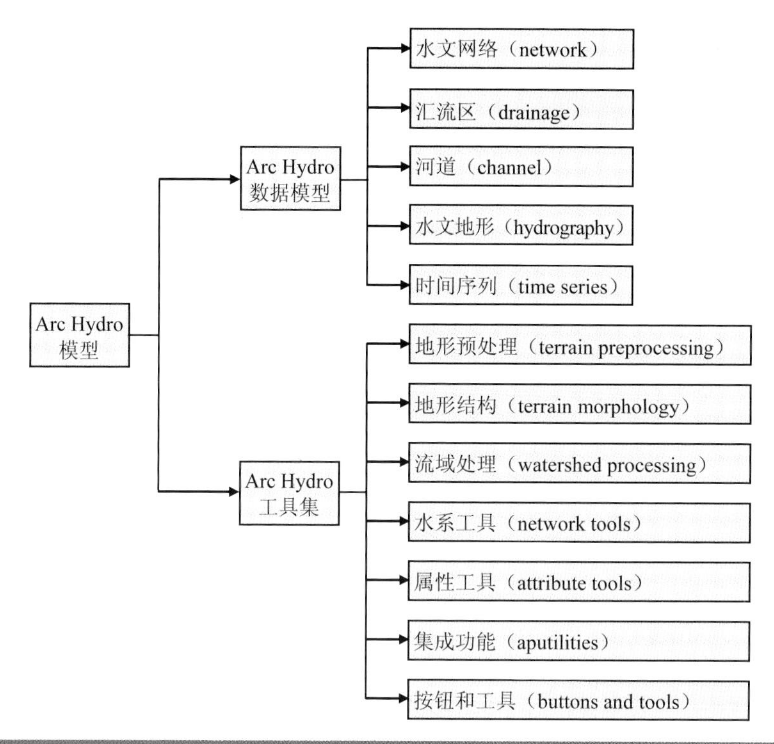

图 2-1　Arc Hydro 模型的结构框架

（3）Channel（河道）：河道要素数据集模块，三维表征河流和水道，包括横断面、轮廓线以及三维信息等。

（4）Hydrography（水文地形）：水文地形要素数据集模块，用于表达水系及其附属底图信息。

（5）Time Series（时间序列）：水文现象随着时间、气候而改变，Arc Hydro 模型定义了时间序列数据模块，来存储监测站和其他设施定期观测的数据，如水位、径流量和水质等。时间序列数据模块包括时间序列对象类和 TSType（数据类型）对象类，以 Geodatabase 表的形式实现，通过所记录数据类型的 ID 来进行关联[7]。

2.1.2　水文工具集

水文工具集是基于 Arc GIS 和 Arc Hydro 数据模型开发的用于支持地表水资源应用研究的工具集，主要由地形预处理（terrain preprocessing）、地形结构（terrain morphology）、流域处理（watershed processing）、水系工具（network tools）、属性工具（attribute tools）以及集成功能（aputilities）六大模块组成。其主要功能是从数字高程模型中提取用于地表水文要素的特征信息，并进行一系列的分析及可视化显示。以下简要介绍上述六部分结构与功能。

（1）地形预处理工具包括 DEM 再处理（DEM reconditioning）、坑洼填平（fill sinks）、流向的确定（flow direction）、流量积累（flow accumulation）、河系的定义（stream definition）、集水区栅格描述（catchments grid definition）、集水区矢量化（catchments polygon processing）、流径处理（drainage line processing）。

（2）地形结构工具是对非树状地形的初步分析，同时准备进一步处理数据。研究区域的 DEM 和 TIN 数据均可作为地形结构输入数据。主要包括地形结构数据管理、流域面积表征、流域边界定义、流域边界生成等功能。

（3）流域处理包括分批流域生成（batch watershed delineation）、分批子流域生成（batch subwatershed deline）、确定排水区质心（drainage area centroidtion）、确定最长流径（longest flow path）等功能。

（4）水系工具包括水文网络（hydro network generation）、节点生成（node / linkschema generation）、存储流向（store flow direction）、设置流向（set flow direction）等功能。

（5）属性工具包括查找下一个下游流线（find next downstream line）、计算下游流线到边界长度（calculate length downstream for edges）、计算下游流线到交汇点长度（calculate length downstream for junctions）、存储流域出口（store area outlets）、属性确定（consolidate attributes）、属性积聚（accumulate attributes）、显示时间序列（display time series）等功能。

（6）集成功能（ApUtilities）包含获得地图文件的功能以及 Arc Hydro 在线帮助功能。具体包括地图列表、添加新图层、XML 管理等，一般情况下很少使用。

2.2 新安江流域水系提取

2.2.1 DEM 数据源

DEM 是流域地形、地物识别的原始材料，根据数据结构可分为等高线、不规则三角网和栅格型三类，从 DEM 中可提取在水文和地形分析中常用的流域特征参数。本章采用的新安江流域 DEM 数据源是 SRTM DEM，中国境内可用的数据为 3″（分辨率约 90 m），数据的大地平面基准为 WGS84，高程基准为 EGM96，垂直误差小于 16 m（90%置信度）。原始 DEM 数据可从 CGIA-CSI SRTM 90 m 数据库下载（http：//srtm.csi.cgiar.ogr/），经过投影变换、图像拼接和边界裁剪等处理可得到研究区域的 DEM。新安江研究区域数字高程模型如图 2-2 所示。

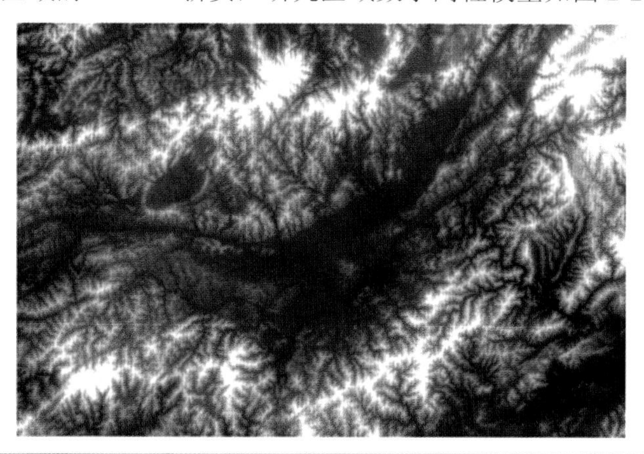

图 2-2　新安江地区数字高程模型

2.2.2　根据 DEM 生成新安江河网及流域

水文分析是 DEM 数据应用的重要内容，可以通过 DEM 数据派生出一些水文特征。比如说，可以提取河流网络、自动划分流域，这些是描述某一地区水文特征的重要因子。采用 Arc Hydro 水文工具集提取流域水系信息包括以下五个流程：DEM 的预处理、水流流向确定、汇流栅格图的生成、自动生成河网以及子流域边界的划分。基本处理流程如图 2-3 所示。

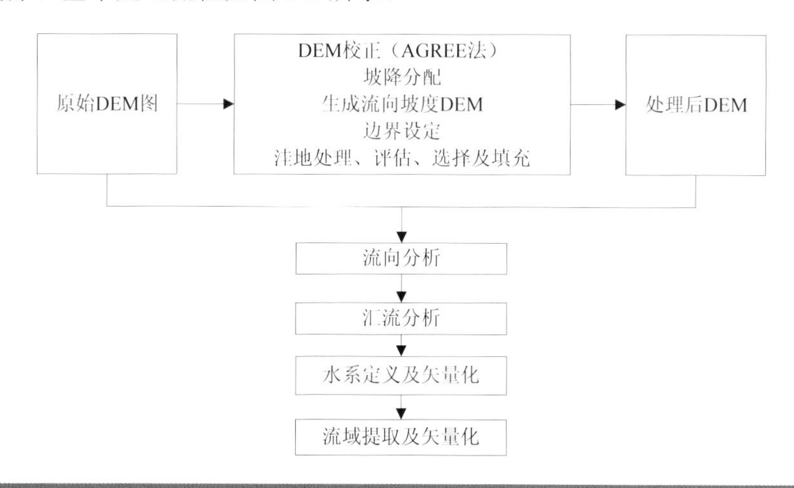

图 2-3　Arc Hydro 模型处理 DEM 数据，提取流域特征数据流程

2.2.2.1 DEM 数据的预处理

在原始 DEM 数据中，存在很多平坦区域和洼地，在进行水流方向计算时，由于这些洼地或者凹陷会造成水流不能流出洼地边界，从而使提取水系产生很大的误差或不能计算出合理的结果，因此在提取水系前，需要对 DEM 中的平坦区域和洼地部位的高程数据进行修改，使水流能够沿着水流方向流出洼地和平坦区域，保证从 DEM 数据中提取的自然水系是连续的。Arc Hydro 水文工具集提供了这样一种改进方法，可以进行改进 DEM 矢量河网输入校正（DEM reconditioning），流域、子流域边界校正（build walls），湖泊水流方向校正（adjust flow direction lakes）以及水系流向处理。上述方法不是必需的校正步骤，可选择必要的步骤进行合理组合对 DEM 原始数据进行处理，以保证栅格的流向与实际河流流向相一致。图 2-4 是通过上述方法校正好的新安江流域高程图。

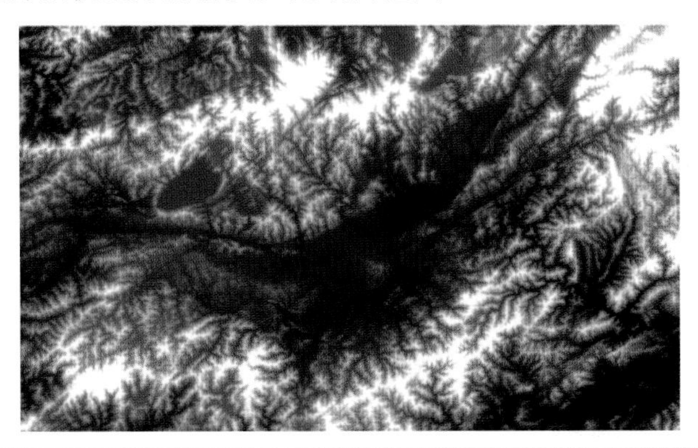

图 2-4 经过洼地填充处理生成的无洼地 DEM

2.2.2.2 水流方向确定

流域水系提取的关键是水流方向分析，它决定了地表径流的方向及栅格单元间流量的分配[8]。目前已有的方法包括 Rho8 法、Lea 法、DEMON 法、Formo8 法、TAPES-C 和 D8 法等[9]。Arc Hydro 采用的是 D8 法，此方法假设每一栅格单元只有 8 种可能的流向，即只能流入与之相邻的 8 个栅格单元网格中。它用最大坡降法来确定水流的方向，即在 3×3 的 DEM 网格上计算网格中心点垂直落差与网络中心点之间距离的商。依次以此方法进行计算即可得到所有单元格的水流方向。选取 1，2，4，8，16，32，64，128 这八个有效特征码分别表示水流方向为东，东南，南，西南，西，西北，北，东北，从而形成水流流向 DEM 图，新安江水系流向如图 2-5 所示。

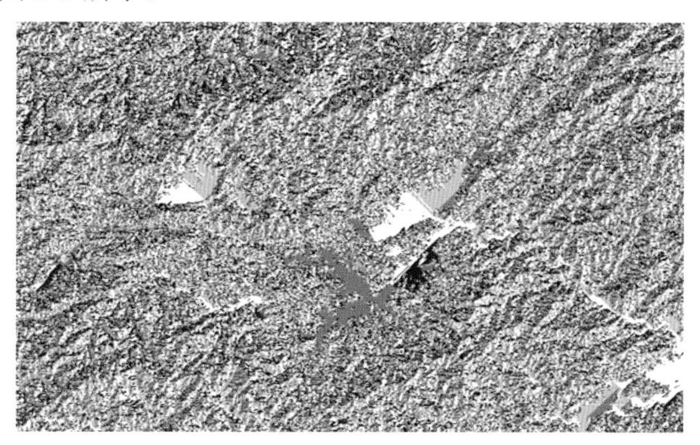

图 2-5　D8 法生成的水流流向 DEM 图

2.2.2.3　汇流累积量的计算

在地表径流模拟过程中，汇流累积量是基于水流方向数据计算得到的。其基本思想是认为规则格网表示的数字地面高程模型每点处有一个单位的水量，按照自然水流从高处流往低处的自然规律，根据区域地形的水流方向数据计算每点处所流过的水量数值，从而得到该区域的汇流累积量。处理结果如图 2-6 所示。

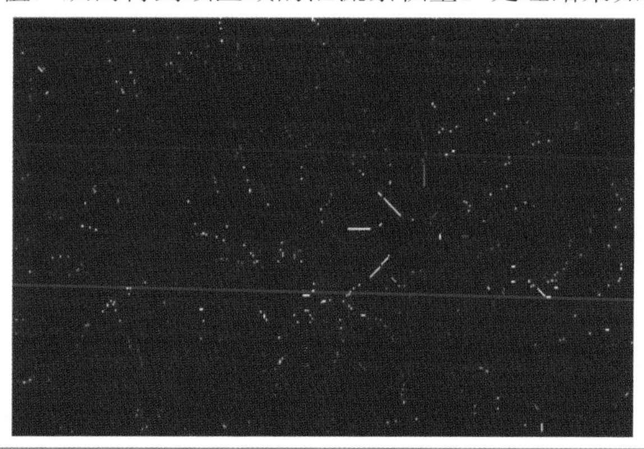

图 2-6　通过计算生成的新安江流域汇流累积量数据

2.2.2.4　河网的生成

利用 Arc Hydro 模块下 Stream Definition 工具对汇流累积栅格设置集流阈值（或称集水面积阈值），定义河网水系。经过裁剪、处理得到新安江流域水系图，处理结果见图 2-7。

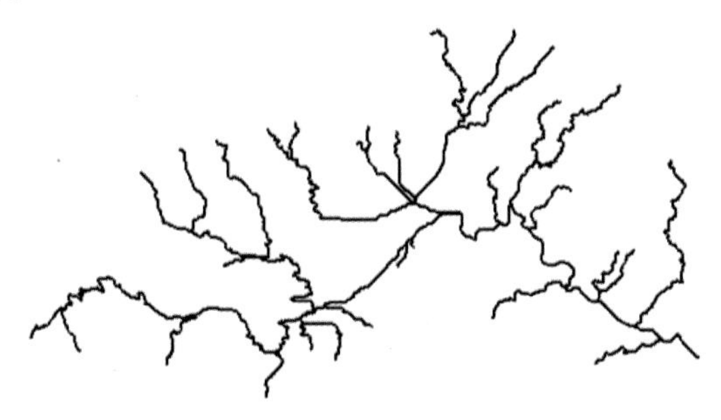

图 2-7 新安江流域河网的生成

2.2.2.5 子流域的划分

新安江流域子流域的提取过程是利用 Arc Hydro 水文工具集的地形预处理模块实现的。通过该模块下的子流域栅格定义（catchments grid delineation）以及流域矢量化（catchments polygon processing）这两个命令进行子流域提取，得到新安江流域的子流域图。以《黄山市河流水系图》为基准校准得到河网适量数据，并通过分析计算得到相应的子流域分区图（图 2-8）。

2.2.3 结语

自然水系一般是多流向的水流，而水文工具集使用的 D8 算法是单流向的算法，相比于 GRASS（geographic resources analysis support system，地理资源分析支持系统）、river tools（河流工具集）、TOPAZ（topographic parameterization，拓扑参数化模型）以及 WMS（watershed modeling system，流域模型系统）等软件，由于所使用算法的不同，提取的流域特征也有一定差异。GRASS 和 River Tool 在处理大型 DEM 数据上占有优势，TOPAZ 的运算、执行效率高但其结果必须通过 GIS 进行可视化，而 Arc Hydro 模型在数据管理和可视化分析上优势明显，但其对大型平坦区域的处理效果一般。

以 STRM DEM 为基础分析数据，利用 ESRI 公司提供 Arc Hydro 模型完成研究区域 DEM 数据的流域水文信息提取，并根据 DEM 属性数据，计算出不同汇流累积量阈值的河网密度，确定目标流域的最适栅格阈值，从而提取出流域水系，其后由水系和流向，提取出新安江流域，结果表明使用 Arc Hydro 模型对新安江水系及流域信息进行提取的方法是有效的。

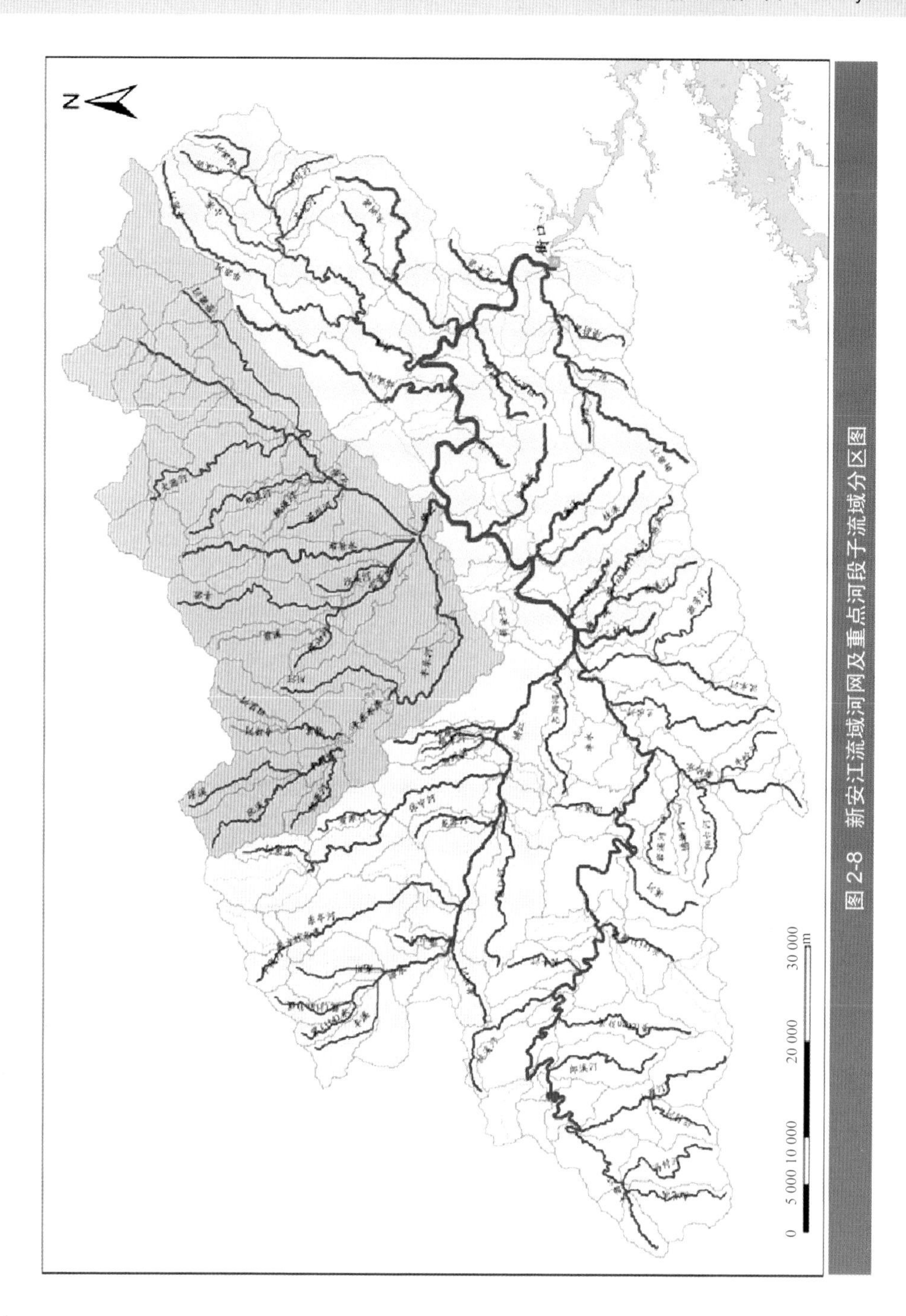

图 2-8　新安江流域河网及重点河段子流域分区图

第3章 通用流域负荷模型：GWLF

3.1 模型概述

通用流域负荷模型（GWLF）由美国康奈尔大学的 Haith 和 Shoenaker 于 1987 年首次提出其详尽的数学形式并基于计算机语言开发[10]。GWLF 是典型的半分布式半经验模型，模型构建形式灵活，数据需求相对宽松，结果能够满足一般的流域水环境管理需求。

GWLF 模型架构基于分布式流域水文过程建立，在污染驱动力假设上与其他流域污染负荷模型类似（如 SWAT），其采用 SCS 径流曲线方程对地表径流进行评估，并基于日水量平衡计算地下水文过程。在此基础上，GWLF 模型通过对污染物在地表径流与地下水中的地球环境化学行为开展基于经验式的仿真，在月尺度上提供可靠的河川径流、沉积物、可溶性及总营养盐负荷通量的模拟，并能够实现对污染来源分配的动态解析。具体 GWLF 模型核心算法框架如图 3-1 所示。

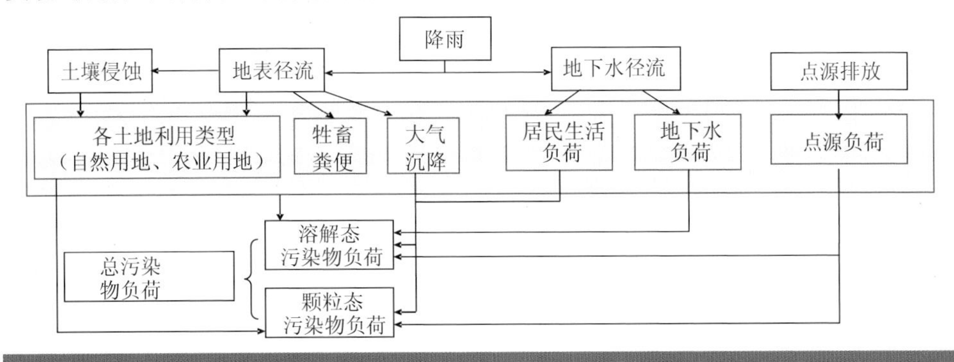

图 3-1 GWLF 模型核心算法框架

目前，GWLF 模型已经对包括美国日最大负荷通量（TMDLs）计划[11-14]和欧盟水框架指令（WFD）在内的多个国家或国家组织的流域水环境管理工作中得到成功应用。不同版本的 GWLF 模型已经被美国环保局（EPA）授权认证并成功应用于支持评估全美多个区域的营养盐 TMDLs 计划，包括特拉华河流域[10]、帕姆利科湾[15]、切萨皮克湾夏普谈克河流域[16-17]，以及几个宾夕法尼亚州的流域[18]。在哈德森河及其支流流域，GWLF 已经被证实是一个在季节或年尺度上对淡水流量、沉积物和有机碳负荷进行评估的优秀工具。在欧洲，GWLF 已经被成功应用到支持欧盟水框架指令的流域管理之中，包括在瑞典北部若干流域的实践，以及评估气候变化对欧洲湖泊流域水环境的影响[19]。在其他大洲，包括许多发展中国家，GWLF 模型同样得到了广泛的应用，包括中国台湾省的高平流域[20,21]，澳大利亚的毛利与达令河流域，以及非洲的马拉维湖流域等[22]。

原始的 GWLF 是使用 Basic 语言编写的单机程序。在其发展过程中，该模型已经在不同平台下进行了开发，并基于实际情况进行了修正（图 3-2）。Dai 等基于 DOS 下的原始 Basic 语言，在 Visual Basic 环境下为模型开发了图形用户界面，并总结原始 GWLF 说明中针对美国不同区域的推荐参数值表，提出了粗略的参数数据库的概念[23]。Evans 等将 GWLF 与地理信息系统（GIS）结合，在 ArcView 平台上对原始 GWLF 模型进行二次开发，实现美国国家公开信息标准 GIS 格式与模型参数的自动转化，同时引入牲畜数量对畜禽养殖源负荷的模拟算法，并能够完成基于成本效益分析的管理情景预测。Schneiderman 等则基于 Vensim Visual 模拟环境，对原始 GWLF 模型算法进行了修正，包括改良低水量期模拟精度以及沉积物和腐生生活源的传输过程[24]。Swaney 等基于原始 GWLF 算法，对其在微软 Excel 平台下进行了开发，以提高模型参数管理的灵活性，并实现校准功能[25]。在此基础上，Morth 等进一步引入微软 Access 数据库平台提高参数及数据的管理规范性，并增加了对地下水与融雪过程的修饰[26]。更进一步的使用是 Hong 等将基于氮平衡研究的净氮输入平衡系统（NANI）与 GWLF 模型结合，通过增加细致的生物地球化学参数提高模型对营养盐过程的模拟精度[27]，并引入基于贝叶斯理论的最大似然不确定性估计（GLUE）方法，实现对模型的校准及对参数和结果的不确定性评估[28,29]。本书即使用该模型在新安江流域开展进一步应用研究。

ReNuMa（regional nutrient management，区域营养盐管理）模型是 GWLF 模型家谱中的重要分支，属于原始 GWLF 模型的衍生品，由美国康奈尔大学的 Hong 和 Dennis 在 2007 年发布的，在微软 Excel 平台上用 VBA 编程语言编写而成。本章研究使用的是他们在 2008 年 11 月发布的 ReNuMa 2.0 版本。该模型已经在美国东北部 16 个流域得到了成功应用，并得到美国国家海洋与大气管理局（NOAA）、美国国家海岸带海洋科学中心（NCCOS）、美国环保局（EPA）以及美国国家环境研究中心（NCER）等权威机构的支持认证。

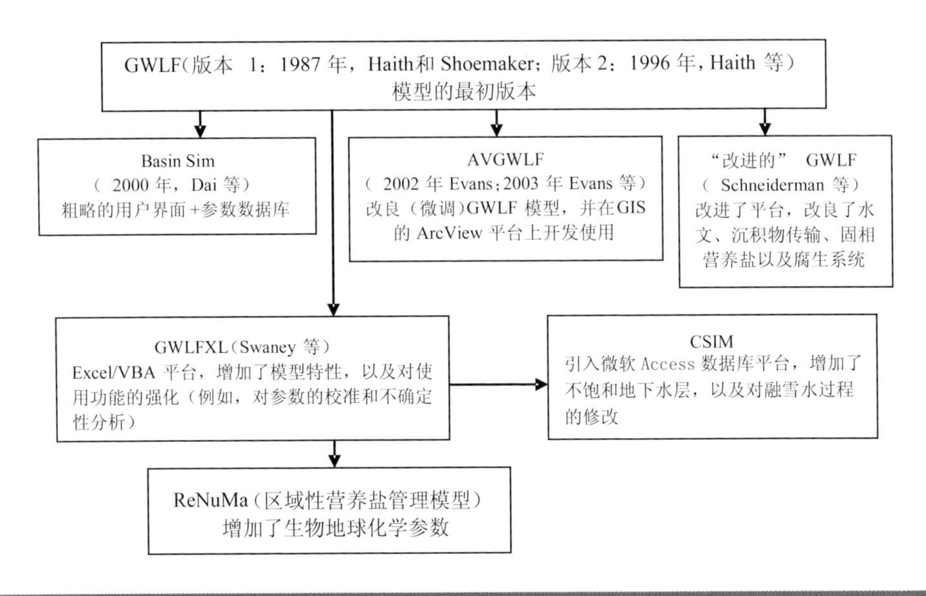

图 3-2 GWLF 模型发展族谱[30]

ReNuMa 模型是一个靠水文学驱动的准经验性模型，设计用于在较大流域尺度（例如几千千米 ^{2}）上评估营养盐负荷。模型的准经验性体现在该模型的大部分关系式都是基于经验的，而不试图模拟详细的生物地球化学过程。ReNuMa 模型还是一个集总参数模型，它不考虑流域环境过程的空间分布情况，而是将相似的土地利用类型进行汇总归类，进而对径流与营养盐进行相互独立的模拟。ReNuMa 模型能够模拟水文、沉积物产量以及溶解性总氮、总磷的负荷，其理论方法主要基于两条早期的研究路线：通用流域负荷模型（GWLF）和净氮输入平衡系统（NANI）。前者是一个流域尺度上的集总参数模型，用评估水、沉积物和营养盐传输；后者是一种用于解释流域氮输入的方法理论。ReNuMa 模型基于 GWLF 模型添加了以下 6 个新特性：氮（N）通量的计算、Excel 用户界面、批处理模拟模式、土地利用追踪、预热周期模拟、特殊模拟。在 ReNuMa 模型中，水文过程、沉积物量以及磷负荷的计算方法与经典 GWLF 模型是一样的（图 3-3），而通过引入 NANI 模型对氮通量重新进行了计算，考虑了大气干、湿沉降、地下水氮通量以及反硝化作用损失（图 3-4）。

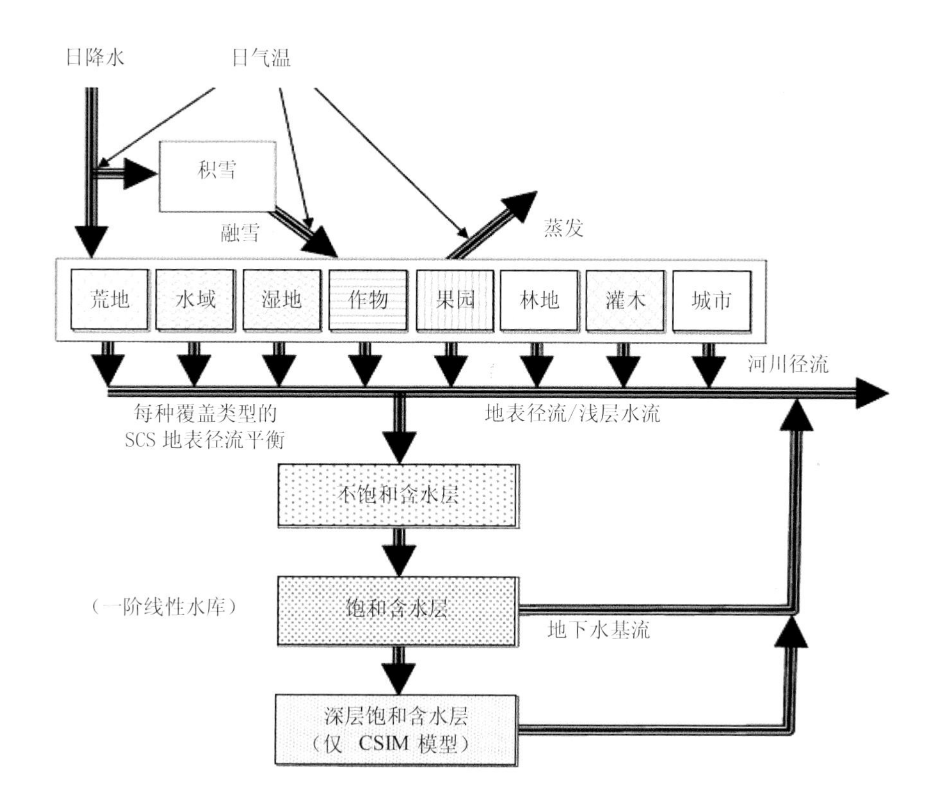

图 3-3　ReNuMa-GWLF 水文模拟过程架构

ReNuMa 的模拟平台是一个移植在微软 Excel 下的 VBA 宏语言。选取该语言及平台是为了方便使用，并易于向潜在用户分发。Excel 平台可以较容易地生成时间序列图表，以及显示其他输入输出变量间的关系。同时，ReNuMa 模型还可以通过调用 Excel 强大的规划求解宏来实现其校准功能，以基于月尺度实测数据与模拟结果比较校准一个或多个参数，使用纳式系数（Nash-Sutcliffe）来量度模型效率。模型效率的纳式系数表征了模型预测值与监测数据的拟合程度：该检验统计量取值可以从负无穷到 1，1 表示完美拟合。如果纳式系数小于 0，则表示模型预测值还没有观测值的平均值准确，该模拟结果是不可靠的。ReNuMa2.0 模型输入、输出和运行界面如图 3-5 所示。

应用 ReNuMa 模型对新安江流域氮磷污染物负荷通量的模拟及流域污染物来源的解析研究，不仅可以收集模型关键参数及性质，为地方环境保护部门提供决策支持信息，还能够从理论假设到操作可行性对模型在中国环境特征下的适用性进行评价，为我国模型法规化、制度化建设提供参考，并为模型在中国推广的软件开发提供技术储备。

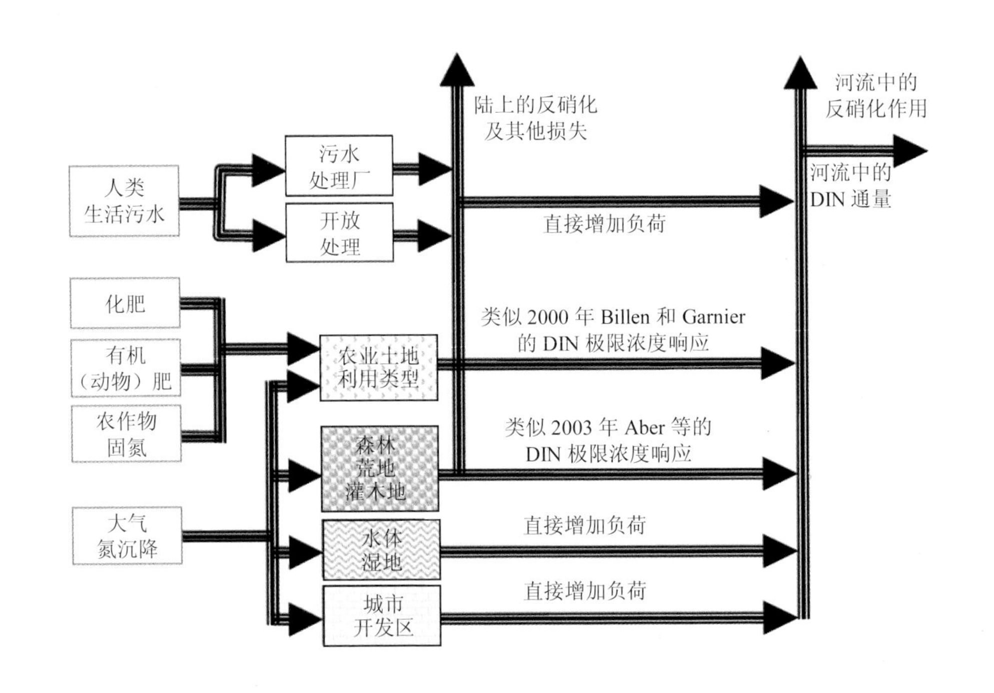

图 3-4 ReNuMa 氮模拟架构

3.2 模型所需环境数据的收集与面向模型需求的转化

3.2.1 气象数据获取和转化

ReNuMa 模型（也包括 GWLF 模型）是通过逐日水文过程作为流域营养盐通量的驱动力和迁移转化行为基础的。因此，流域内平均逐日降水量（cm）和日均气温（可认为是日最高气温和日最低气温的均值，℃）是开展模型分析的重要基础环境数据。

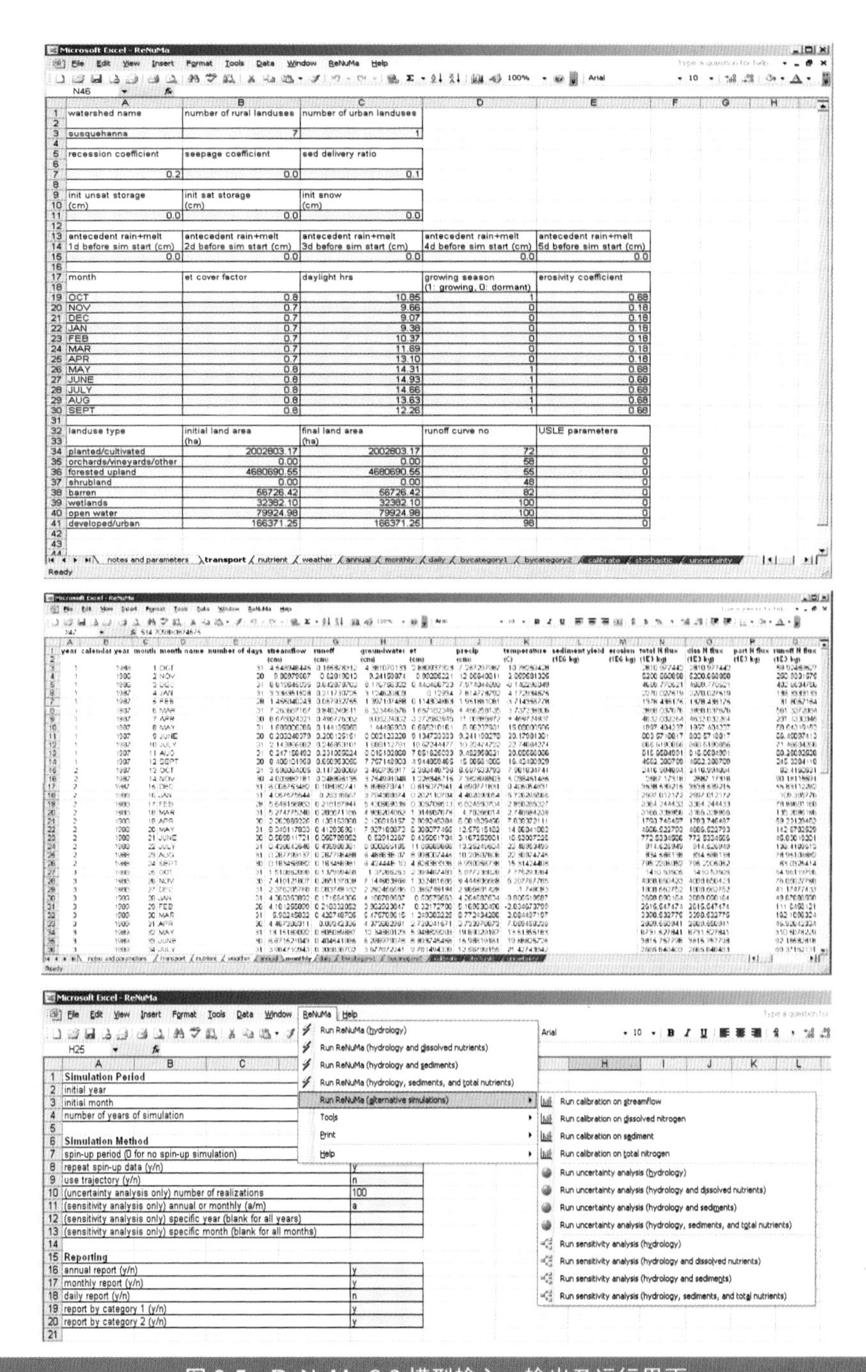

图 3-5　ReNuMa 2.0 模型输入、输出及运行界面

3.2.1.1 日降水量数据的获取和处理

新安江流域日降水量原始记录数据由黄山市环保局提供。流域内共设 48 个雨量站点，包括自 2000 年到 2010 年的逐日降水监测记录。按照雨量站名称、日期、降水量进行整理，缺少降水量记录的按照降水量为 0 处理，得到 48 个雨量站的工作表。基于各雨量站点经纬度信息，在 ArcGIS 平台生成雨量站点泰森多边形（图 3-6）。

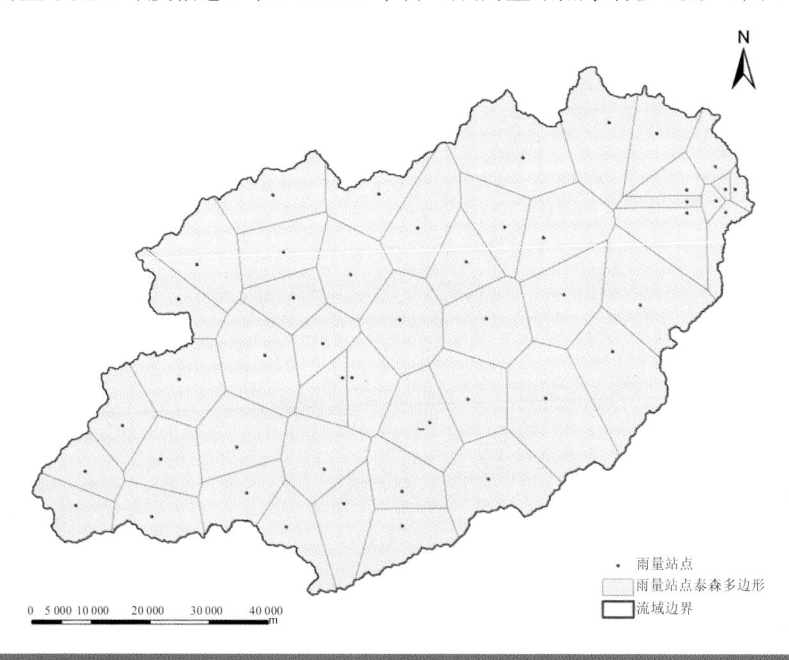

图 3-6 新安江流域雨量站点位置及泰森多边形分析

利用之前得到的基于水文站点划分的子流域分区 shp 图层，从雨量站点泰森多边形图层中应用 Clip 命令得到各子流域泰森多边形叠加图层，然后投影转化成可计算面积的图层，计算得到某一子流域中各个多边形对应的土地面积，计算其所占流域总面积的比例，乘以相对应多边形中的雨量站点的逐日降水量，求和就得到了该流域逐日降水量数据，将其作为面向该子流域水文站点数据模拟的 ReNuMa 模型输入数据。

3.2.1.2 日均气温数据的获取和处理

新安江流域日气温原始记录数据源自中国地面国际交换气象站。由于该流域没有气温数据记录，所以气温数据需要使用临近气象站的数据，并作一定的处理。

基于 ArcGIS 9.3 生成的中国地面国际交换站泰森多边形（图 3-7）可以看出，新安江流域主要位于景德镇和衢州泰森多边形内，且流域东部距离杭州气象站也较近。三个气象站的气温数据从中国气象科学数据共享服务网（http://cdc.cma.gov.cn/index.jsp）下载，提取 2000 年到 2010 年的逐日气温数据（图 3-8）。由于新安江流域所处的纬度介于杭州和衢州之间，整个流域模型模拟使用的日均气温数据采用两站的日平均值。针对模型假设，对于流域内的 48 个雨量站，若某日有半数以上雨量站发生降雪，且气温均值大于 0℃，则使用−0.1℃代替，表示发生降雪；若某日有半数以下雨量站发生降雪，且气温均值大于 0℃，则使用 0℃代替。

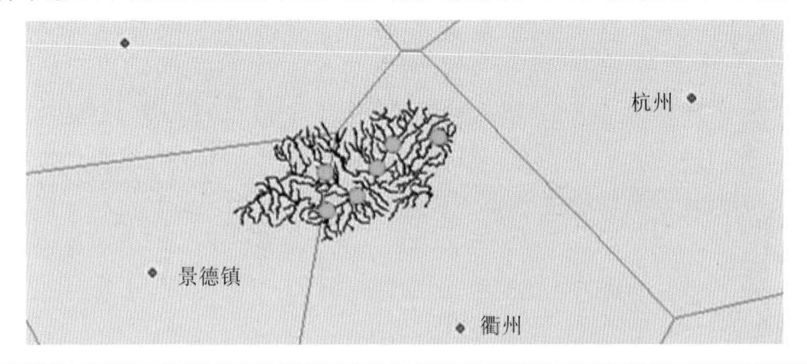

图 3-7　新安江流域所处地面气象站泰森多边形位置图

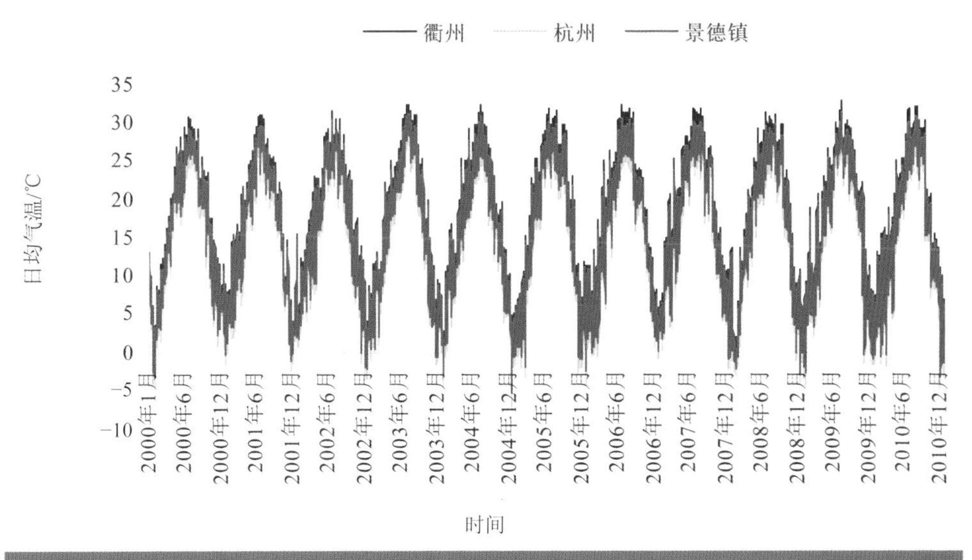

图 3-8　2000—2010 年景德镇、衢州和杭州气象站日均气温变化图

3.2.2 土地利用类型和面积

新安江流域黄山片最新的土地利用数据选用中国 1∶10 万土地利用图，由中科院地理科学与资源研究所提供，黄山市行政区以外区域（如绩溪县）的土地利用类型信息，在地球系统科学数据平台（http：//www.geodata.cn/）下载 2000 年全国 1 km 网格土地利用数据进行二次加工分析得到。基于 ArcGIS 平台，对于黄山片土地利用类型文件（矢量文件），针对每一个目标子流域，利用 ArcToolbox 中的 clip，提取出各个土地利用类型面积，将该流域相同土地利用类型的面积进行加和，并将单位换算为公顷（hm^2）。对于黄山行政区以外流域（如位于绩溪县境内的临溪流域），采用 2000 年全国 1 km 网格土地利用类型栅格数据，使用 Spatial Analyst Tools 中的 Extract by Mask 命令对每一种土地利用类型进行提取，分别得到相应土地利用类型的面积，并将单位换算为公顷（hm^2）。

同时，根据黄山统计年鉴数据对流域土地利用类型进行了细化，把水浇谷物（稻谷等），经济作物（油料、糖料等），果园和茶树单独列出，并认为各个县区的作物是在耕地上均匀种植的。某子流域某种土地利用类型面积=Σ 各县区统计数据×（子流域中该县区耕地/该县区总耕地）×校准系数。

3.2.3 人口数据

人口数据来自地球系统科学数据平台（http：//www.geodata.cn/），下载 2003 年全国 1km 网格人口栅格数据，栅格属性值为 $1km^2$ 网格的总人口数。使用 ArcGIS 平台下 Spatial Analyst Tools 工具中的 Extract by Mask 命令，用所研究的子流域对 2003 年全国 1km 网格人口数据进行提取，得到该地区 $1km^2$ 的人口数的均值，乘以该流域的总面积，即得到该流域总人口数。采取建立缓冲区的办法，以河道 500 m 范围内建立缓冲区，用缓冲区面积乘以缓冲区区域内的平均人口数，认为是短循环系统服务人口数。

3.2.4 污染源普查数据

流域污染源普查数据由黄山市环境保护局提供。本研究使用净氮输入平衡系统（NANI）对基于县域统计的污染源排放数据进行面向流域属性的空间转化。在 ArcGIS 平台下，使用 NANI-GIS tools 插件，叠加子流域分区图与县域边界图，得到模型所需的营养盐输入参数。

3.3　流域氮、磷污染负荷过程模拟

3.3.1　水文（产汇流）过程模拟

基于 2000—2010 年 11 年的水量数据，对王干、梅溪、临溪、渔梁、新亭和月潭 6 个子流域的产流过程应用 GWLF 模型进行了模拟，并与实测河川径流值进行了比较，如图 3-9～图 3-14 所示。相关系数结果见表 3-1。

表 3-1　各子流域流量模拟结果相关系数

子流域名称	模拟与实测决定系数（R^2）	纳氏相关性效率系数（R^2_{NS}）
王干	0.932 7	0.928 8
梅溪	0.947 4	0.933 7
新亭	0.954 9	0.952 3
月潭	0.947 7	0.946 7
临溪	0.934 8	0.927 8
渔梁	0.938 9	0.922 7

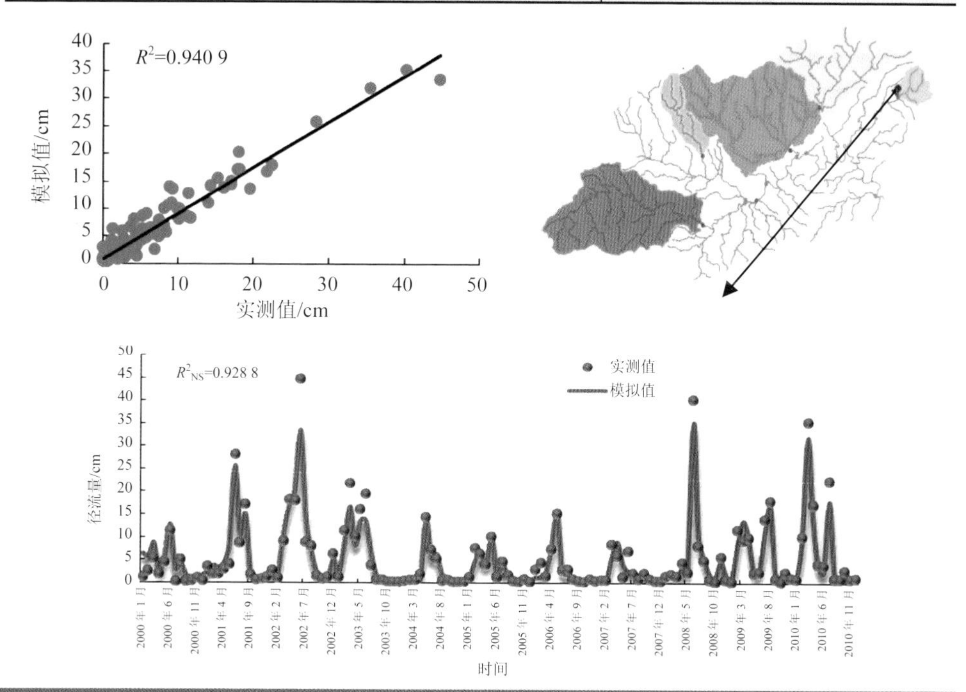

图 3-9　王干流域流量模拟结果相关性分析图

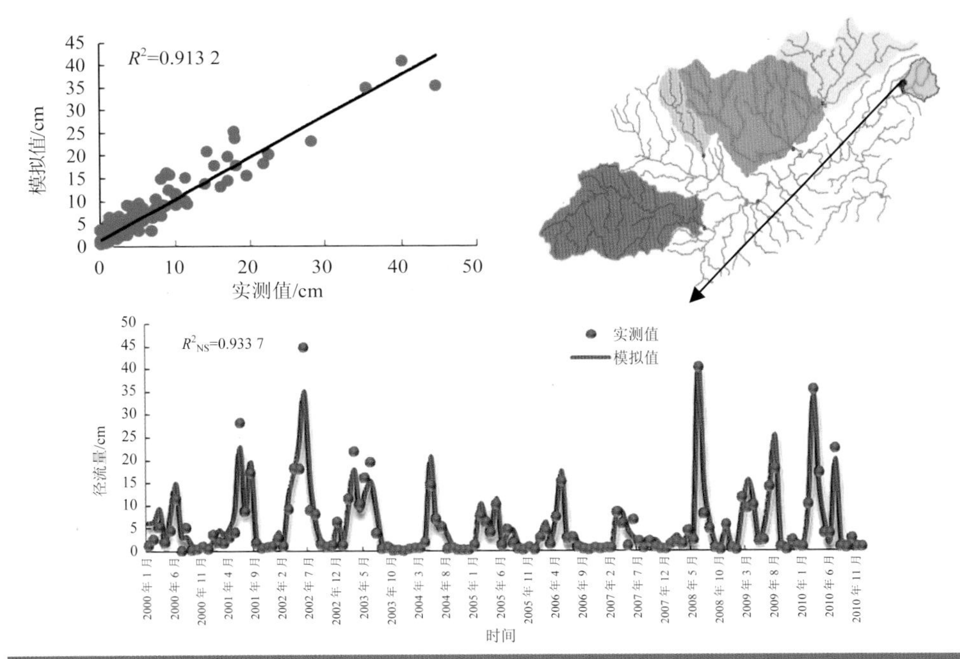

图 3-10 梅溪流域流量模拟结果相关性分析图

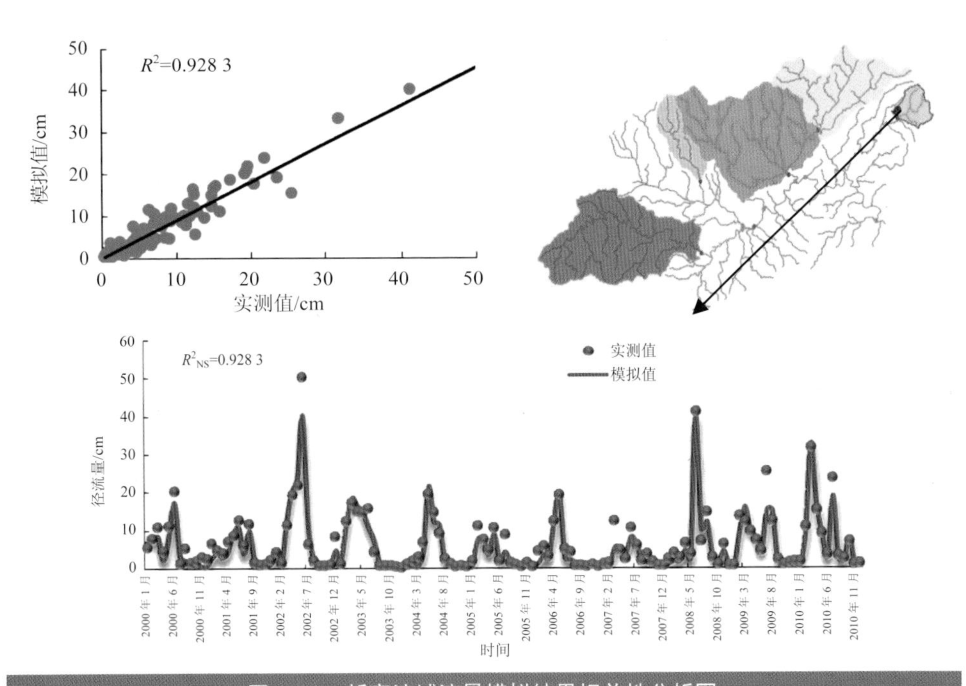

图 3-11 新亭流域流量模拟结果相关性分析图

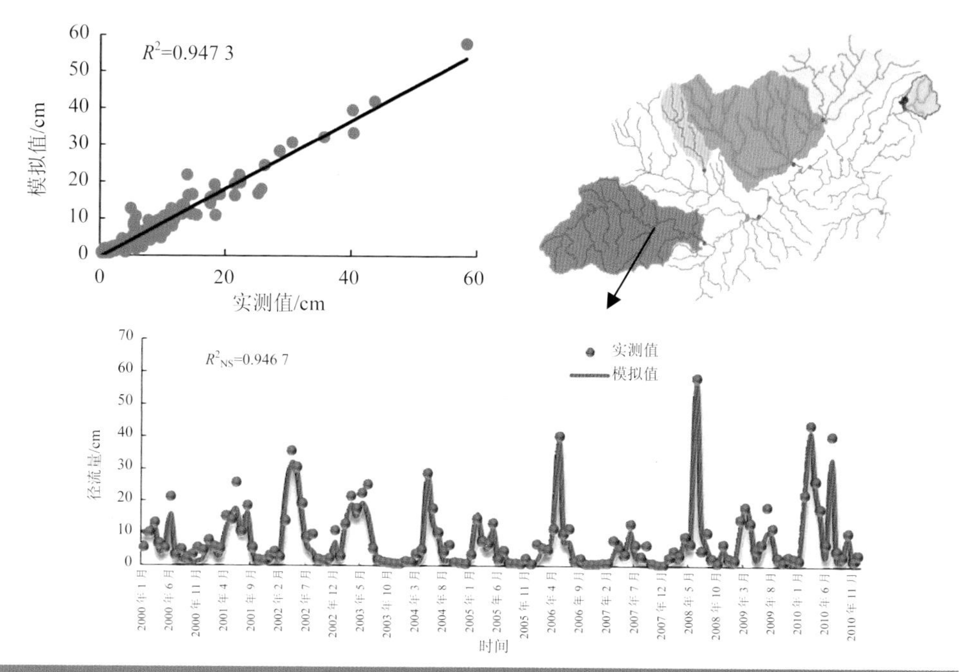

图 3-12　月潭流域流量模拟结果相关性分析图

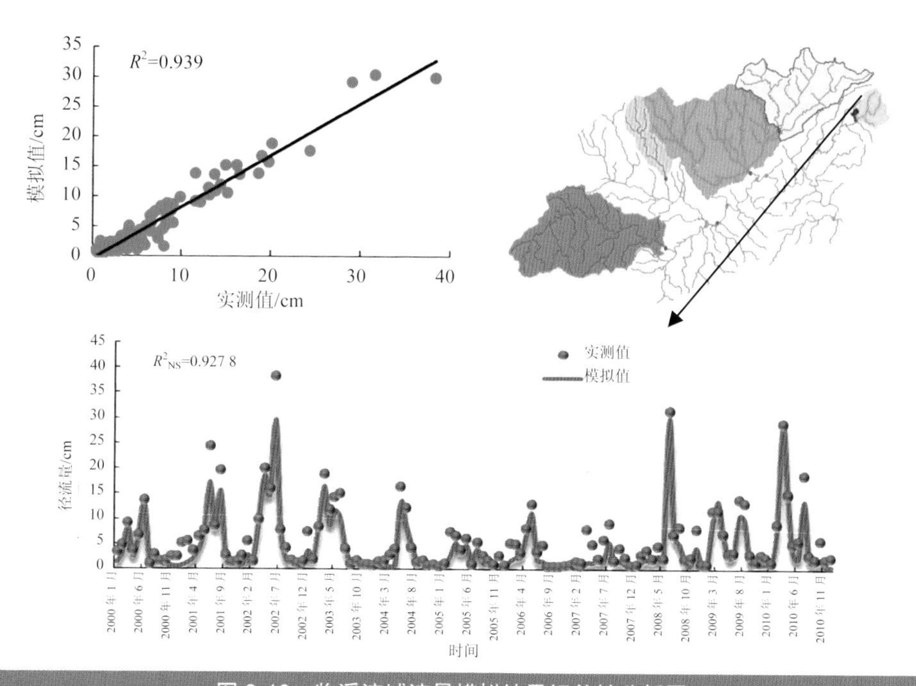

图 3-13　临溪流域流量模拟结果相关性分析图

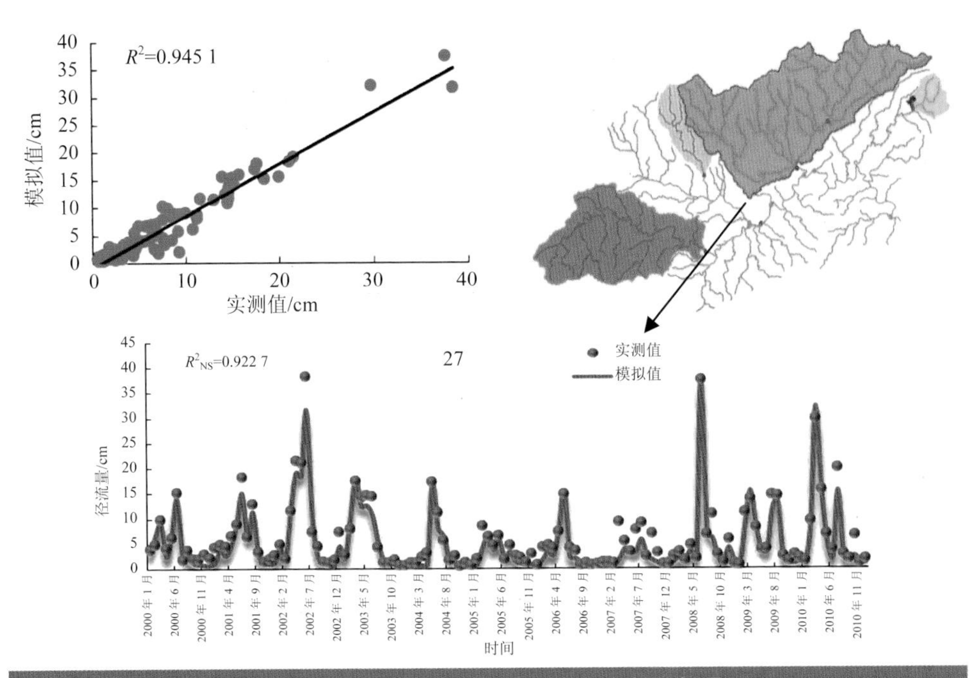

图 3-14 渔梁流域流量模拟结果相关性分析图

在上述子流域模拟的基础上设定参数，由于流域出口街口断面无流量实测数据，因此对该断面进行了流量模拟，结果如图 3-15 所示。

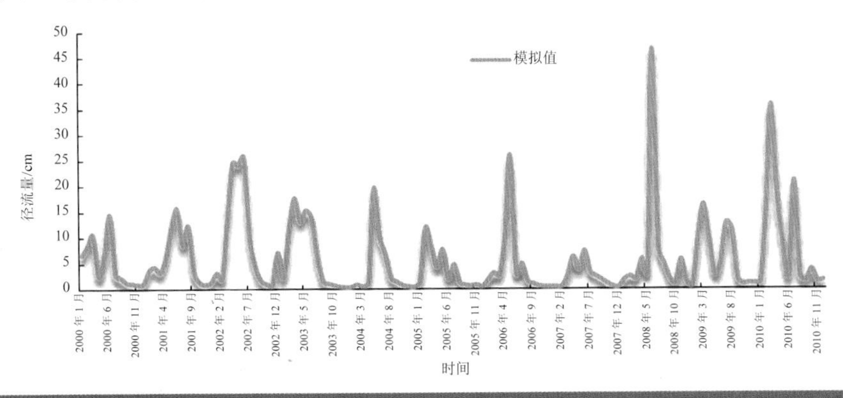

图 3-15 全流域流量模拟结果

3.3.2 沉积物（产沙）过程模拟

基于水文站历史资料，分别对渔梁和屯溪 2 个子流域（图 3-16）进行了泥沙量分析，并基于训练参数集对街口以上全流域范围泥沙产量进行了模拟（图 3-17、图 3-18）。

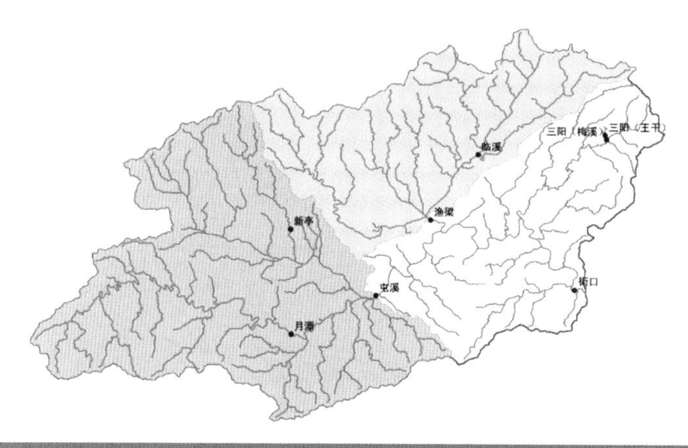

图 3-16　面向产沙量模拟的子流域分区图

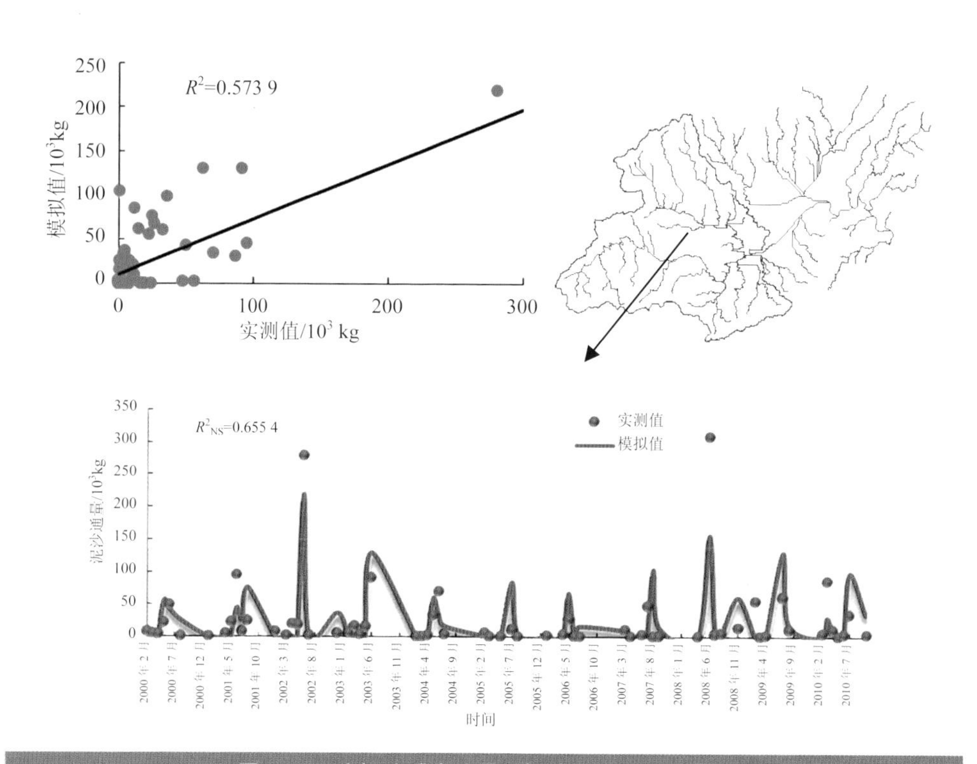

图 3-17　渔梁流域产沙量模拟结果相关性分析图

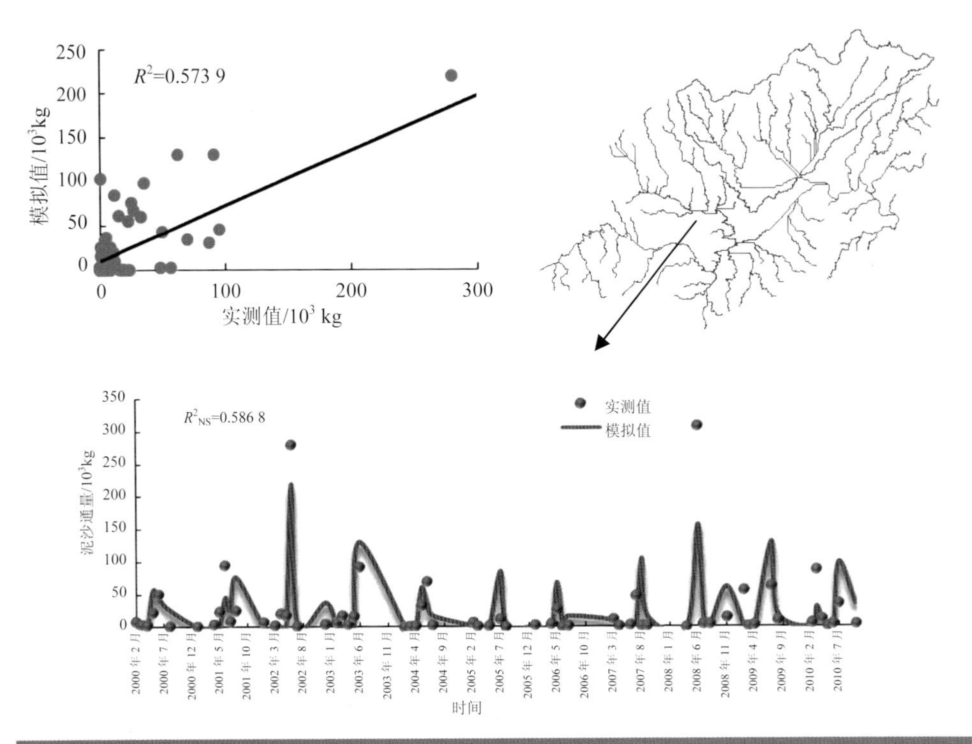

图 3-18　屯溪流域产沙量模拟结果相关性分析图

在上述子流域模拟的基础上设定参数，对全流域出口断面街口进行了泥沙产量模拟，结果如图 3-19 所示。

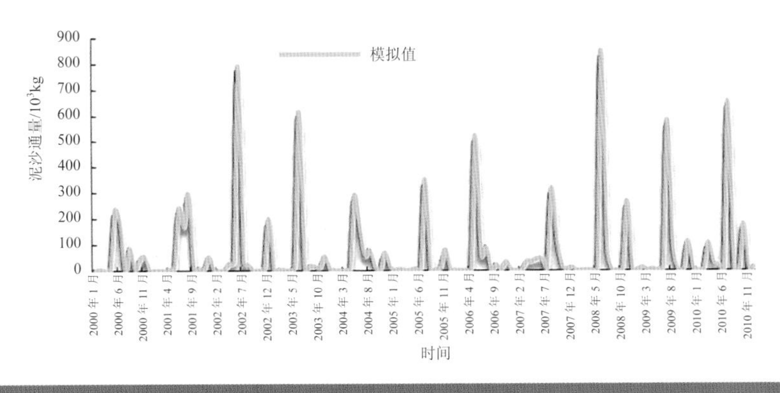

图 3-19　全流域产沙量模拟

3.3.3　营养盐通量模拟

ReNuMa 模型营养盐模块综合考虑了工业企业及污水处理厂的点源排放和农业肥料施用的面源负荷，采用污染普查数据进行估算，同时利用模型自带算法基于人口普查数据评估生活源贡献，在月尺度上实现目标营养盐通量模拟。综合考虑我国总氮、总磷监测操作规范及与地方环境监测站沟通调研情况，历史监测采样均避开强降雨时段，且监测前水样经过静置澄清。因此在本模拟中认为历史监测数据所反映的为可溶性总氮（包括氨氮、硝酸盐氮和亚硝酸盐氮）、总磷（包括有机磷和无机磷）浓度，而不包括降雨所致水土流失携带的泥沙中吸附态氮、磷通量。使用黄山市地表水监测数据中的总氮、总磷浓度乘以相应月份的实测河川径流量，计算得到该月份的实测可溶性总氮、总磷负荷通量，将该实测值与模型输出结果对比，评估模拟精度。对于泥沙吸附态营养盐负荷，通过对新安江流域强降雨期浑浊水样监测，分析其单位质量泥沙所携带的氮磷含量，结合泥沙通量质量模拟结果进行估算，再加上已有的可溶性总氮、总磷模拟结果，可以得到全部传输形态下的月总氮、总磷通量。本书分别选取了练江流域（以渔梁断面为流域出口）、屯溪流域（以黄口渡断面为流域出口），以及新安江全流域（以街口断面为流域出口）进行了月尺度上的总氮、总磷负荷通量模拟。

3.3.3.1　练江流域

基于 2003—2010 年黄山市地表水监测数据——渔梁监测断面月总氮、总磷浓度数据，对练江子流域月营养盐负荷通量应用 ReNuMa 模型进行了模拟。

（1）总氮通量模拟

✧　溶解态总氮模拟结果：基于渔梁断面历史实测总氮浓度，对照模型输出结果可知，模型在该子流域模拟结果的决定系数 R^2=0.84，纳氏效率系数 R^2_{NS}=0.77，系数值均大于 0.75（图 3-20），表明 ReNuMa 模型能够对练江流域氮污染过程开展有效模拟。

✧　吸附态总氮模拟结果：根据在强降雨期对新安江流域浑浊水样的监测实验结果可知，流域河道水体泥沙平均携带氮含量为 4 090 mg/kg，基于此模拟得到练江渔梁断面逐月吸附态总氮通量（图 3-21）及包含全部形态的逐月总氮通量（图 3-22）。

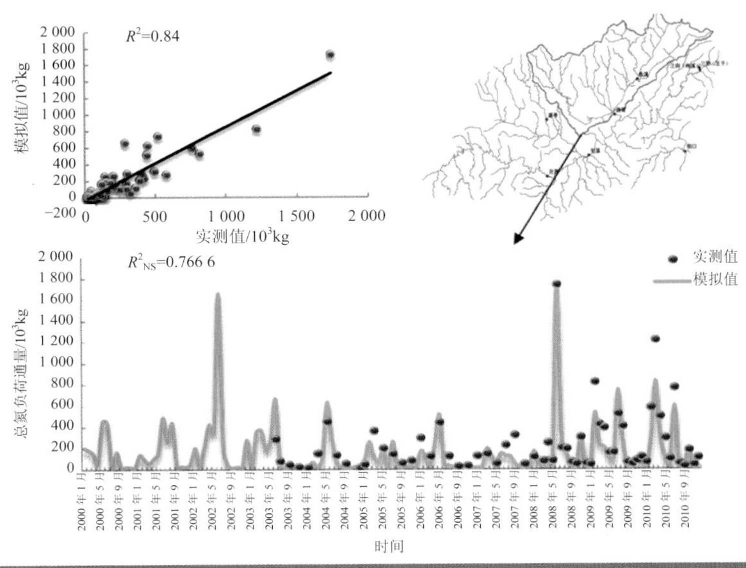

图 3-20 练江流域溶解态总氮负荷通量模拟结果相关性分析图

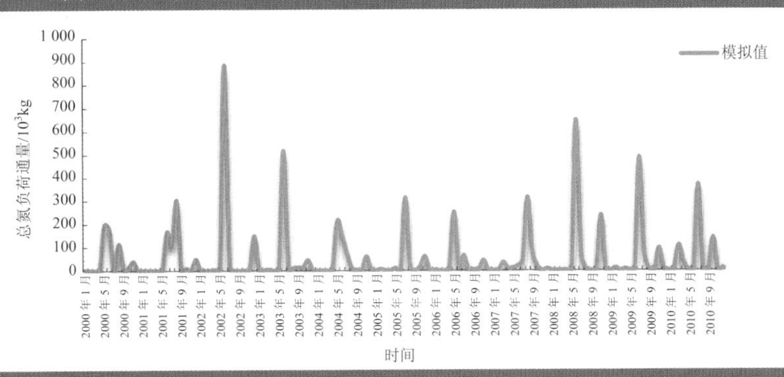

图 3-21 练江流域吸附态总氮负荷通量模拟结果

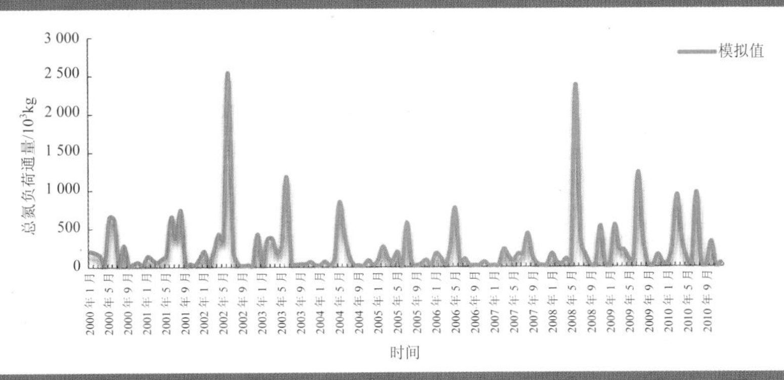

图 3-22 练江流域全形态总氮负荷通量模拟结果

（2）总磷通量模拟

✧　溶解态总磷模拟结果：基于渔梁断面历史实测总磷浓度，对照模型输出结果可知，模型在该子流域模拟结果的决定系数 R^2=0.86，纳氏效率系数 R^2_{NS}=0.86，系数值均大于 0.85（图 3-23），表明 ReNuMa 模型能够很好地对练江流域磷污染过程开展有效模拟。

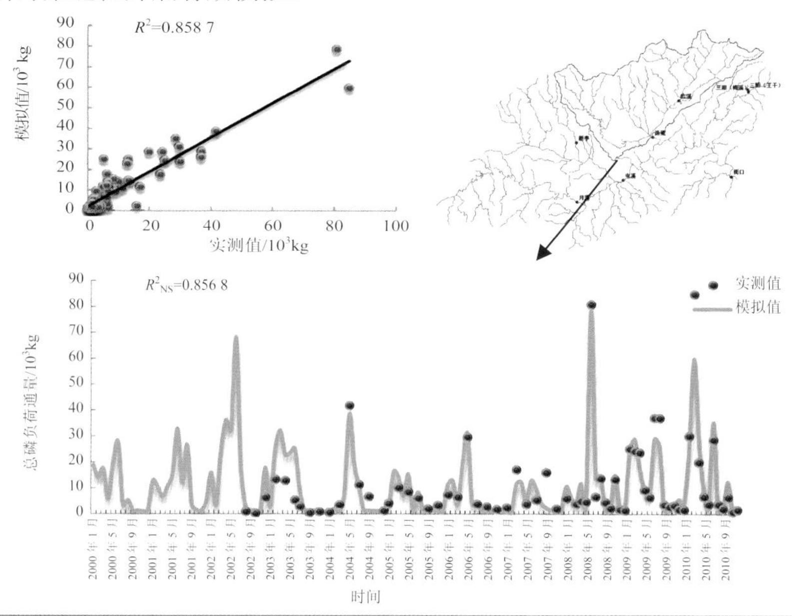

图 3-23　练江流域溶解态总磷负荷通量模拟结果相关性分析图

✧　吸附态总磷模拟结果：根据在强降雨期对新安江流域浑浊水样的监测实验结果可知，流域河道水体泥沙平均携带磷含量为 1 862 mg/kg，基于此模拟得到练江渔梁断面逐月吸附态磷通量（图 3-24）及包含全部形态的逐月总磷通量（图 3-25）。

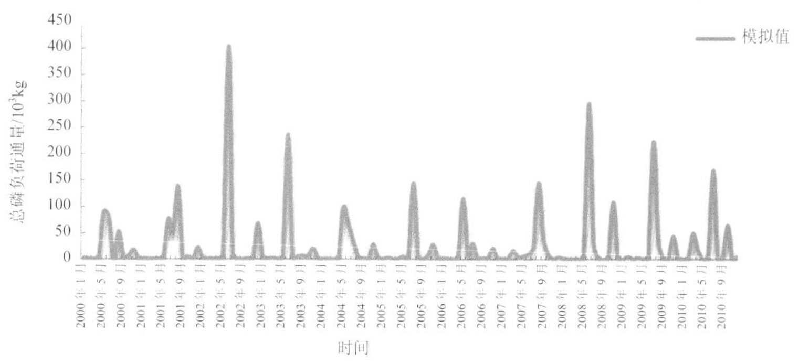

图 3-24　练江流域吸附态总磷负荷通量模拟结果

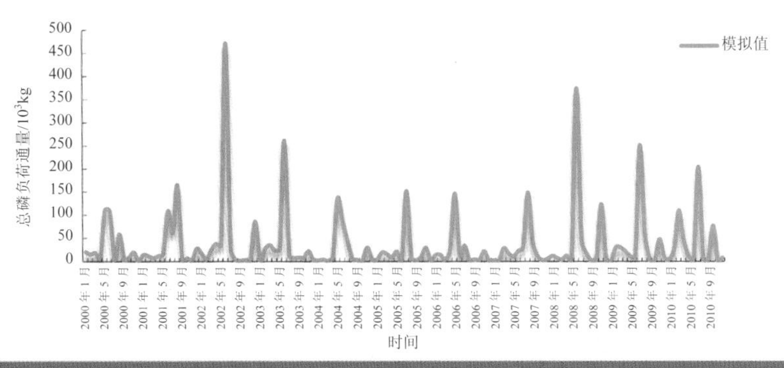

图 3-25 练江流域全形态总磷负荷通量模拟结果

3.3.3.2 屯溪流域

根据 2003—2010 年黄山市地表水监测数据——黄口渡监测断面月总氮、总磷浓度数据，对新安江上游子流域（流域开发程度低）月营养盐负荷通量应用 ReNuMa 模型进行了模拟。

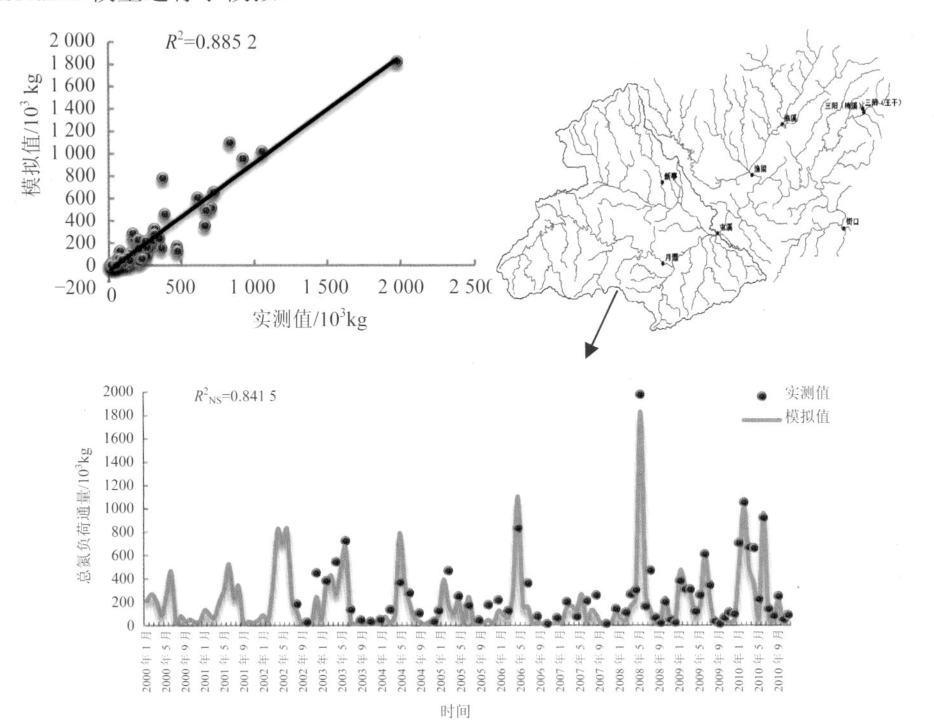

图 3-26 屯溪流域溶解态总氮负荷通量模拟结果相关性分析图

（1）总氮通量模拟

✧　溶解态总氮模拟结果：基于黄口渡断面历史实测总氮浓度，对照模型输出结果可知，模型在该子流域模拟结果的决定系数 R^2=0.89，纳氏效率系数 R^2_{NS}=0.84，系数值均大于 0.8（图 3-26），表明 ReNuMa 模型能够很好地对新安江上游流域氮污染过程开展有效模拟。

✧　吸附态总氮模拟结果：根据在强降雨期对新安江流域浑浊水样的监测实验结果可知，流域河道水体泥沙平均携带氮含量为 4 090 mg/kg，基于此模拟得到屯溪-黄口渡断面逐月吸附态总氮通量(图 3-27)及包含全部形态的逐月总氮通量(图 3-28)。

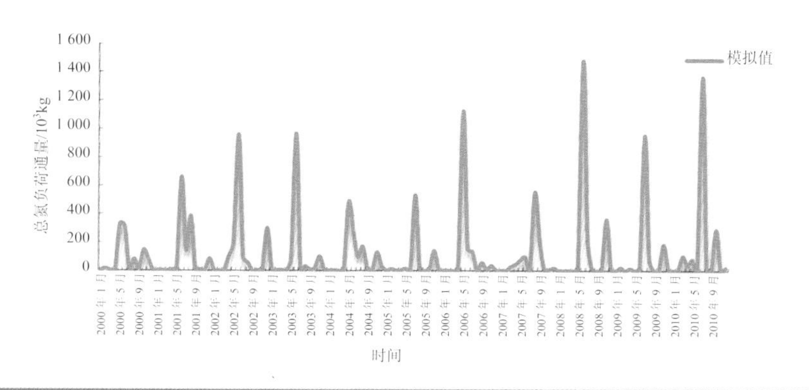

图 3-27　屯溪流域吸附态总氮负荷通量模拟结果

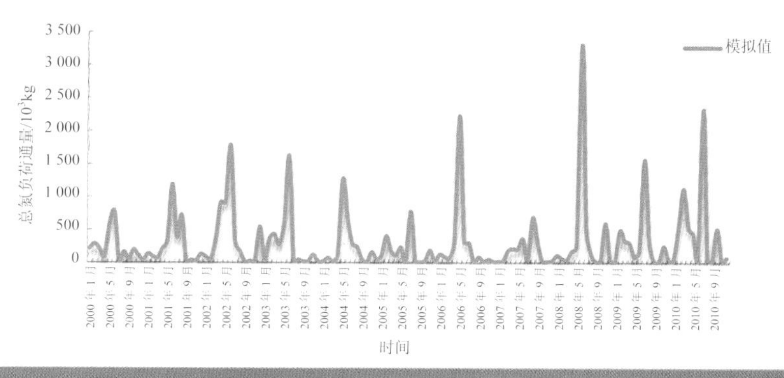

图 3-28　屯溪流域全形态总氮负荷通量模拟结果

（2）总磷通量模拟

✧　溶解态总磷模拟结果：基于黄口渡断面历史实测总磷浓度，对照模型输出结果可知，模型在该子流域模拟结果的决定系数 R^2=0.74，纳氏效率系数 R^2_{NS}=0.72，系数值均大于 0.7（图 3-29），表明 ReNuMa 模型能够对新安江上游流域磷污染过程开展有效模拟。

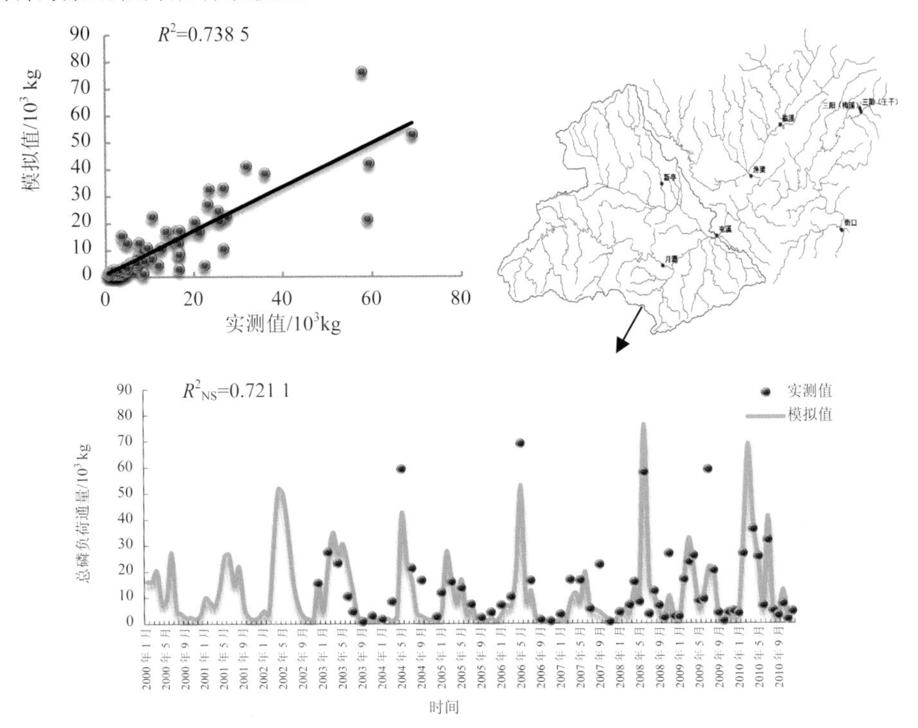

图 3-29 屯溪流域溶解态总磷负荷通量模拟结果相关性分析图

✧ 吸附态总磷模拟结果：根据在强降雨期对新安江流域浑浊水样的监测实验结果可知，流域河道水体泥沙平均携带磷含量为 1 862 mg/kg，基于此模拟得到屯溪-黄口渡断面逐月吸附态磷通量（图 3-30）及包含全部形态的逐月总磷通量（图 3-31）。

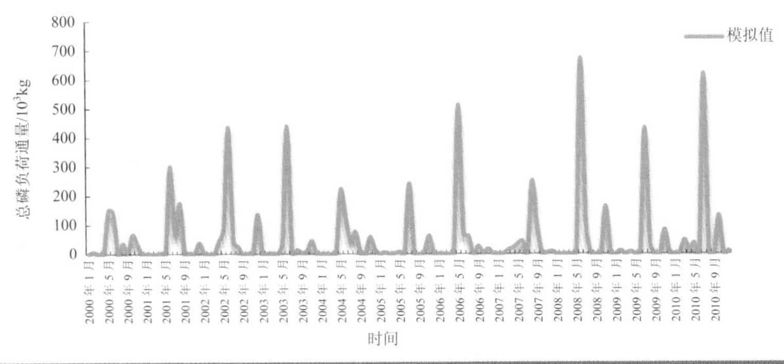

图 3-30 屯溪流域吸附态总磷负荷通量模拟结果

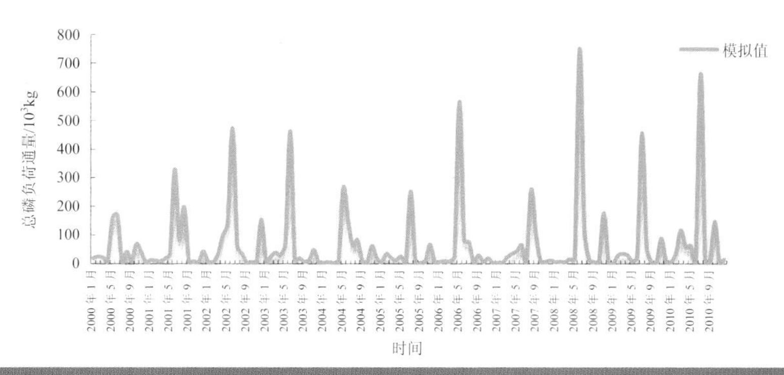

图 3-31　屯溪流域全形态总磷负荷通量模拟结果

3.3.3.3　新安江全流域

依据已经得到的街口断面产流过程模拟和产沙过程模拟，应用在练江子流域和新安江上游子流域开展模型模拟得到的营养盐参数训练集，以街口断面为流域出口，对新安江全流域营养盐负荷开展了月尺度通量模拟，并采用 2003—2010 年黄山市街口断面地表水总氮、总磷浓度逐月监测数据，对 ReNuMa 模型的应用有效性进行了验证。

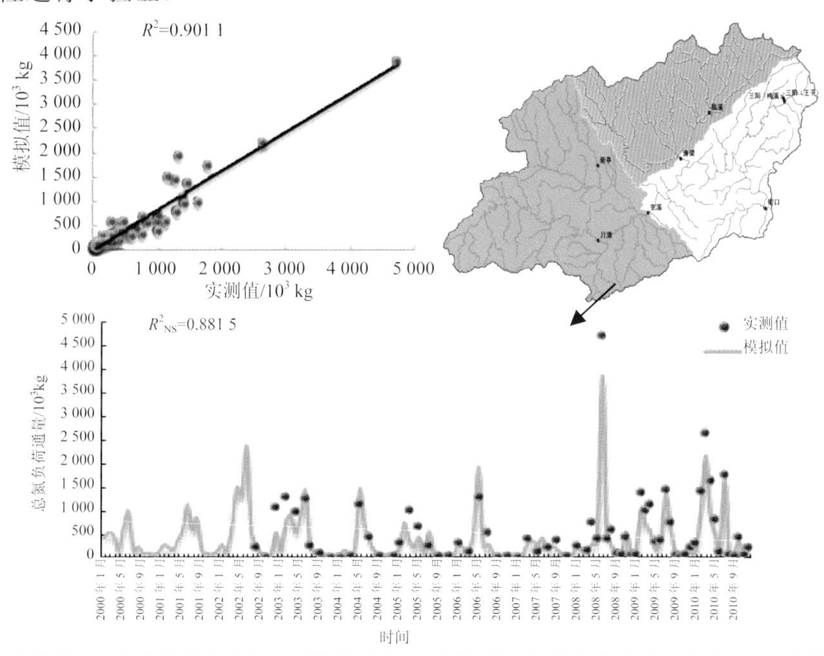

图 3-32　新安江全流域溶解态总氮负荷通量模拟结果相关性分析图

（1）总氮通量模拟

✧ 溶解态总氮模拟结果：基于街口断面历史实测总氮浓度，对照模型输出结果可知，模型在该子流域模拟结果的决定系数 R^2=0.90，纳氏效率系数 R^2_{NS}=0.88，系数值均大于 0.85（图 3-32），表明 ReNuMa 模型能够很好地对新安江全流域氮污染过程开展有效模拟。

✧ 吸附态总氮模拟结果：根据在强降雨期对新安江流域浑浊水样的监测实验结果可知，流域河道水体泥沙平均携带氮含量为 4 090 mg/kg，由此模拟得到新安江全流域逐月吸附态氮通量（图 3-33）及包含全部形态的逐月总氮通量（图 3-34）。

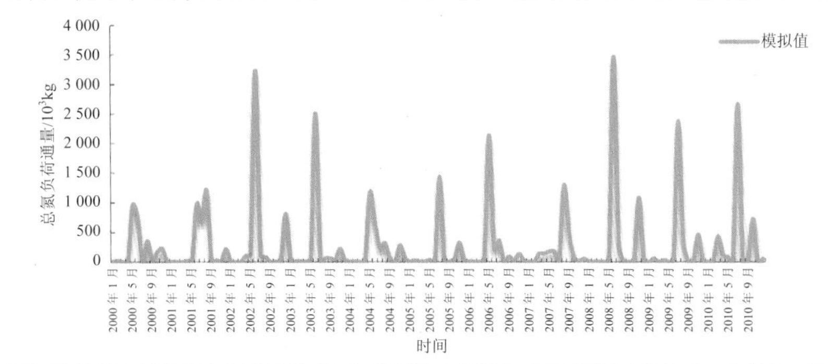

图 3-33 新安江全流域吸附态总氮负荷通量模拟结果

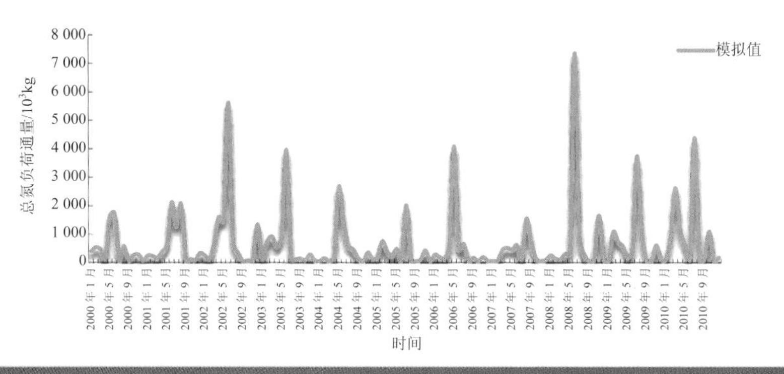

图 3-34 新安江全流域全形态总氮负荷通量模拟结果

（2）总磷负荷模拟

✧ 溶解态总磷模拟结果：对比街口断面历史实测总磷浓度与模型输出结果可知，模型在该子流域模拟结果的决定系数 R^2=0.77，纳氏效率系数 R^2_{NS}=0.75，系数值均大于 0.75（图 3-35），表明 ReNuMa 模型能够对新安江全流域磷污染过程开展可靠的模拟。

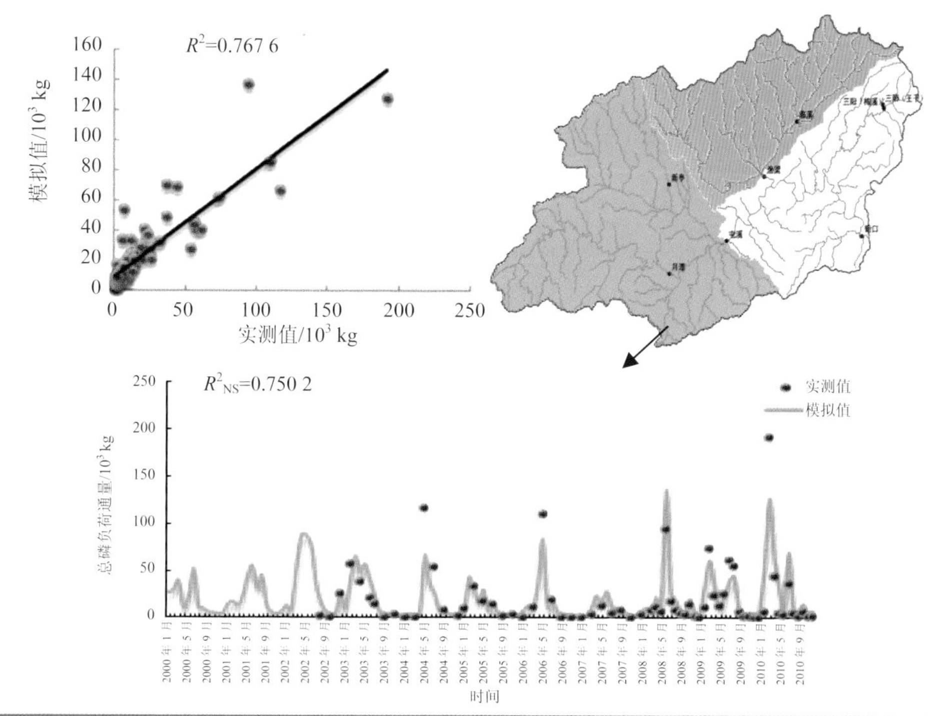

图 3-35　新安江全流域溶解态总磷负荷通量模拟结果相关性分析图

✧　吸附态总磷模拟结果：根据在强降雨期对新安江流域浑浊水样的监测实验结果可知，流域河道水体泥沙平均携带磷含量为 1 862 mg/kg，由此模拟得到新安江全流域逐月吸附态总磷通量（图 3-36）及包含全部形态的逐月总磷通量（图 3-37）。

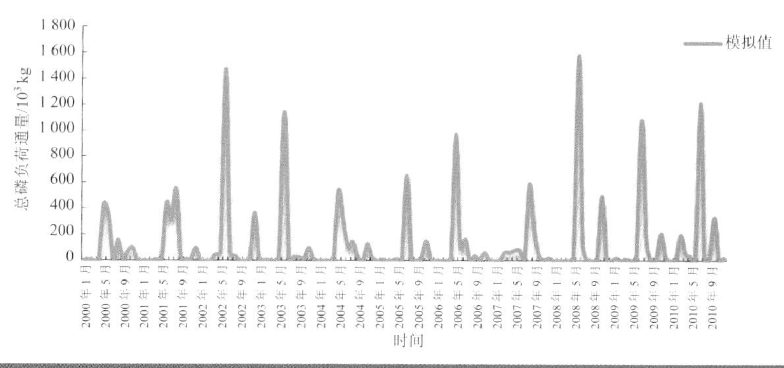

图 3-36　新安江全流域吸附态总磷负荷通量模拟结果

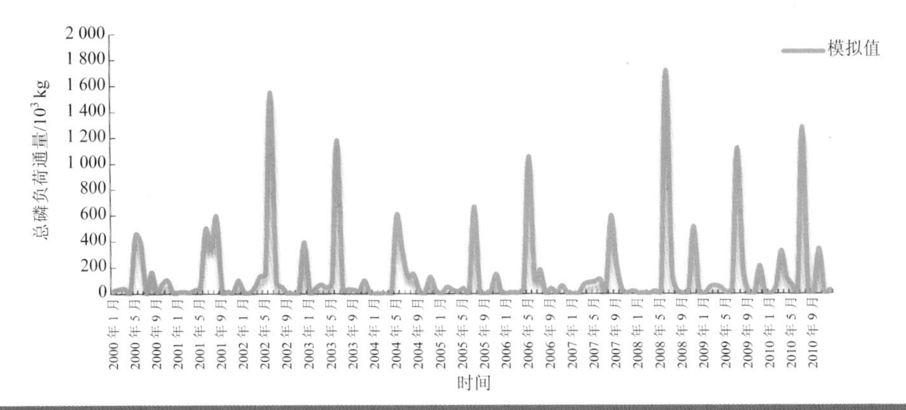

图 3-37 新安江全流域全形态总磷负荷通量模拟结果

3.4 流域氮、磷污染负荷源解析及时间差异性分析

3.4.1 新安江流域氮、磷污染源比例构成

3.4.1.1 溶解态氮、磷污染负荷源解析结果

根据我国《地表水和污水监测技术规范》（HJ/T 91—2002）和《地表水环境质量标准》（GB 3838—2002）中关于地表水体采样、预处理，以及对总氮、总磷浓度的监测方法，结合历史监测工作实际情况，得到以下判断或假设：

①新安江流域水质监测断面的采样时间，多选择在水体状态稳定时期，尽量避开急剧降雨期；

②水样采集后按照规范技术要求，均经过静置澄清（自然沉降 30 min 或以上），取上层非沉降部分按规定方法进行分析；

③总氮、总磷浓度监测均采用国家标准推荐方法，结果包含了水样上清液中各种形态的氮、磷，包括氧化态和还原态、无机态和有机态；

④在本次模型模拟中，认为黄山市地表水历史监测数据中的总氮、总磷浓度主要反映了河道中溶解态总氮、总磷的含量，而对于吸附在泥沙颗粒上的吸附态氮、磷含量则不做考虑。

在模型模拟中，依据历史监测数据，首先对溶解态总氮、总磷通量进行了模拟，得到可靠的模拟精度；同时，根据新安江河道内水体开展的水体中单位质量泥沙所吸附的氮、磷含量的实验测定结果，结合基于水文资料开展的流域产沙过程模拟，得到流域吸附态总氮、总磷通量，进一步解析污染来源。因此，本小节所描述的流域氮磷源解析结果，均基于经实际监测数据校准的溶解态总氮、总磷通量模拟过程，即不考虑泥沙携带（浑水期）的氮、磷负荷通量，主要按照工业、农业、生活进行分类以及按照土地利用类型二级分类分配进行表征。

3.4.1.2　溶解态总氮源解析结果

在不考虑泥沙携带氮含量的前提下，根据经过历史监测数据验证的可靠模拟分析可知，新安江流域年均有 81%的溶解态总氮通量来自于农业面源，包括种植业径流负荷、养殖业排放以及因施肥导致的地下水污染；生活源比例占到全部负荷量的 16%，工业源仅占 3%（图 3-38）。

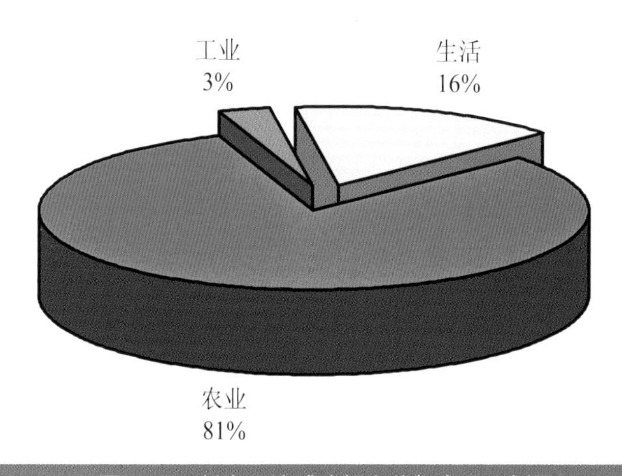

图 3-38　新安江流域溶解态总氮来源比例图

对新安江流域溶解态总氮按照不同土地利用类型进一步细化，结果如图 3-39 所示。其中地下水源包含了全部类型的种植区面积，占到全部负荷的近 1/3，其余负荷则来自不同区域的地表径流，其中以经济作物（17%）、稻谷（16%）和水浇谷物（8%）为代表，同时农村生活比例也较为显著（12%），这里的点源包含工业源和集中式生活污水处理厂排放的城市生活源（各占 3%）。

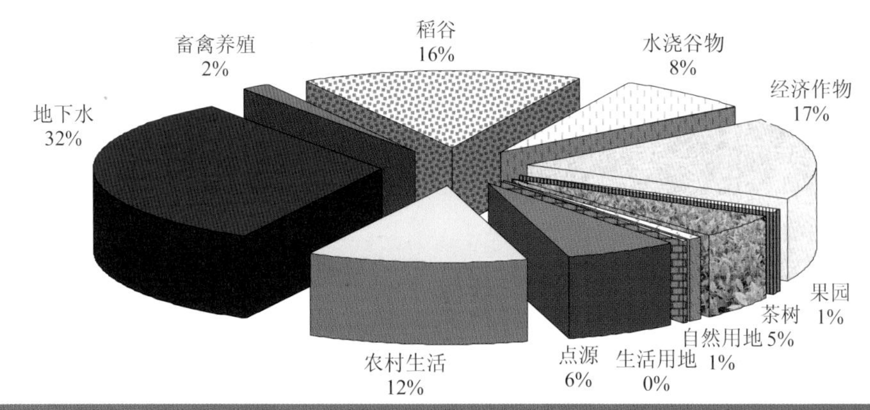

图 3-39 新安江流域不同土地利用类型区溶解态总氮来源比例图

3.4.1.3 溶解态总磷源解析结果

对比溶解态总氮源解析结果，生活源（包括城市生活和农村生活）在溶解态总磷中所占比例较高，而由工业源导致的溶解性总磷通量几近于零（图 3-40）。

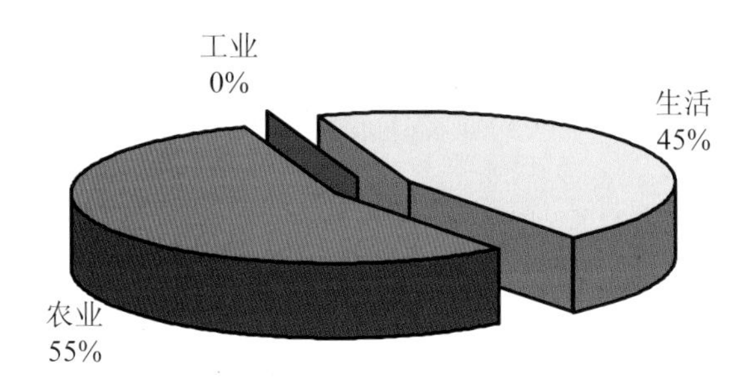

图 3-40 新安江流域溶解态总磷来源比例图

如图 3-41 所示，对新安江流域溶解态总磷来源按不同土地利用类型进一步细化可知：绝大部分生活源溶解态总磷负荷来自于农村面源；超过半数的农业面源溶解态总磷负荷经地下水传输；在径流负荷中，畜禽养殖和经济作物导致的溶解态总磷负荷通量较为显著。

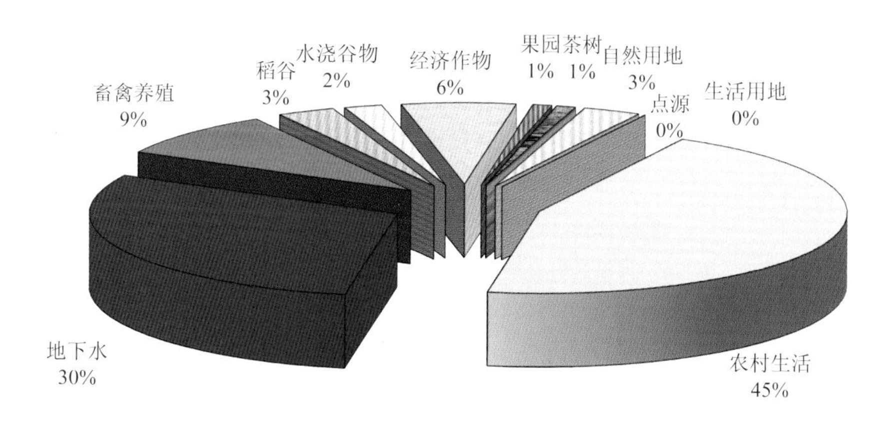

图 3-41　新安江流域不同土地利用类型溶解态总磷来源比例图

3.4.1.4　包含泥沙吸附态氮、磷的全形态氮、磷通量源构成

（1）全形态总氮源解析结果

考虑泥沙携带氮通量的新安江流域全形态总氮来源构成比例如图 3-42 所示。对比单纯溶解态总氮来源构成可知，在全形态总氮来源构成中，农业面源比例具有较大提升，表明因种植导致的水土流失是造成泥沙携带氮负荷的主要因素。

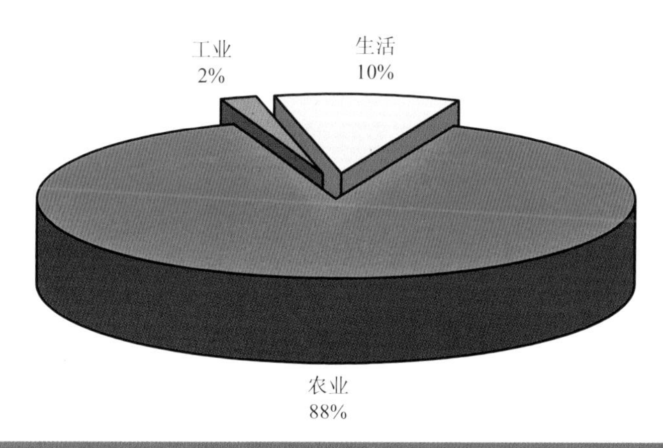

图 3-42　新安江流域全形态总氮来源比例图

如图 3-43 所示，对总氮来源按照不同土地利用类型进一步细化可知，在新安

江流域不同土地利用类型区域全形态总氮来源构成中，茶树种植源约占全部负荷的 1/3，对比其在溶解态总氮来源构成比例有了较大提升，说明茶树种植是泥沙吸附态氮通量的主要来源，应予以重点关注。

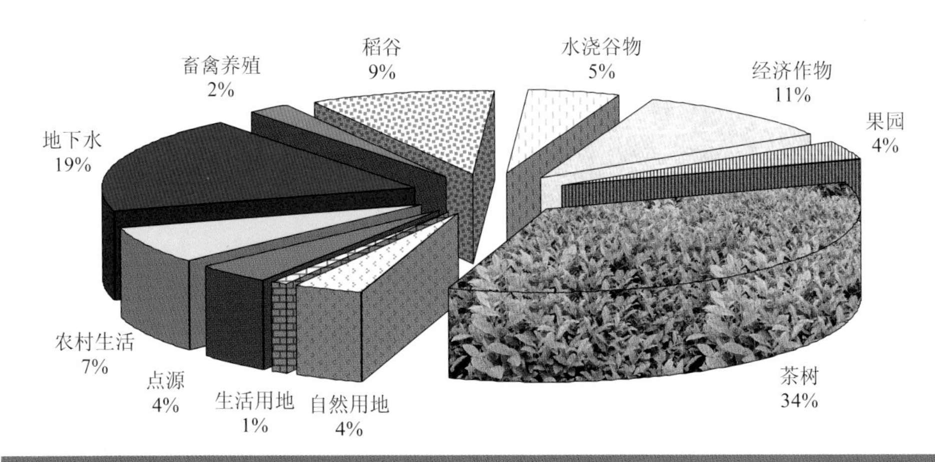

图 3-43 新安江流域不同土地利用类型全形态总氮来源比例图

（2）全形态总磷源解析结果

在考虑泥沙吸附态总磷负荷后，农业源所占总磷通量比例显著提升，生活源的比例相对降低，说明泥沙吸附态总磷负荷主要源自于农业行为导致的肥沃土壤的水土流失过程（图 3-44）。

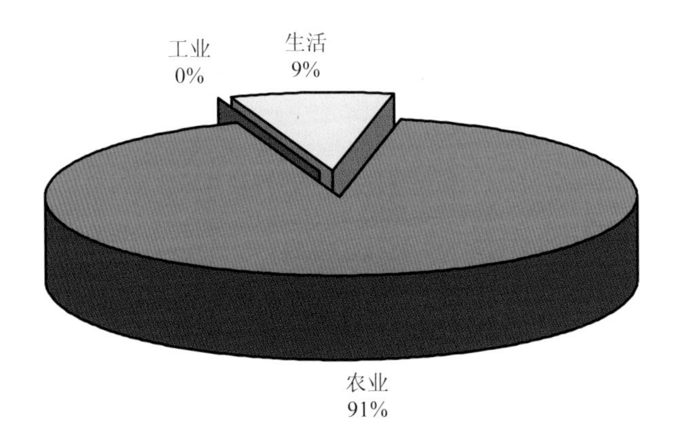

图 3-44 新安江流域全形态总磷来源比例图

如图 3-45 所示，对总磷污染来源进一步细化可知，在新安江流域各土地利用类型区域中，茶树种植源占全形态总磷负荷来源的半数以上，对比其在溶解态总磷来源构成比例也有较大提升，说明茶树种植是流域磷负荷通量的主要来源，且溶解态总磷和泥沙吸附态总磷污染均较显著，应予以重点关注。

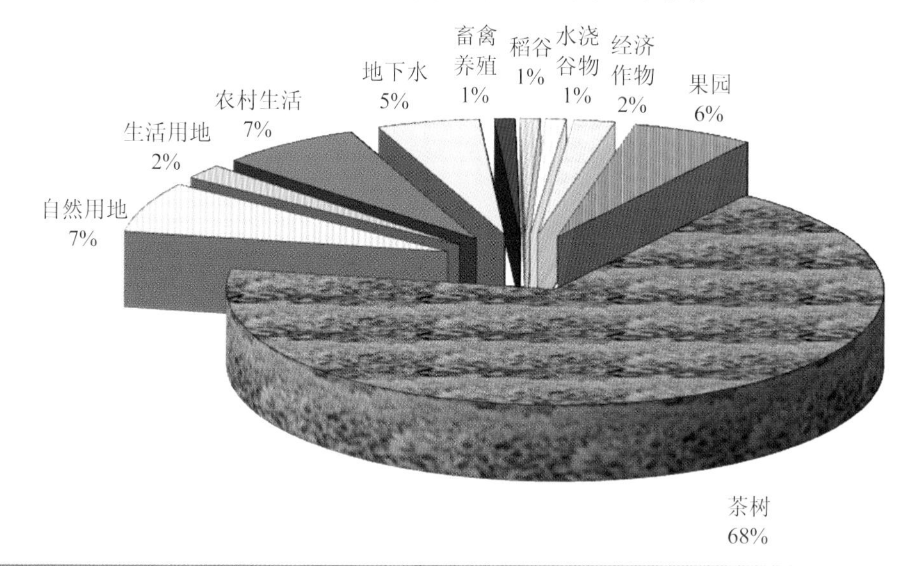

图 3-45　新安江流域不同土地利用类型区内全形态总磷来源比例图

3.4.2　新安江流域氮磷污染源负荷时间差异性分析

在本章 3.4.1 中，对新安江街口以上全流域各种形态氮、磷污染物负荷在多年平均状态下按照不同土地利用类型对来源构成进行了详细分析，以达到对流域污染状态的整体认识。在本小节中，将依据更加细致的 ReNuMa 模型逐月模拟，利用多元统计分析方法对流域氮磷污染源负荷行为开展时间差异性分析，以获得不同时期不同水情下，需重点关注的污染源信息。同时，还对极端情况下的时段和污染强度进行模拟分析。本书所提到的极端情况是指流域内污染通量较大、污染程度较重的情况。

3.4.2.1　溶解态总氮污染来源时间差异性分析

在模拟分析周期（2000—2010 年）内，溶解态总氮污染物负荷源逐月构成比例变化如图 3-46 所示。

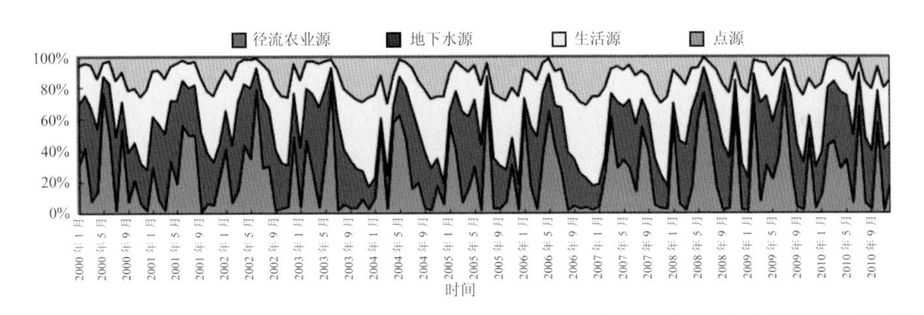

图 3-46 新安江街口以上全流域溶解态总氮污染物逐月负荷源比例分配

由图 3-46 可知，不同月份污染来源比例具有显著差异，且呈现一定的周期性特征。利用聚类分析技术，对月尺度流域溶解态总氮污染物负荷进行进一步解析，从水文、季节和极端情况等角度分析了不同状态下的污染源构成比例，结果如下：

（1）不同水情下的污染源贡献比例

本书采用层次分析法（AHP），基于欧儿里得距离应用完全链接聚类法将 2000—2010 年所有月份的溶解态总氮污染源比例分为 5 类，分别用 1、2、3、4、5 代表 5 种不同水情。根据聚类分析结果可知（图 3-47），不同类组内的水文过程特征呈现相似性，而组间呈现差异性，表明污染负荷来源比例变化与水文条件（地表径流和地下水）密切相关。

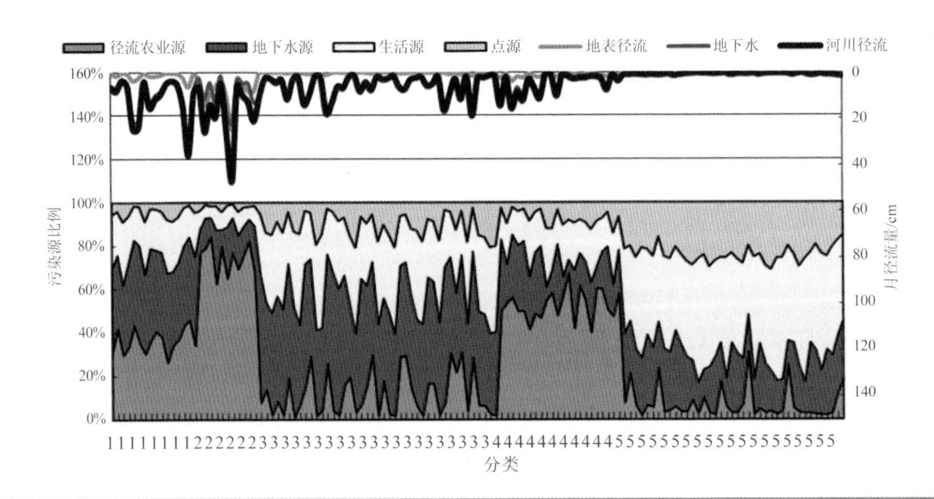

图 3-47 新安江流域溶解态总氮污染物逐月负荷源比例聚类分析结果

①洪水期

按照地表径流和地下水量分析，图 3-47 类别 2 中，河川月平均径流量为（17.71±11.75）cm（平均值±标准差，以下同），其中地表径流量和地下水量基本各半，分别为（8.76±5.98）cm（地表径流）和（8.95±6.37）cm（地下水）。上述分析表明，在该类别期间流域内降水过程急剧，地表径流及地下水过程均较显著，河道水体补给量大，水量充沛。

因此，认为类别 2 属于洪水期。在该水文条件下，流域内溶解态总氮污染物来源以径流农业源负荷为主导，占全部溶解态总氮污染物负荷的 75%（图 3-48）。

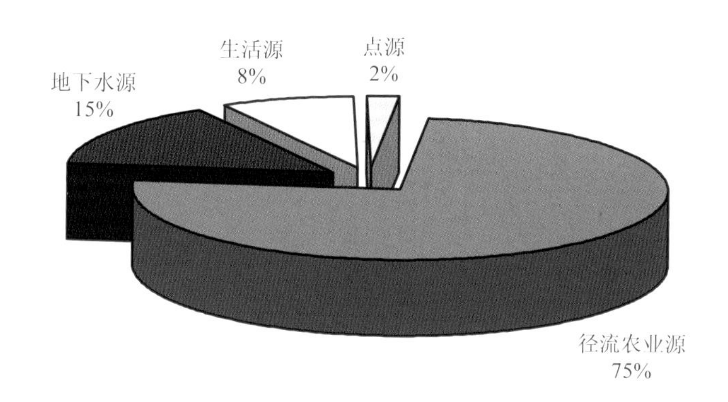

图 3-48　新安江流域洪水期溶解态总氮污染源比例

②丰水期

按照地表径流和地下水量分析，图 3-47 中的类别 1 中，河川月平均径流量为（11.88±8.95）cm，其中以地下水为主导来源，月平均值为（10.25±7.47）cm，较洪水期略有上升，而月平均地表径流量仅为（1.63±1.54）cm，较洪水期显著下降。上述分析表明，该类别为洪水期之后，流域内降水过程平稳，由于先期降水储存效应导致的地下水过程显著，地下潜流补给量大，水量较为充沛。

因此，认为类别 1 属于丰水期。在该水文条件下，流域内溶解态总氮污染物来源以地下水源负荷和径流农业源负荷共同主导（分别为 38%和 36%）。此时，由于伴随地下水传输的农村生活污染源转移过程加剧，导致生活源比例显著上升，占全部溶解态总氮污染物负荷的 21%，应予以关注（图 3-49）。

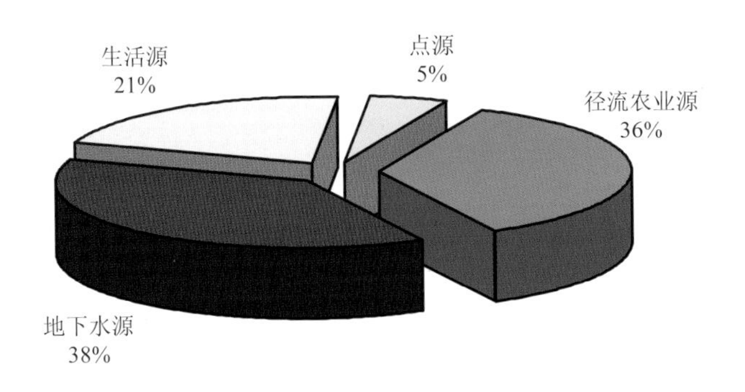

图 3-49 新安江流域丰水期溶解态总氮污染源比例

③平水期

按照地表径流和地下水量分析，图 3-47 中的类别 4 中，河川月平均径流量为（5.49±4.62）cm，仍以地下水为主导来源，但较丰水期已有显著下降，月平均值为（4.15±3.78）cm，而月平均地表径流量与丰水期接近，为（1.35±0.89）cm。

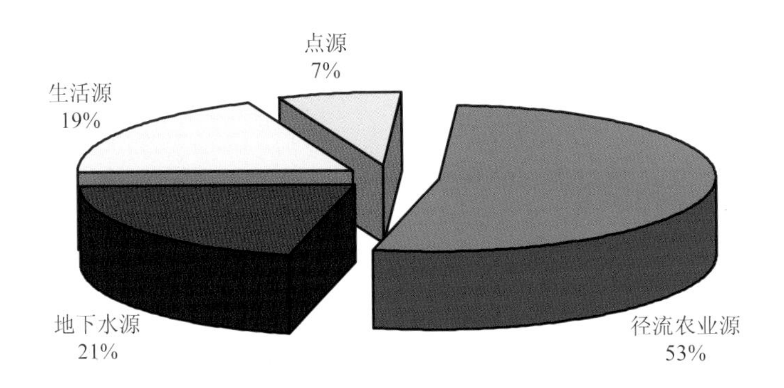

图 3-50 新安江流域平水期溶解态总氮污染源比例

上述分析表明，这个时期内流域降水过程稳定，与丰水期类似，而流域内先期储存的地下水量则随着不断向河道转移而逐渐减少，地下潜流补给量趋弱，水量平稳。

因此，认为类别 4 属于平水期。在该水文条件下，流域内以径流农业源为主要溶解态总氮的污染来源，地下水源和生活源比例接近，为共同次要污染源。此时，点源负荷比例逐渐升高，达到 7%（图 3-50）。

④少水期

按照地表径流和地下水量分析，图 3-47 中的类别 3 中，河川月平均径流量为（5.94±4.75）cm，与平水期区别不大，但此期间内地表径流月均值仅为（0.29±0.36）cm，河川径流主要靠地下水补给，月均值为（5.65±4.48）cm。上述分析表明，该类别为平水期之后，流域内降水稀少，地表径流补给过程羸弱，河道水量主要靠流域内先期储存的地下水经潜流过程转移补给，水量趋少。

因此，认为类别 3 为少水期。在该水文条件下，流域内以地下水源为主要溶解态总氮污染物来源，占全部溶解态总氮污染负荷量的 46%；生活源为次要贡献源，占 31%。此时，点源负荷比例较之平水期继续升高，达到 11%，接近径流农业源贡献（图 3-51）。

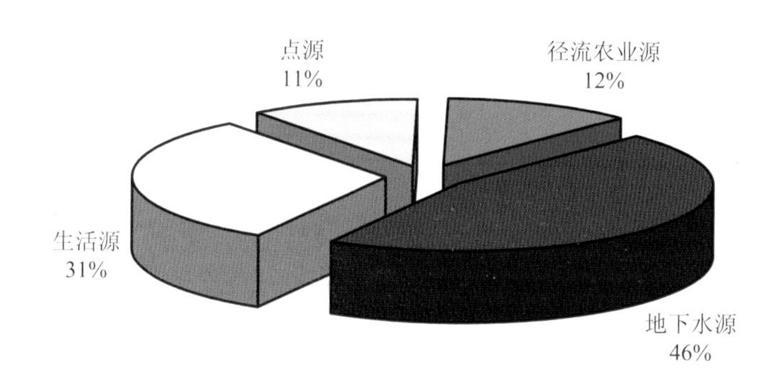

图 3-51　新安江流域少水期溶解态总氮污染源比例

⑤枯水期

按照地表径流和地下水量分析，图 3-47 中的类别 5 中，河川月平均径流量仅为（0.99±0.35）cm，此期间内地表径流量极少，仅为（0.06±0.05）cm，说明该期间几乎没有降雨，而地下水量为（0.92±0.34）cm，较之少水期亦显著降低。上述分析表明，该类别为少水期之后，流域内降水极少，地表径流补给过程趋近于零，而流域内先期储存的地下水经潜流过程也转移殆尽，河道自然水体补给量稀少，潜在水环境容量达到最低。

因此，认为类别 5 属于枯水期。在该水文条件下，生活源成为流域内主要的溶解态总氮污染负荷来源，占全部溶解态总氮污染负荷量的 45%。此时，点源负荷比例最显著，与地下水源贡献比例持平，达到 24%，应予以重点关注（图 3-52）。

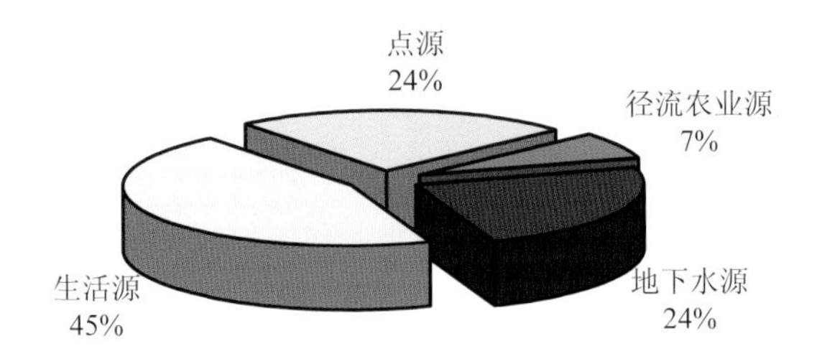

图 3-52　新安江流域枯水期溶解态总氮污染源比例

（2）不同季节下的污染源贡献比例

由图 3-47 可知，逐月溶解态总氮污染负荷来源比例随时间呈现出一定的周期性变化，为解析流域溶解态总氮污染物负荷在不同季节下的特征构成提供了可能。本书应用层次分析法，基于新安江流域月均气温和降水量进行聚类分析，将月份按四季进行划分。其中，2—4 月为春季，5—7 月为夏季，8—10 月为秋季，11 月—翌年 1 月为冬季，分析了不同季节内的污染负荷来源比例，结果如图 3-53 所示。

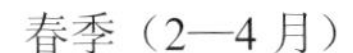

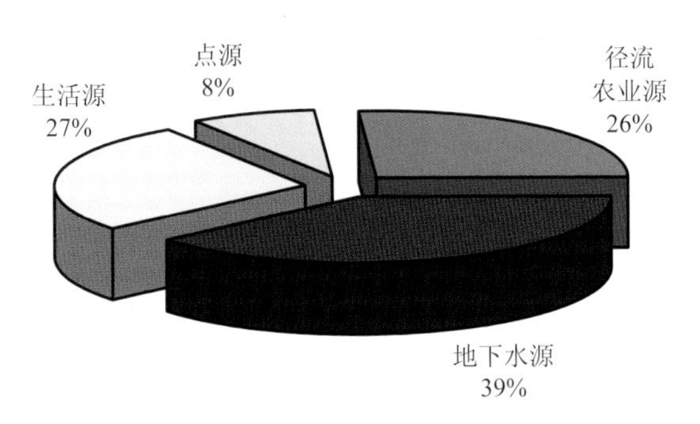

夏季（5—7 月）

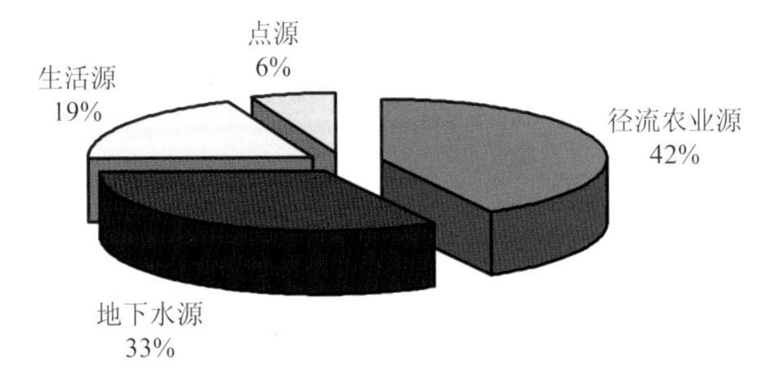

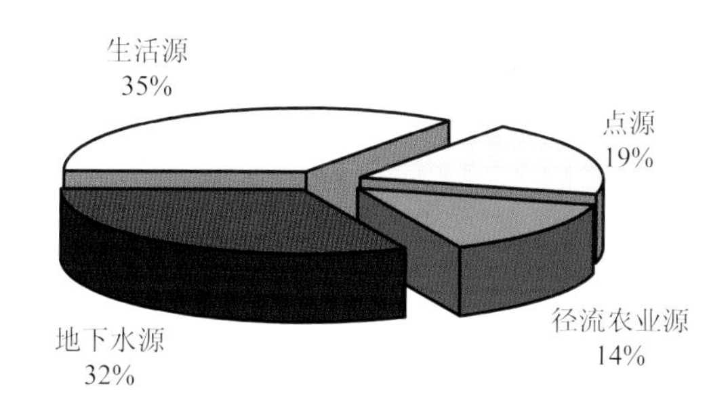

冬季（11-翌年 1 月）

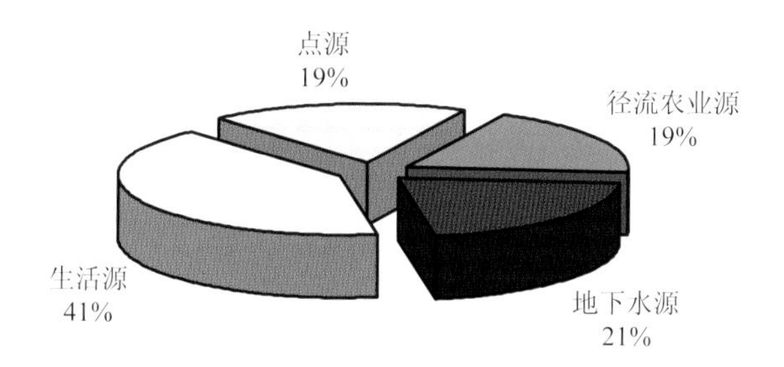

图 3-53 不同季节新安江流域溶解态总氮污染负荷来源比例构成

根据上图结果分析可知，不同季节流域溶解态总氮污染负荷比例具有各自特征。春季（2—4 月），流域溶解态总氮污染物通量主要来自地下水贡献，同时径流农业源和生活源也有较显著的贡献；夏季（5—7 月）径流农业源上升为首要贡献来源，地下水贡献次之；秋季（8—10 月）生活源和地下水源共同为流域主要溶解态总氮污染来源；冬季（11 月—翌年 1 月）生活源上升为首要贡献源。同时，点源负荷在秋冬两季较为显著。上述结论可以为不同季节下开展有针对性的流域管理规划提供参考依据。

（3）极端情况下的污染源贡献比例

在污染通量较大的时期内开展有针对性的治理措施，减少极端污染事件发生的时间和强度是十分必要的。本书对新安江流域在月尺度上的溶解态总氮污染负荷通量进行了单因子聚类分析，得到污染物通量的极端条件阈值，同时取该阈值的 20%下限作为安全临界条件，对污染物通量在临界点以上，即污染较为严重月份的污染负荷来源分配比例进行解析，污染负荷量和污染负荷源解析结果如图

3-54 和图 3-55 所示。

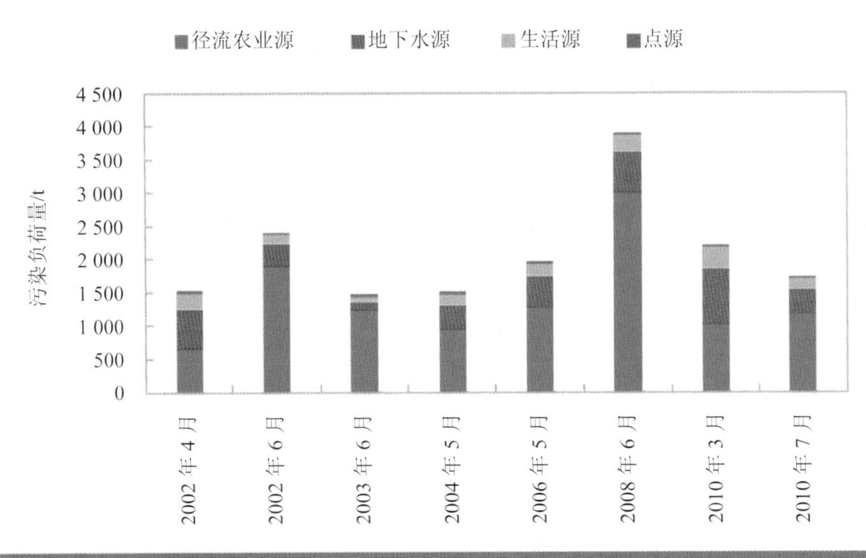

图 3-54 极端溶解态总氮负荷下的污染负荷量

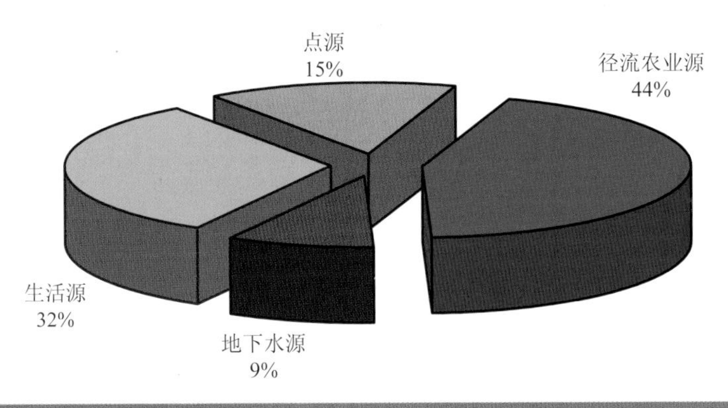

图 3-55 极端溶解态总氮负荷下的污染物来源构成

根据单因子聚类分析结果，基于模型分析得到的月溶解态总氮通量数据，负荷最大的类别阈值为 3 901.75 t/月，取该阈值的 20%下限作为安全临界条件，即选取溶解态总氮通量大于 3 121.40 t/月的月份为极端污染物通量状态。通过对选取的极端通量月份污染负荷来源开展进一步分析可知，在极端溶解态总氮通量负荷条件下，径流农业源是最主要的贡献源，同时，地下水源和生活源贡献也不容忽视。

3.4.2.2　溶解态总磷污染来源时间差异性分析

在模拟分析周期（2000—2010 年）内，溶解态总磷污染物负荷源逐月构成比例变化如图 3-56 所示。

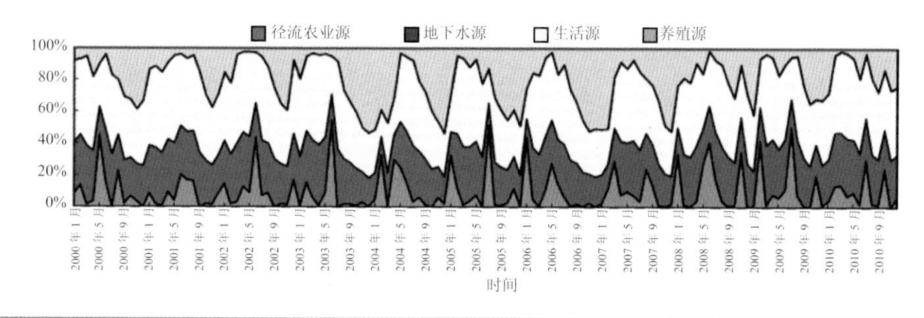

图 3-56　新安江街口以上全流域溶解态总磷污染物逐月负荷来源比例分配

由图 3-56 可知，不同月份污染来源比例具有显著差异，且呈现一定周期性。基于上述结果信息，利用聚类分析技术，对月尺度流域溶解态总磷污染物负荷进行进一步解析，与溶解性总氮分析过程类似，从水文、季节和极端情况等角度分析了不同条件下的溶解性总磷污染源比例构成，结果如下：

（1）不同水情下的污染源贡献比例

本书采用层次分析法，基于欧几里得距离应用完全链接聚类法将 2000—2010 年内所有月份的溶解态总磷污染源比例分为 5 类。根据聚类分析结果可知（图 3-57），不同类组内的水文过程特征呈现相似性，而组间呈现差异性，表明污染负荷来源比例变化与水文条件（地表径流和地下水）有密切关系，对不同时期不同水情下管理重点的决策支持具备参考价值。

①洪水期

按照地表径流和地下水量分析，图 3-57 中的类别 3 中，河川月平均径流量为（15.96±13.25）cm，其中地表径流量和地下水量均较丰沛，分别为（8.98±6.95）cm（地表径流）和（6.98±6.39）cm（地下水）。上述分析表明，在洪水期间流域内降水过程急剧，地表径流及地下水过程均较显著，河道水体补给量大，水量充沛。

因此，认为类别 3 属于洪水期。在该水文条件下，流域内溶解态总磷以径流生活源负荷为主要污染源，占到全部溶解态总磷污染物负荷的 43%，地下水源和养殖源负荷分别占 28%和 15%（图 3-58）。

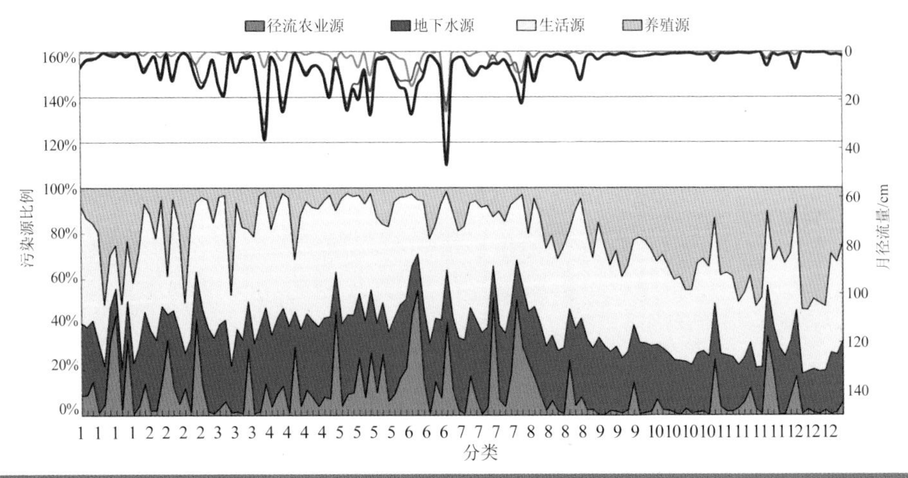

图 3-57 新安江流域溶解态总磷污染物逐月负荷源比例聚类分析结果

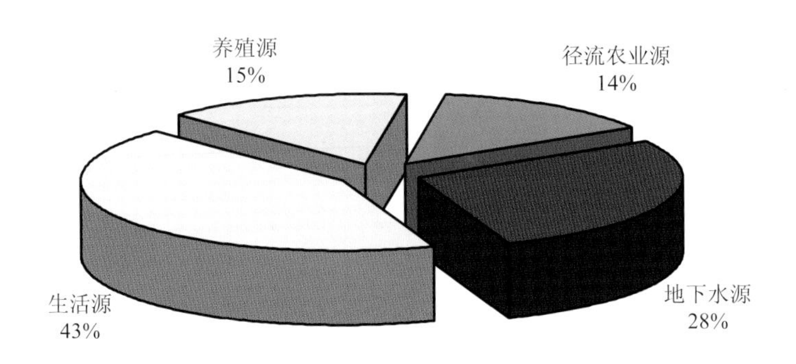

图 3-58 新安江流域洪水期溶解态总磷污染源比例

②丰水期

按照地表径流和地下水量分析，图 3-57 中的类别 2 中，河川月平均径流量为（11.40±8.58）cm，其中以地下水为主导来源，月平均值为（8.72±6.64）cm，较洪水期略有上升，而月均地表径流量为（2.68±2.44）cm，较洪水期有较为明显的下降。上述分析表明，洪水期之后，流域内降水过程趋于平稳，由于先期降水储存效应导致的地下水过程显著，地下潜流补给量大，水量较为充沛。

因此，认为类别 2 属于丰水期。在该水文条件下，地下水对流域溶解态总磷的传输效应较之洪水期进一步增强，伴随地下水传输的生活源为首要污染物负荷来源，占到全部负荷的 37%，地下水源负荷也较显著，达到 24%（图 3-59）。

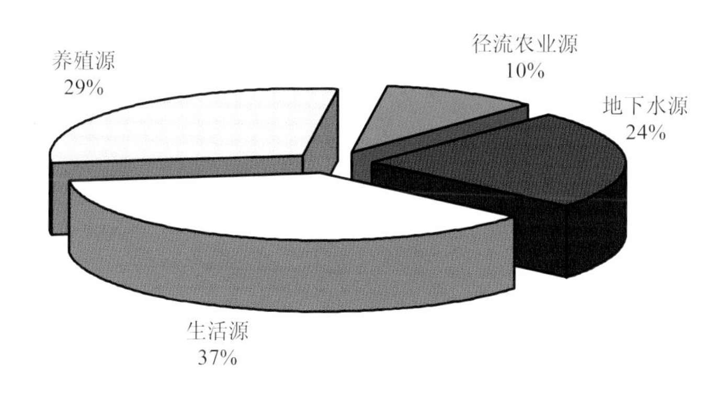

图 3-59　新安江流域丰水期溶解态总磷污染源比例

③平水期

按照地表径流和地下水量分析，图 3-57 中的类别 1 中，河川月平均径流量为（7.00±5.19）cm，其中月均地表径流量与丰水期相比有显著下降，仅为（0.45±0.52）cm，地下水为河川径流主要补给源，但较之丰水期略有下降，月均值为（6.55±4.78）cm。上述分析表明，该类别期间内降雨过程稀少，而流域内先期储存的地下水量随着不断向河道转移逐渐减少，地下潜流补给量趋弱，水量平稳。

因此，认为类别 1 属于平水期。在该水文条件下，流域内以生活源和地下水源为主要溶解态总磷污染物来源，分别占全部负荷的 45%和 29%（图 3-60）。

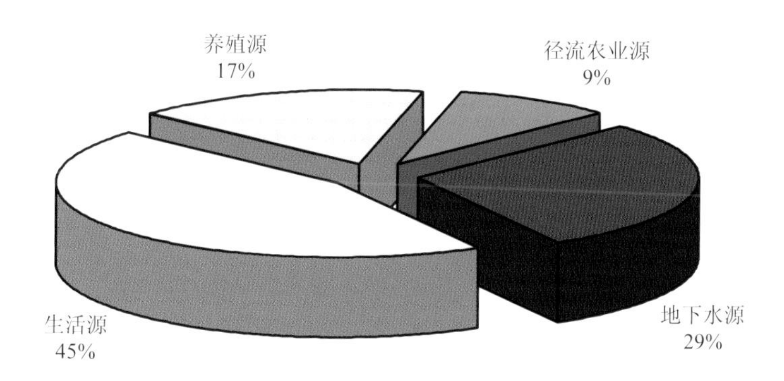

图 3-60　新安江流域平水期溶解态总磷污染源比例

④少水期

按照地表径流和地下水量分析，图 3-57 中的类别 5 中，平均月河川径流量为（1.55±0.40）cm，其中地表径流月均值为（0.81±0.27）cm，与平水期相近，但地下水补给量有显著下降，月均值仅为（0.73±0.20）cm。上述分析表明，该类别为平水期之后，流域内降水稀少，地表径流补给过程羸弱，靠流域内先期储存的地下水转移补给十分有限，导致河道水量稀少。

因此，认为类别 5 属于少水期。在该水文条件下，生活源和地下水源比例相对较高，分别占到全部负荷量的 43%和 28%（图 3-61）。

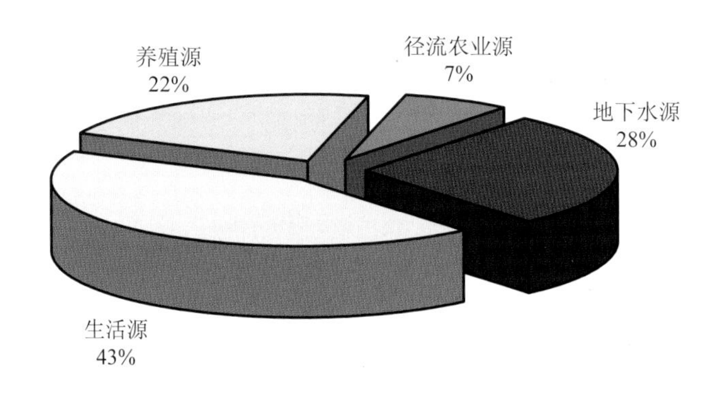

图 3-61 新安江流域少水期溶解态总磷污染源比例

⑤枯水期

按照地表径流和地下水量分析，图 3-57 中的类别 4 中，河川月平均径流量仅为（1.10±0.43）cm，此期间内地表径流量极少，仅为（0.07±0.06）cm，而地下水补给量为（1.02±0.41）cm，与少水期类似。上述分析表明，枯水期流域内几乎没有降水，地表径流补给过程趋近于零，而流域内先期储存的地下水潜流转移强度与少水期类似，河道水补给量稀少。

因此，认为类别 4 属于枯水期。在该水文条件下，生活源和地下水源成为流域内主要的溶解态总磷污染负荷来源，分别占到全部溶解态总磷负荷量的 41%和 27%（图 3-62）。

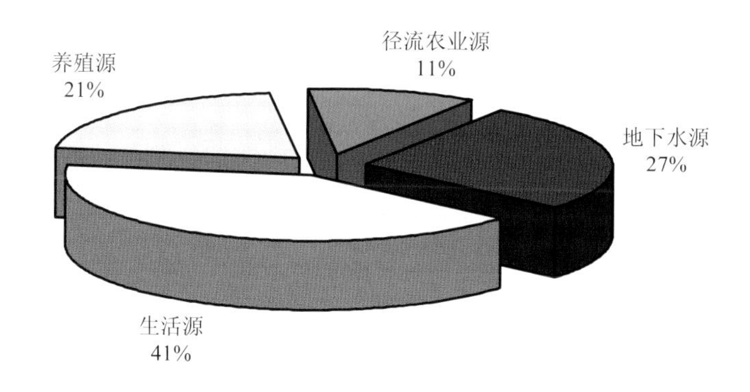

图 3-62　新安江流域枯水期溶解态总磷污染源比例

（2）不同季节下的污染源贡献比例

由图 3-57 可知，逐月溶解态总磷污染负荷来源比例随时间呈现出一定的周期性变化，为解析流域溶解态总磷污染负荷在不同季节下的特征构成提供了可能。与分析溶解态总氮污染负荷季节性差异过程类似，本书基于用层次分析法对新安江流域月均气温和降水量进行聚类分析得到的月季节划分标准，对不同季节流域内溶解态总磷污染负荷来源比例构成进行分析，结果如图 3-63 所示。

由图 3-63 可知，全年生活源和地下水源所占总磷污染负荷比例相对稳定，径流农业源比例在夏季最高，养殖源在秋冬两季贡献较为显著，应当在管理上予以重点关注。上述结论可以为不同季节下开展有针对性的流域规划提供依据。

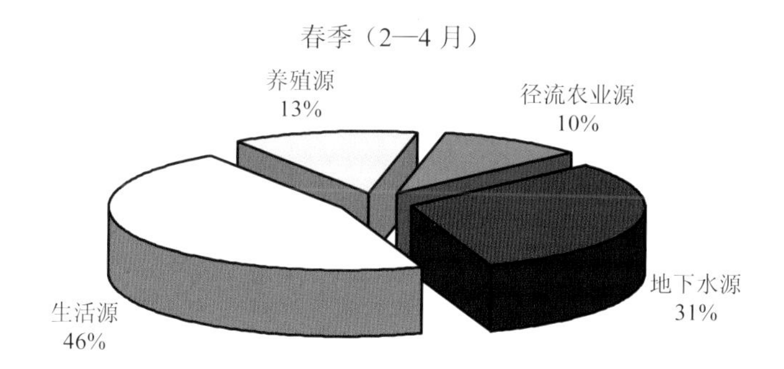

夏季（5—7 月）

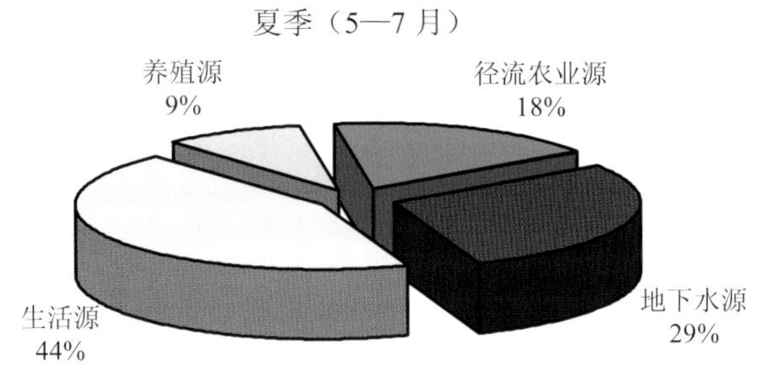

秋季（8—10 月）

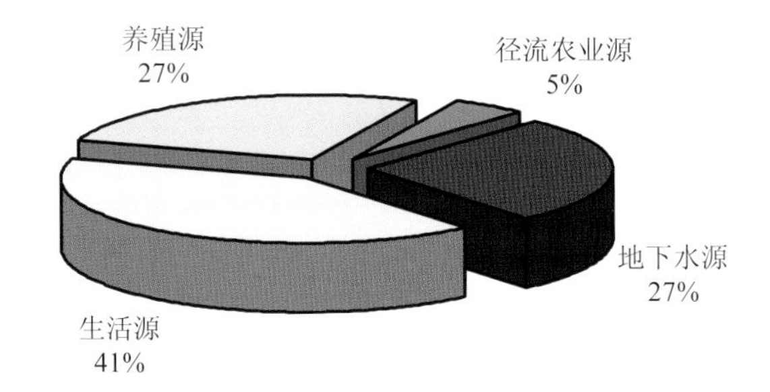

冬季（11 月—翌年 1 月）

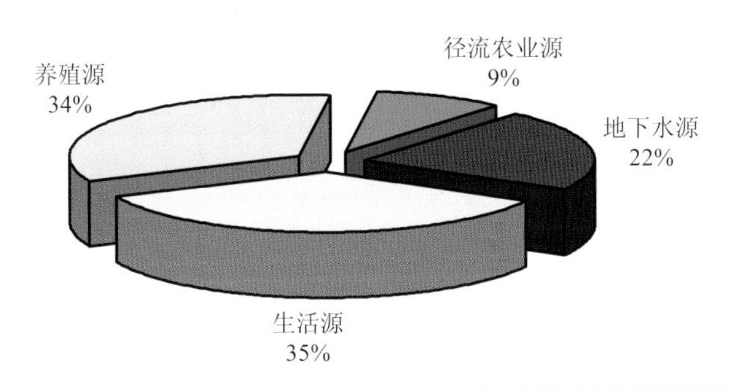

图 3-63　不同季节新安江流域溶解态总磷污染负荷来源比例构成

（3）极端情况下的污染源贡献比例

与分析溶解态总氮负荷通量类似，本书对月尺度上的溶解态总磷负荷通量进行了单因子聚类分析，得到污染物通量的极端条件阈值，同时取该阈值的 20%下限作为安全临界条件，对污染物通量在临界点以上，即污染较为严重月份的污染负荷来源分配比例进行解析，污染负荷量和污染负荷源解析结果如图 3-64 和图 3-65 所示。

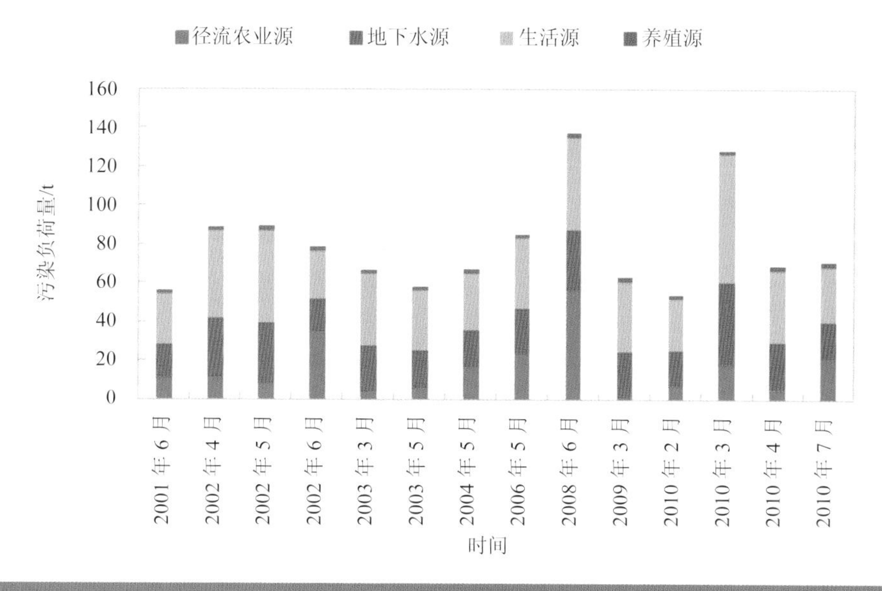

图 3-64　极端溶解态总磷负荷下的污染负荷量

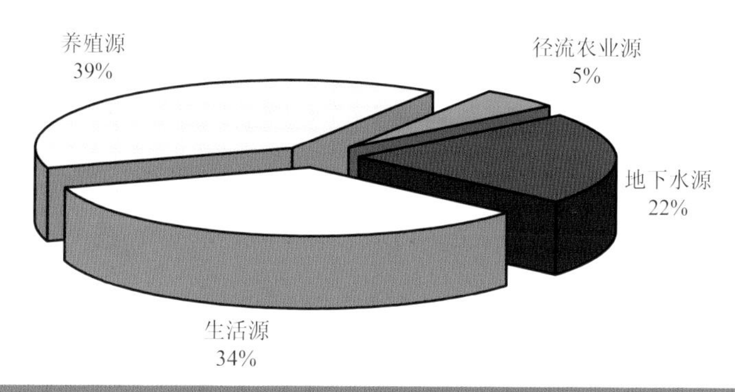

图 3-65　极端溶解态总磷负荷下的污染负荷源解析

根据单因子聚类分析结果，结合模型分析得到的月溶解态总磷通量数据，负荷最大的类别阈值为 137.20 t/月，取该阈值的 20%下限作为安全临界条件，即选取溶解态总磷通量大于 109.76 t/月的月份为极端污染物通量状态。通过对选取的极端通量月份污染负荷来源做进一步分析可知，在极端溶解态总磷通量负荷条件下，生活源是最主要的贡献源，同时，地下水源和径流农业源贡献也不容忽视。

3.4.2.3 全形态总氮污染来源时间差异性分析

在模拟分析周期（2000—2010 年）内，全形态总氮污染物负荷源逐月构成比例变化如图 3-66 所示。

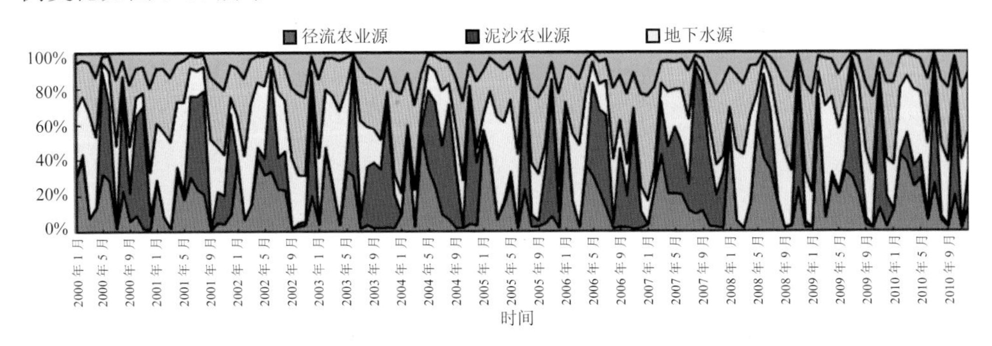

图 3-66 新安江街口以上全流域全形态总氮污染物逐月负荷来源比例分配

由图 3-57 可知，不同月份污染来源比例具有显著差异，且呈现一定周期性变化。基于上述结果信息，利用聚类分析技术，对月尺度流域全形态总氮污染物负荷进行进一步解析，从水文、季节和极端条件等角度分析了不同状态下的污染源比例构成，结果如下：

（1）不同水情下的污染源贡献比例

与溶解态总氮分析过程类似，本书采用层次分析法（AHP），基于欧几里得距离应用完全链接聚类法将 2000—2010 年内所有月份的全形态总氮污染源比例分为 5 类。根据聚类分析结果可知（图 3-67），污染负荷来源比例变化与水文过程传输型态分配（地表径流和地下水传输量及其相对比例）有密切关系，可为不同时期不同水情下管理重点的决策支持提供参考。

①洪水期

按照地表径流和地下水量分析，图 3-67 中的类别 2 中，河川月平均径流量为（6.15±6.45）cm，其中地表径流月均值（2.44±3.53）cm，地下水补给量为（3.71±3.51）cm。上述分析表明，在该类别期间流域内降水过程急剧，不断补充地下水储备且随潜流过程向河道转移，地表径流及地下水过程均较显著，河道水体补给量大，水量充沛。

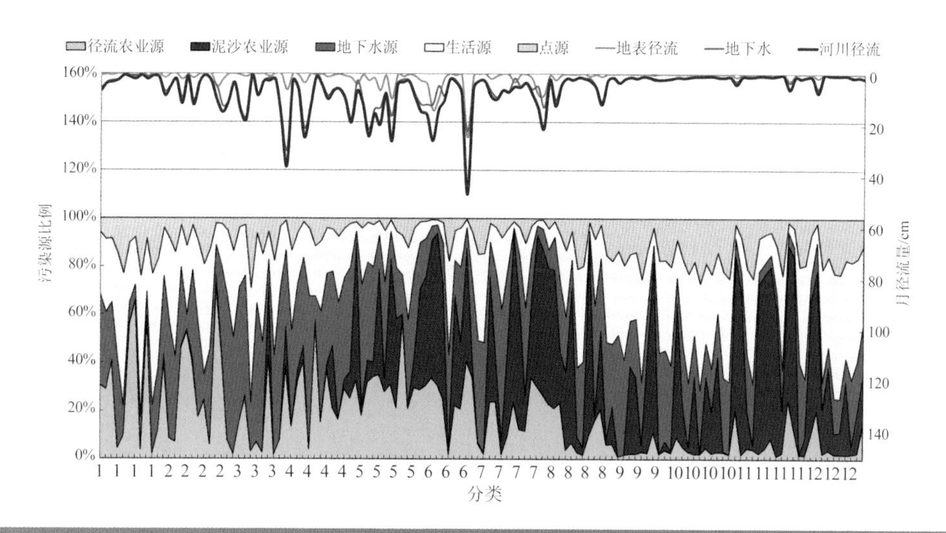

图 3-67　新安江流域全形态总氮污染物逐月负荷源比例聚类分析结果

因此，认为类别 2 属于洪水期。在该水文条件下，流域内全形态总氮污染物来源以泥沙农业源为主，占到全部污染负荷源的 62%（图 3-68）。

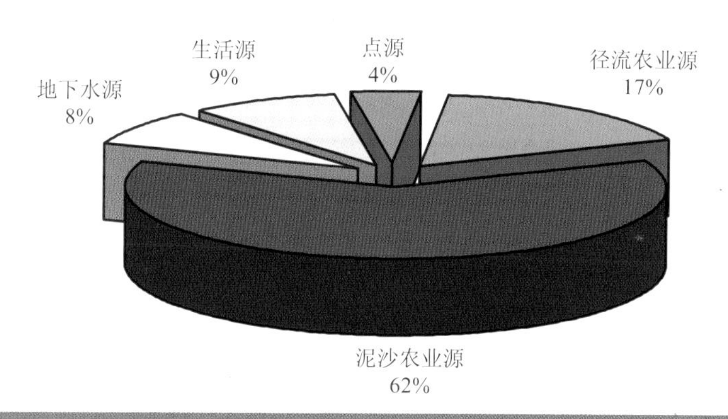

图 3-68　新安江流域洪水期全形态总氮污染源比例

②丰水期

按照地表径流和地下水量分析，图 3-67 中的类别 3 属于丰水期，在该类别期间内，河川月平均径流量为（7.91±10.51）cm，其中地表径流量为（2.29±5.23）cm，较洪水期略有下降；而地下水量为（5.62±5.74）cm，较洪水期有明显提升。上述分析表明，该类别期间降水过程相对平稳，但地下水量经连续降雨储存丰厚，经潜流补给量巨大，河道水量充沛。

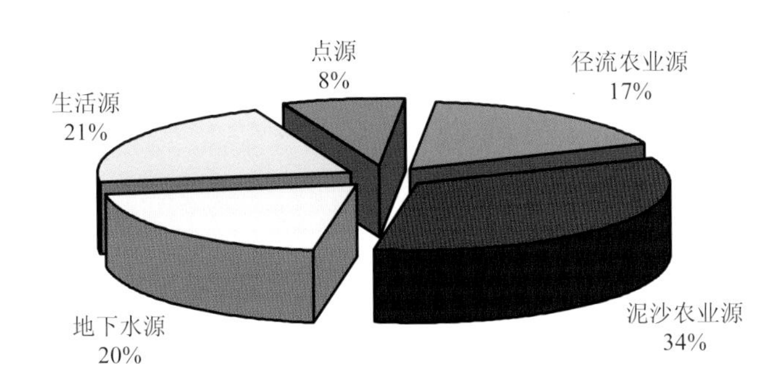

图 3-69 新安江流域丰水期全形态总氮污染源比例

因此，认为类别 3 属于丰水期。在该水文条件下，流域内全形态总氮污染物来源仍以泥沙农业源负荷最为显著，占全部污染物负荷的 34%，同时地下水源、生活源和径流农业源比例也较明显（图 3-69）。

③平水期

按照地表径流和地下水量分析，图 3-67 中的类别 1 中，河川月平均径流量为（7.97±7.09）cm，其中仍以地下水为主导来源，月平均值为（7.24±6.12）cm，而月均地表径流量有明显下降，为（0.73±1.13）cm。上述分析表明，在该类别期间，流域降水过程较之洪水期和丰水期有显著减少，而流域内先期储存的地下水向河道转移而形成的地下潜流为河道主要补给水源，水量未有显著下降但传输行为较平稳。

因此，认为类别 1 属于平水期。在该水文条件下，流域内以地下水源为主要氮污染物来源，生活源和径流农业源为次要污染源（图 3-70）。

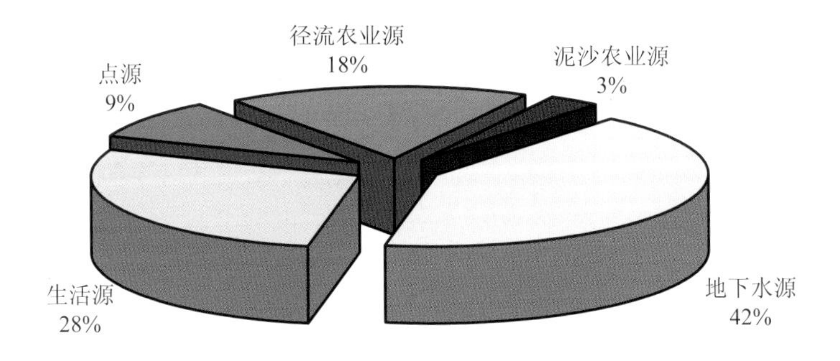

图 3-70 新安江流域平水期全形态总氮污染源比例

④少水期

按照地表径流和地下水量分析，图 3-67 中的类别 5 中，河川月平均径流量为（3.02±3.01）cm，其中地表径流量和地下水量各半，分别为（1.48±1.56）cm（地表径流）和（1.54±1.49）cm（地下水）。上述分析表明，该类别期间流域降水稀少，地表径流和地下潜流补给过程稳定，河道水量较少。

因此，认为类别 5 属于少水期。在该水文条件下，流域内以径流农业源为主要氮污染物来源，占到全部负荷量的 60%，生活源为次要贡献源，占 20%（图 3-71）。

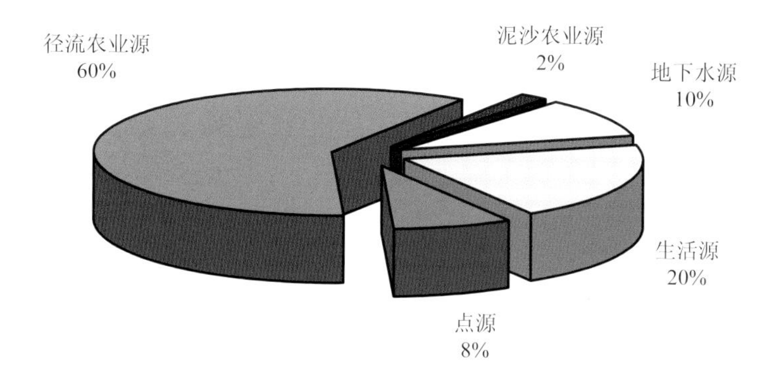

图 3-71 新安江流域少水期全形态总氮污染源比例

⑤枯水期

按照地表径流和地下水量分析，图 3-67 中的类别 4 中，河川月平均径流量仅为（0.97±0.33）cm，此期间地表径流量极少，仅为（0.05±0.04）cm，表明该期间几乎没有降雨，而地下水量为（0.92±0.32）cm，较之少水期亦显著降低。上述分析表明，该类别为少水期之后，流域内降水极少，地表径流补给过程趋近于零，而流域内先期储存的地下水经潜流过程也转移殆尽，河道自然水体补给量稀少，潜在水环境容量达最低。

因此，认为类别 4 属于枯水期。在该水文条件下，生活源成为流域内主要的氮污染物来源，占到全部负荷量的 45%。此时，点源负荷比例达最显著，与地下水源贡献比例持平，均为 22%，应在管理上予以重点关注（图 3-72）。

（2）不同季节下的污染源贡献比例

由图 3-67 可知，逐月全形态总氮污染负荷来源比例随时间呈现出一定的周期性变化，为解析流域氮污染物负荷在不同季节下的特征构成提供了可能。

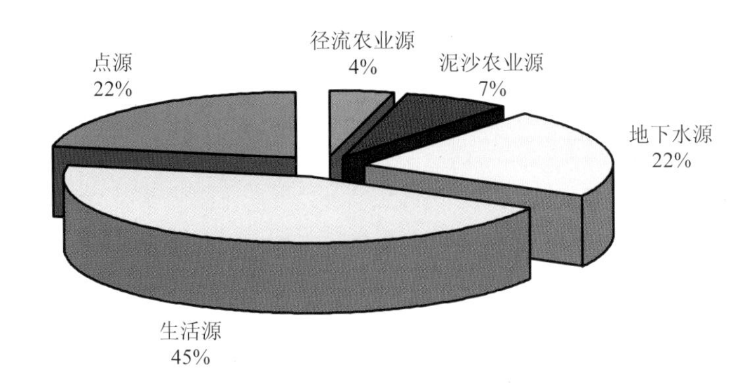

图 3-72 新安江流域枯水期全形态总氮污染源比例

与分析溶解态总氮污染负荷季节性差异过程类似，本书采用层次分析法对新安江流域月均气温和降水量进行聚类分析得到月季节划分标准，并以此对不同季节的流域内全形态总氮污染负荷来源比例构成进行了分析，结果如图 3-73 所示。

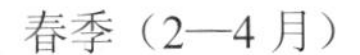

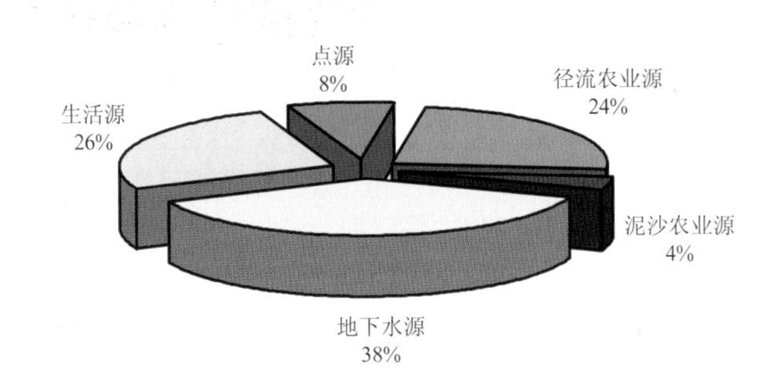

夏季（5—7 月）

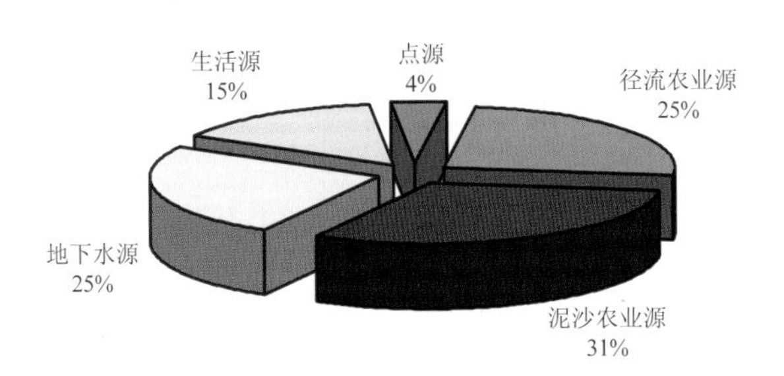

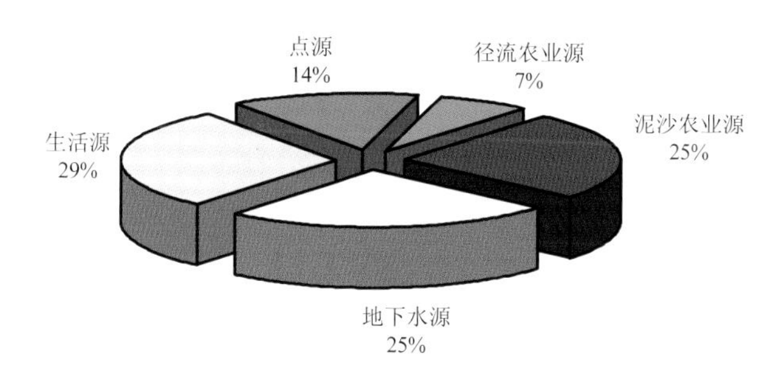

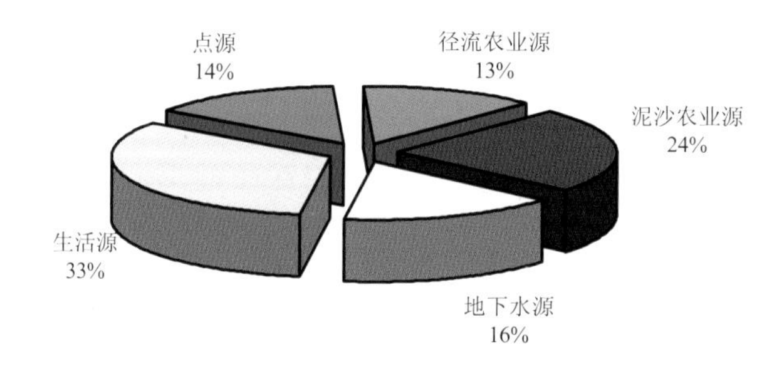

图 3-73　不同季节新安江流域全形态总氮污染负荷来源比例构成

不同季节下的全形态总氮污染负荷比例具有各自特征。春季，流域内全形态总氮污染物通量主要来自地下水贡献，同时生活源和径流农业源也有较显著的贡献，其分布特点与溶解态总氮污染物通量类似，说明春季吸附态氮贡献不明显；夏季泥沙农业源上升为流域首要氮负荷通量贡献来源，地下水源和径流农业源贡献次之，说明夏季雨水充沛，伴随水土流失的泥沙吸附态氮贡献行为显著；秋冬两季各源比例稳定，点源负荷在此期间较为显著，应当在管理上予以重点关注。上述结论可以为不同季节下制定有针对性的流域管理规划提供参考依据。

（3）极端情况下的污染源贡献比例

与分析溶解态总氮负荷通量类似，首先对所研究流域在月尺度上的全形态总氮负荷通量分别进行了单因子聚类分析，得到污染物通量的极端条件阈值，同时取该阈值的 20%下限作为安全临界条件，对污染物通量在临界点以上，即污染较为严重月份的污染负荷来源分配比例进行解析，结果如图 3-74 和图 3-75 所示。

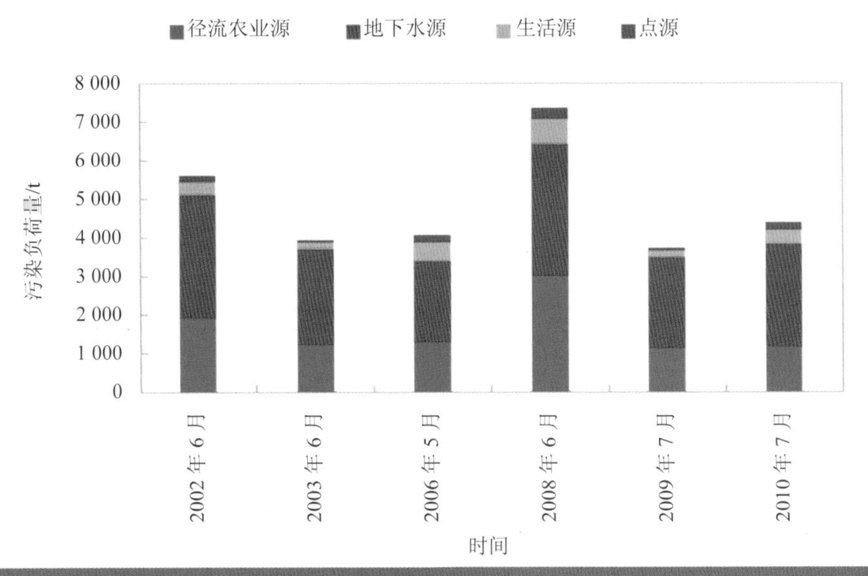

图 3-74　极端全形态总氮负荷下的污染负荷量

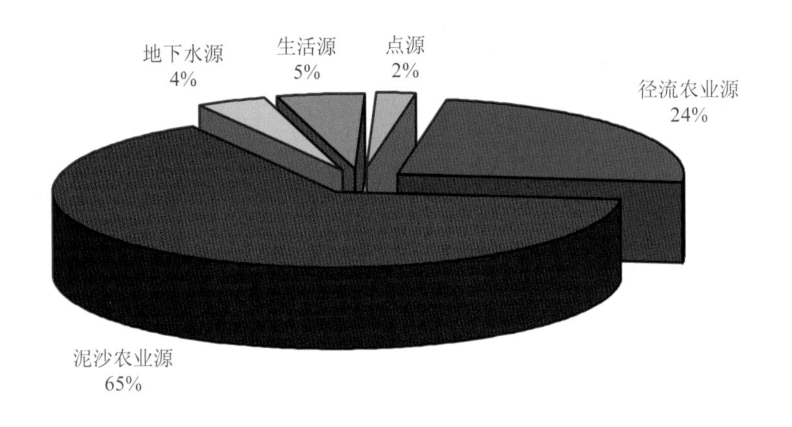

图 3-75　极端全形态总氮负荷下的污染负荷源解析

根据单因子聚类分析结果，基于模型分析得到的月全形态总氮通量数据，负荷最大的类别阈值为 7 348.70 t/月，取该阈值的 20%下限作为安全临界条件，即选取溶解态总氮通量大于 5 878.96 t/月的月份为极端污染物通量状态。对选取的极端通量月份污染负荷来源开展进一步分析可知，在极端全形态总氮通量负荷条件下，农业源是最主要的贡献形式，其中以泥沙农业源负荷最为显著，在管理上应予以特别关注。

3.4.2.4 全形态总磷污染来源时间差异性分析

在模拟分析周期（2000—2010 年）内，全形态总磷污染物负荷源逐月构成比例变化如图 3-76 所示。

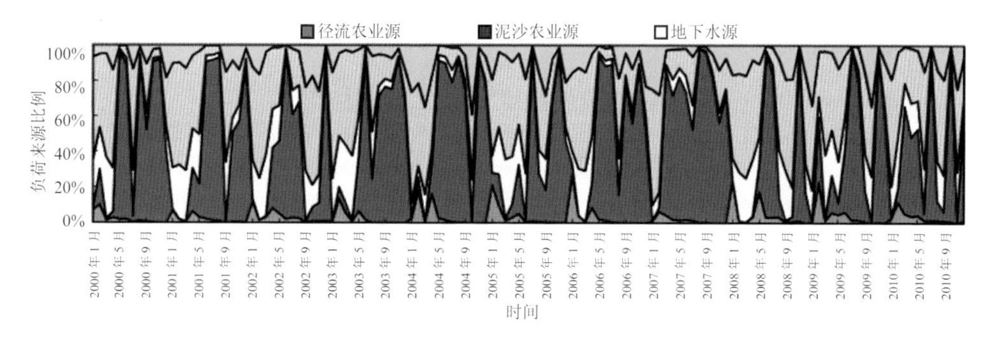

图 3-76 新安江街口以上全流域全形态总磷污染物逐月负荷来源比例分配

不同月份污染来源比例具有显著差异，且呈现一定周期性变化。基于上述结果信息，利用聚类分析技术，对月尺度流域全形态总磷污染物负荷进行进一步解析，与对全形态总氮分析的过程类似，从水文、季节和极端条件等角度分析了不同状态下的全形态总磷污染源比例构成，结果如下：

（1）不同水情下的污染源贡献比例

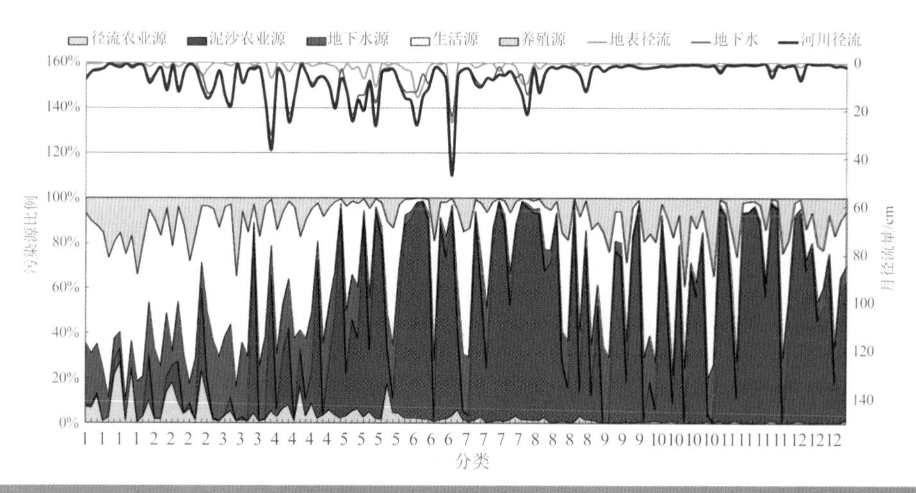

图 3-77 新安江流域全形态总磷污染物逐月负荷源比例聚类分析结果

与全形态总氮分析过程类似，本书采用层次分析法（AHP），基于欧几里得距离应用完全链接聚类法将 2000—2010 年所有月份的全形态总磷污染源比例分为五类。根据聚类分析结果可知（图 3-77），污染负荷来源比例变化与水文过程传输型态分配（地表径流和地下水传输量及其相对比例）有密切关系，这对不同时期不同水情下管理重点的决策支持具备参考价值。

①洪水期

按照地表径流和地下水量分析，图 3-77 中的类别 3 中，河川月平均径流量为（7.10±8.86）cm，其中地表径流量为（2.45±4.50）cm，为全部类别中最高值，地下水量为（4.65±4.92）cm。上述分析表明，在该类别期间流域内降水过程急剧，且地下水储备不断得到补充并经潜流向河道传输，地表径流及地下水过程均较显著，河道水体补给量大，水量充沛。

因此，认为类别 3 属于洪水期。在该水文条件下，流域内全形态总磷污染物来源以泥沙农业源负荷为主导，占全部污染物负荷的 86%（图 3-78）。

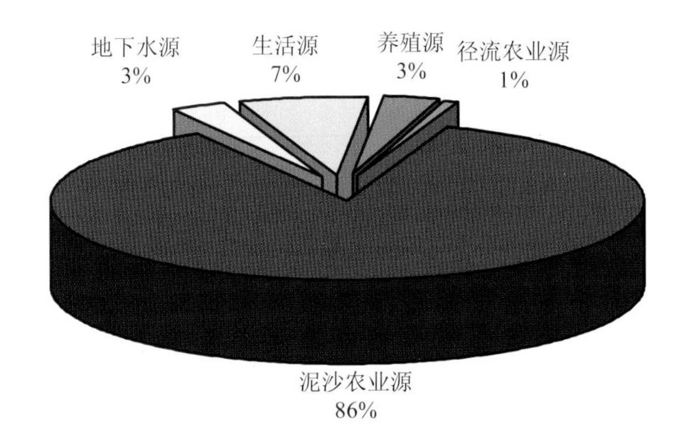

图 3-78 新安江流域洪水期全形态总磷污染源比例

②丰水期

按照地表径流和地下水量分析，图 3-77 中的类别 4 中，河川月平均径流量为（8.20±9.85）cm，其中地表径流量较洪水期有较大幅度下降，月平均值为（1.19±1.79）cm，而地下水量为（7.01±8.37）cm，较洪水期显著提高。上述分析表明，丰水期降水强度较之洪水期有所下降，降水过程相对平稳，但地下水量经连续降雨储存丰厚，经潜流补给量巨大，河道水量充沛。

因此，认为类别 4 属于丰水期。在该水文条件下，流域内全形态总磷污染物来源仍以泥沙农业源负荷为主导，占全部污染物负荷的 60%，但生活源比例相对

显著，占全部负荷的 21%，应视为次要污染贡献源（图 3-79）。

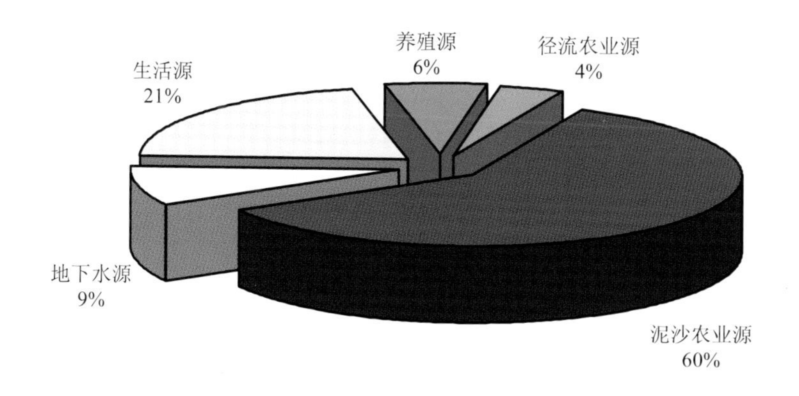

图 3-79　新安江流域丰水期全形态总磷污染源比例

③平水期

按照地表径流和地下水量分析，图 3-77 中的类别 1 中，河川月平均径流量为（5.78±4.77）cm，其中以地下水为绝对主导来源，月平均值为（5.44±4.45）cm，而月均地表径流量有明显下降，为（0.34±0.56）cm。上述分析表明，在该类别期间流域降水过程较之洪水期和丰水期有显著减少，而流域内先期储存的地下水向河道转移而形成的地下潜流为河道主要补给水源，水量平稳。

因此，认为类别 1 属于平水期。在该水文条件下，流域内以生活源为主要磷污染物来源，泥沙农业源为次要污染源（图 3-80）。

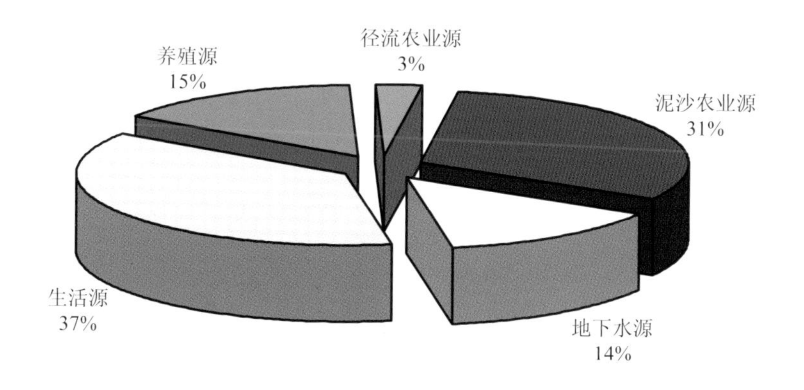

图 3-80　新安江流域平水期全形态总磷污染源比例

④少水期

按照地表径流和地下水量分析，图 3-77 中的类别 2 中，河川月平均径流量为（4.78±3.92）cm，其中地表径流量为（0.67±0.54）cm，地下水量为（4.10±3.67）cm。上述分析表明，该类别期间流域降水稀少，先期储存的地下水转移强度逐渐减弱，河道水量趋小。

因此，认为类别 2 属于少水期。在该水文条件下，流域内以生活源为主要磷污染物来源，占全部负荷量的 53%，地下水源为次要贡献源，占 28%（图 3-81）。

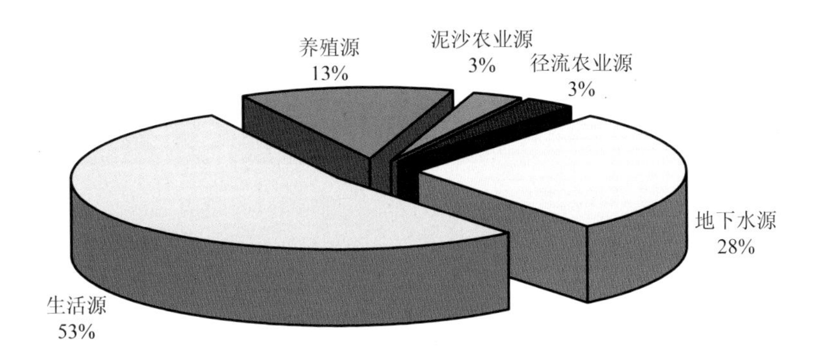

图 3-81　新安江流域少水期全形态总磷污染源比例

⑤枯水期

按照地表径流和地下水量分析，图 3-77 中的类别 5 中，河川月平均径流量仅为（0.99±0.35）cm，此期间地表径流量极少，仅为（0.06±0.04）cm，表明该期间几乎没有降雨，而地下水量为（0.93±0.35）cm，较之少水期亦显著降低。上述分析表明，该类别为少水期之后，流域内降水极少，地表径流补给过程趋近于零，而流域内先期储存的地下水经潜流过程亦转移殆尽，河道自然水体补给量稀少，潜在水环境容量达到最低。

因此，认为类别 5 属于枯水期。在该水文条件下，生活源成为流域内主要的磷污染物来源，占全部负荷量的 55%；地下水源为次要贡献源，负荷比例达到 28%（图 3-82）。

（2）不同季节下的污染源贡献比例

由图 3-76 可知，逐月全形态总磷污染负荷来源比例随时间呈现出一定的周期性变化，为解析流域磷污染物负荷在不同季节下的特征构成提供了可能。与分析溶解态总磷污染负荷季节性差异过程类似，本书基于层次分析法对新安江流域月均气温和降水量进行聚类分析得到月季节划分标准，并以此对不同季节的流域内全形态总磷污染负荷来源比例构成进行了分析，结果如图 3-83 所示。

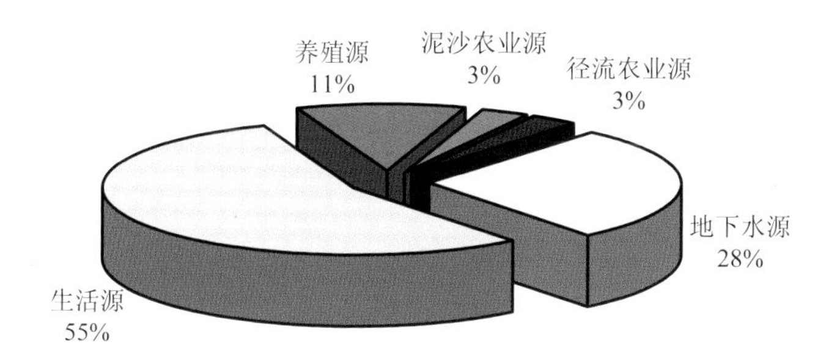

图 3-82　新安江流域枯水期全形态总磷污染源比例

春季（2—4 月）

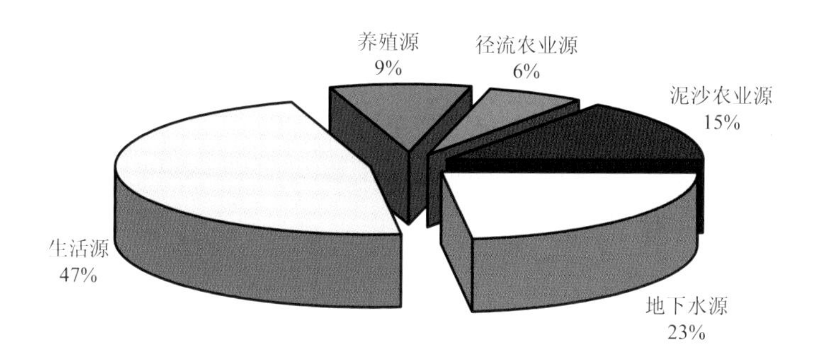

夏季（5—7 月）

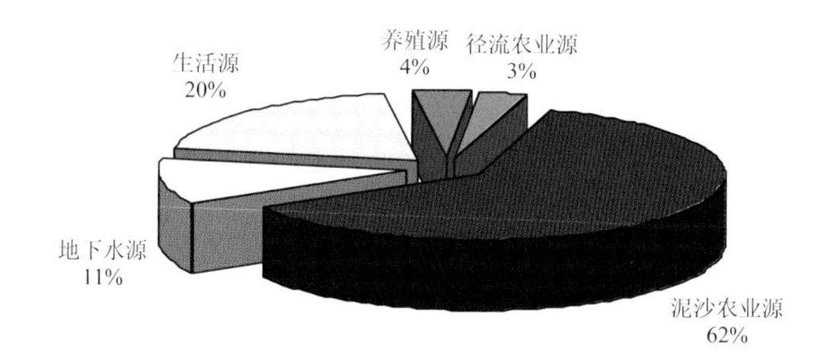

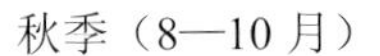

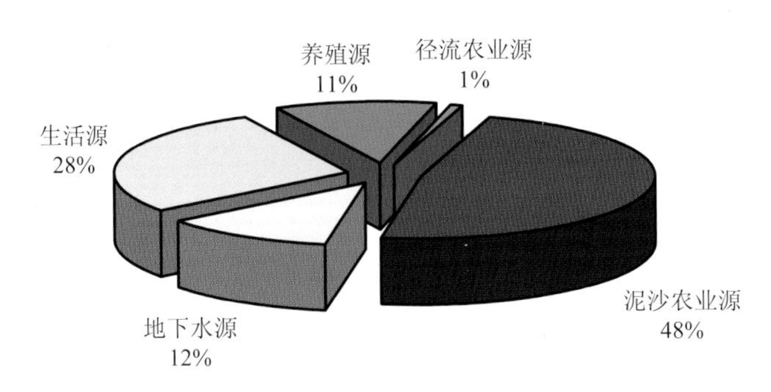

冬季（11 月—翌年 1 月）

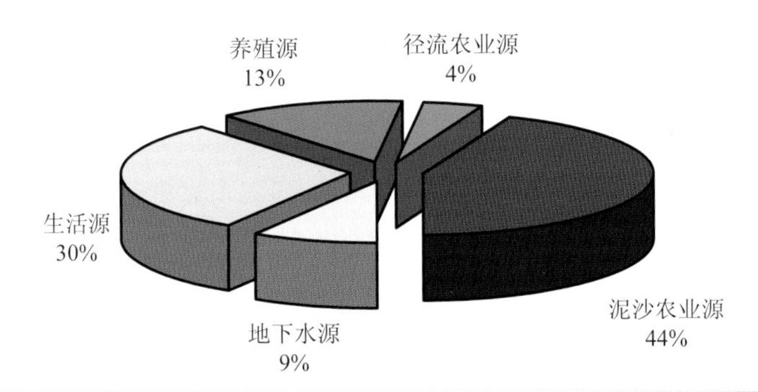

图 3-83 不同季节新安江流域全形态总磷污染负荷来源比例构成

根据上图结果分析可知，不同季节下的全形态总磷污染负荷比例具有各自特征。春季，流域内全形态总磷污染物通量主要来自生活源贡献，同时地下水源也有较显著的贡献，泥沙农业源仅占全部负荷的 15%，说明春季吸附态磷贡献不明显；夏季泥沙农业源上升为流域首要磷负荷通量贡献来源，生活源贡献次之，说明夏季雨水充沛，伴随水土流失的泥沙吸附态磷贡献行为显著；秋冬两季各源比例类似，仍以泥沙农业源为首要污染物来源，但较之夏季比例有所降低，而养殖源负荷在此期间相对显著，应当在管理上予以重点关注。

（3）极端情况下的污染源贡献比例

与分析溶解态总磷负荷通量类似，首先对所研究流域在月尺度上的全形态总磷负荷通量分别进行了单因子聚类分析，得到污染物通量的极端条件阈值，同时取该阈值的 20%下限作为安全临界条件，对污染物通量在临界点以上，即污染较为严重月份的污染负荷来源分配比例进行解析，结果如图 3-84 和图 3-85 所示。

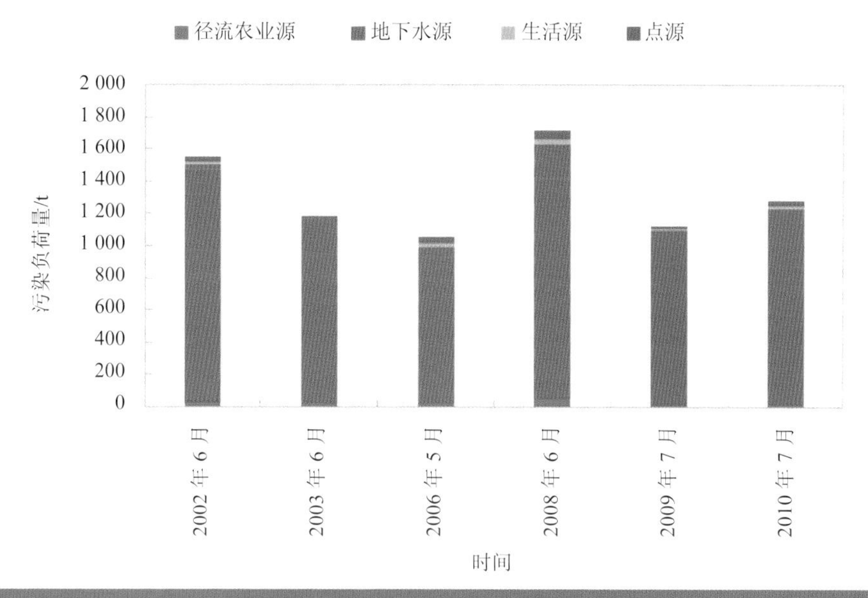

图 3-84　极端全形态总磷负荷下的污染负荷量

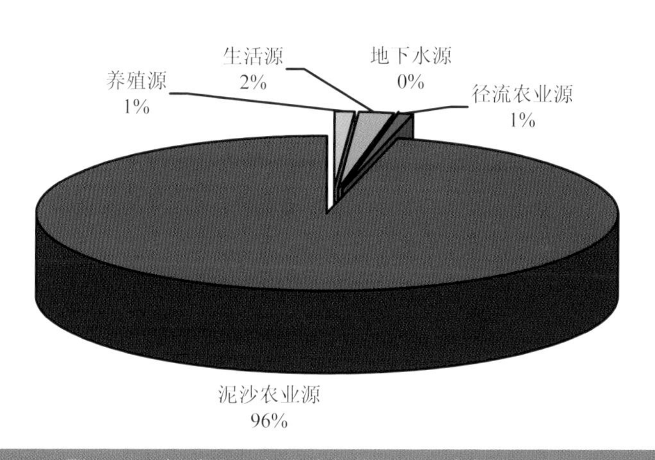

图 3-85　极端全形态总磷负荷下的污染负荷源解析

根据单因子聚类分析结果，基于模型分析得到的月全形态总磷负荷通量数据，负荷最大的类别阈值为 1 716.73 t/月，取该阈值的 20%下限作为安全临界条件，即选取全形态总磷通量大于 1 373.38 t/月的月份为极端污染物通量状态。

3.5 流域负荷情景分析及趋势预测

应用 GWLF 模型，实现了对新安江流域总氮污染负荷通量的逐月模拟，同时解析了不同水情等条件下各个污染物来源的贡献比例，模拟不同气候变化和管理情境下的污染负荷变化，进而探究各环境因子变化对流域出口污染负荷通量的影响，构建定量响应关系，为负荷通量削减策略的制定提供参考。

3.5.1 基于气候变化的总氮污染负荷趋势预测

根据文献报道及研究者相关模型实践经验，影响流域出口污染负荷通量的因素主要包括流域内的自然气候变化和人类活动行为改变。本书首先分析了气候变化对流域出口污染负荷通量的影响，包括未来可能的温度变化和降水量变化。由模拟结果可知，新安江街口以上全流域总氮污染负荷通量随未来气候变化的趋势显著。其中，总氮污染负荷通量随温度升高而降低，如图 3-86 所示；总氮污染负荷通量随降水升高而升高，如图 3-87 所示。

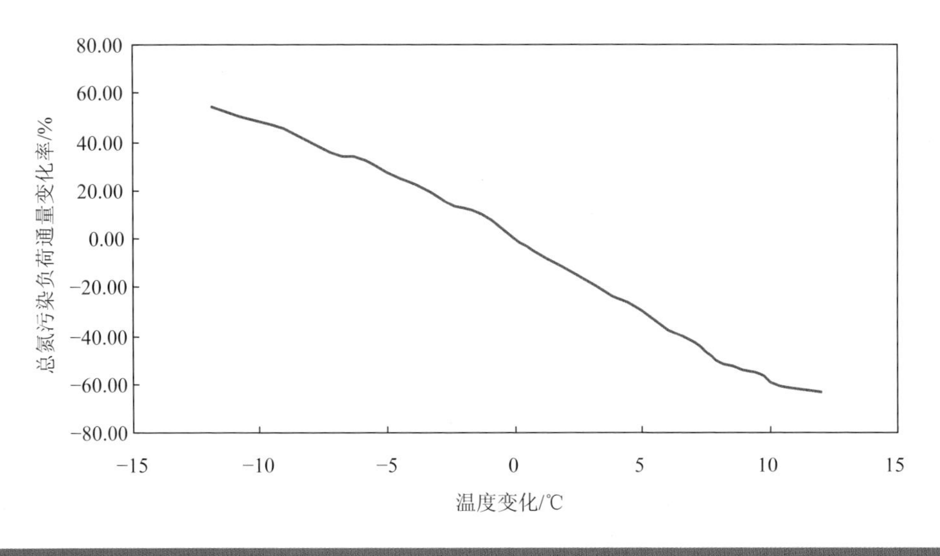

图 3-86 未来温度变化下流域出口总氮污染负荷通量变化趋势

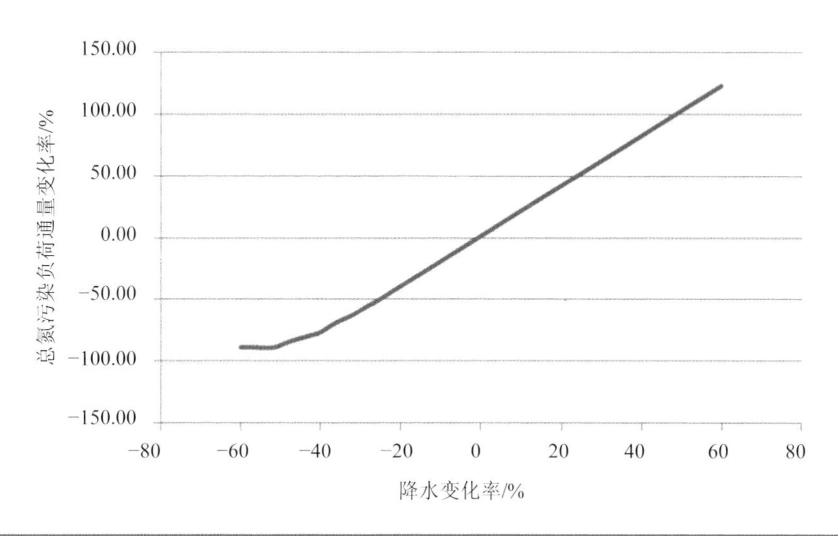

图 3-87　未来降水变化下流域出口总氮污染负荷通量变化趋势

由上述分析可知，未来可能的高温少雨气候会导致流域总氮污染负荷绝对量的降低。但同时应注意到，随之产生的水量减少与高蒸发作用会导致流域水环境容量的降低。综合分析，应关注对高温少水期主要氮污染源，即点源和生活源的控制和治理。

3.5.2　基于管理情景的总氮污染负荷变化趋势分析

在气候变化背景的基础上，本书重点针对流域内可能的人类活动行为改变在模型参数上的映射开展了相关研究，包括多种典型流域污染管理控制措施的实施，以及城镇化进程导致的土地利用形式改变、农业人口的减少和潜在的生活方式改变等。由模拟结果可知，新安江街口以上全流域总氮污染负荷量随未来潜在的管理情景实施具有显著的趋势性变化。其中，总氮污染负荷通量随化肥使用量的减少而降低，如图 3-88 所示；总氮污染负荷通量随农村人口，即无排水管道服务的人口数量减少而降低，如图 3-89 所示；总氮污染负荷通量随耕地面积的减少，即城镇化程度的提高而降低，如图 3-90 所示。

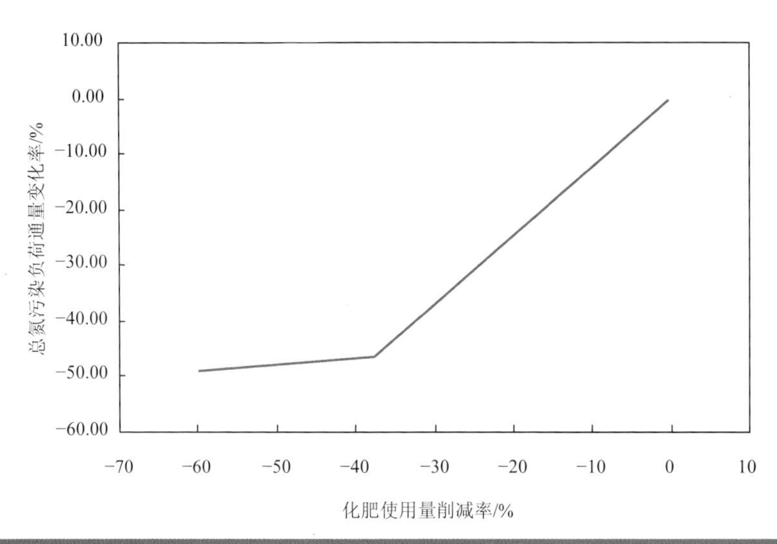

图 3-88 未来化肥使用量变化情境下流域出口总氮污染负荷通量趋势

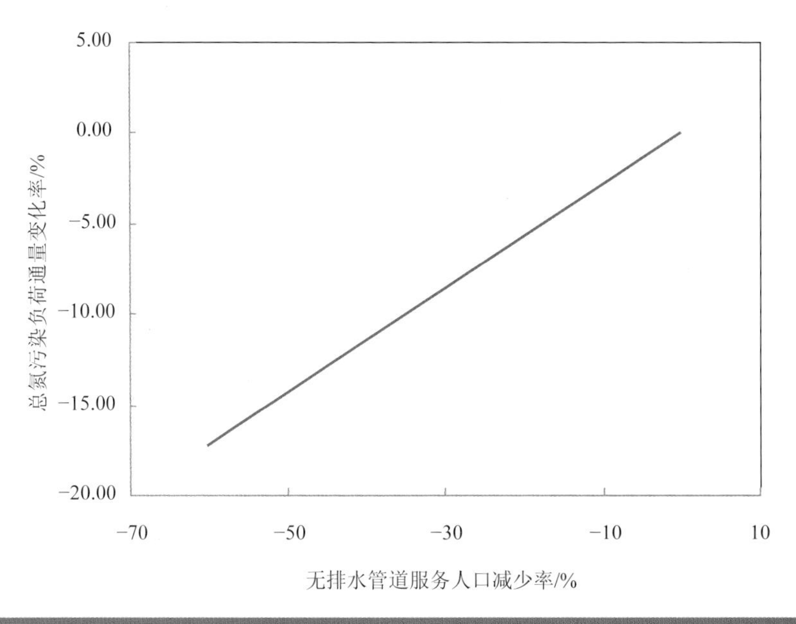

图 3-89 未来无排水管道服务人口变化情境下流域出口总氮污染负荷通量趋势

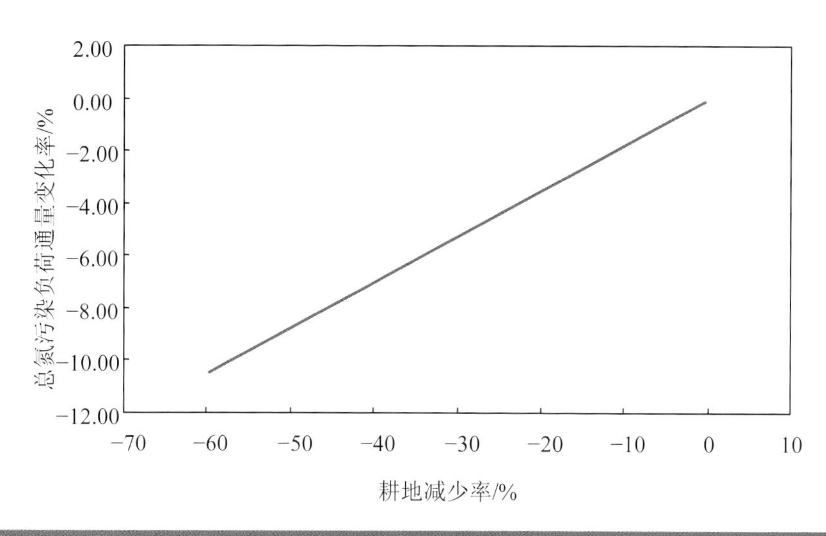

图 3-90　未来耕地面积极少情境下流域出口总氮污染负荷通量趋势

由上述分析可知，新安江流域出口（街口断面）总氮污染负荷通量与流域内化肥使用量、农业人口数量及耕地面积均成正比，潜在表征了人类农业活动行为对流域总氮污染物面源负荷具有较大贡献。综合考虑以保证耕地面积与农业产值为前提，建议推行合理施肥，在保证农作物产量大的前提下提高氮肥利用率，减少单位使用量，进而控制肥料流失导致的农业面源污染。

综合分析上述情景可知，未来高温少雨的气候有利于流域出口总氮污染负荷通量的减少，但需关注伴随的高蒸发量与少水量情境，关注相对稳定的点源及生活源负荷；总氮污染负荷与流域农业行为关系密切，应推行科学的施肥方式，提高肥料利用率，减少氮肥流失导致的污染。

3.6　基于行政区域的污染源解析

本书以新安江流域为例，实现了对自然流域属性的划分与表征，并分析了人为行政区县边界与自然流域空间属性对接后的模型模拟机制和途径。

3.6.1　新安江自然流域/子流域划分与空间 GIS 表征

利用数字高程地图，实现了新安江流域属性的空间 GIS 表征。分析所用 DEM 数据下载自中国科学院科学数据库（http：//www.csdb.cn），为在 DEM 高程数据服务系统下的 90 m 分辨率数字高程数据。利用 Archydro 工具对目标区域 DEM 数据进行分析，包括洼地填平、流向分析、汇水分析、生成河网、河网分级、子流域划分，以及数据矢量化等操作，并以《黄山市河流水系图》为基准校准得到河网适量数据，进而进一步分析计算得到相应的子流域分区图（图 2-8），具体过程参见 2.2.2 节。

3.6.2 人为行政边界与自然流域空间属性的对接与分析

将 1∶400 万中国区县边界图与分析得到的新安江子流域分区图对接，可知新安江流域涵盖 8 个区县，涉及安徽省黄山市和宣城市绩溪县，如图 3-91 所示。

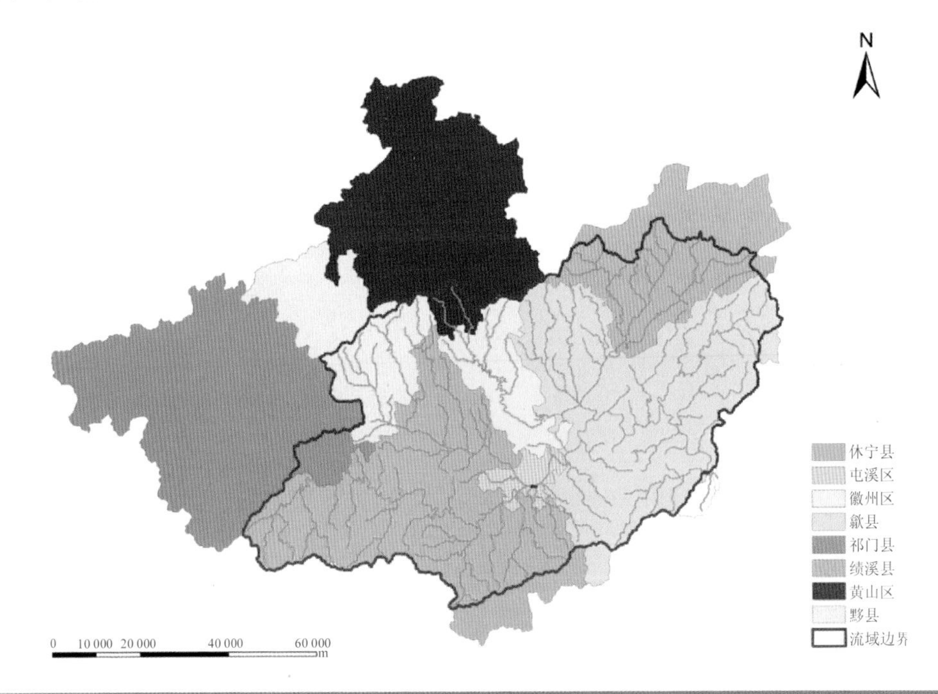

图 3-91 新安江行政区县边界与自然子流域界线图

黄山区和祁门县对新安江流域影响较小；新安江上游率水流域主要位于休宁县；新安江上游横江流域起源于黟县，由黟县和休宁县共同影响；练江流域主要支流丰乐河主要位于徽州区，杨之水上游位于绩溪县；歙县主要影响练江下游和新安江干流下游。

3.6.3 基于行政边界的总氮污染源解析

本书针对新安江流域范围内的典型区县，基于已构建好的模型参数，利用

NANI-GIS 空间分析技术，对新安江流域内的屯溪区、歙县以及休宁县三个典型区县开展了 GWLF 模型分析，评估了其对流域出口断面总氮污染负荷通量的贡献及贡献行为特征。由模拟结果可知，不同区县内对流域出口的总氮污染负荷贡献绝对量不同，且其污染源构成比例存在显著差异。

3.6.3.1　屯溪区

屯溪区位于黄山市西南部，行政区总面积 123.7 km^2，是黄山市政府所在地。屯溪区城市化程度高，人口密集，对流域出口年均总氮污染负荷贡献绝对量为 374 t，其中污染物来源以居民生活源为主，占到全部贡献量的 42%（图 3-92）。同时，由于城市下垫面以柏油路为主，不透水区域较多，因此地下水贡献相对较少，而城市径流源相对显著，即降雨在不透水路面上形成的冲刷负荷随城市排水管网进入河道，最终对流域出口造成污染。

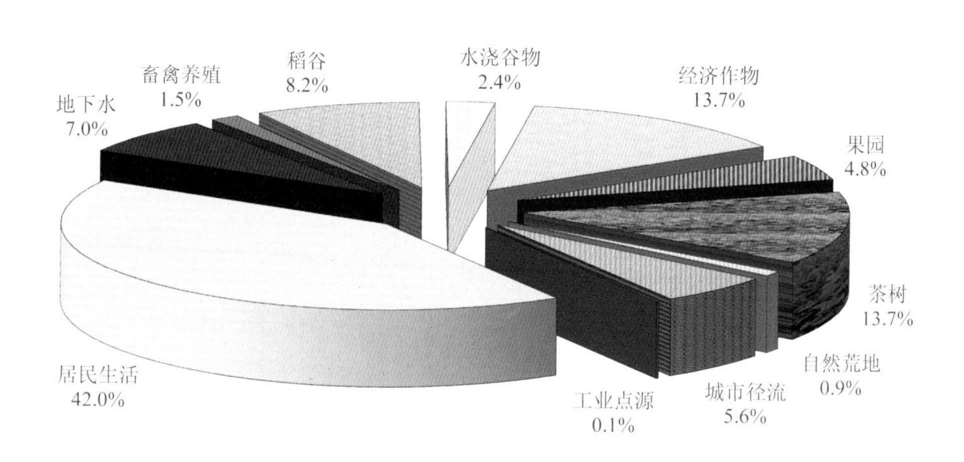

图 3-92　屯溪区总氮污染负荷来源比例分配

3.6.3.2　歙县

歙县位于黄山市东部，行政区总面积 2 057.3 km^2，其境内的安徽歙县经济开发区是黄山市唯一的省级开发区，是黄山市主要的工业企业聚集区。歙县行政区面积相对较大，除工业开发区外林地资源丰富，茶叶种植形成广泛，对流域出口年均总氮污染负荷贡献绝对量可达 3 602 t，其中污染物主要源自茶树种植区，占到全部负荷贡献量的 38%。此外，地下水污染较为显著，占到全部污染负荷贡献量的 15.8%。歙县点源污染贡献比例达 8.1%，是全流域主要的点源污染贡献区，在管理上应予以特别关注（图 3-93）。

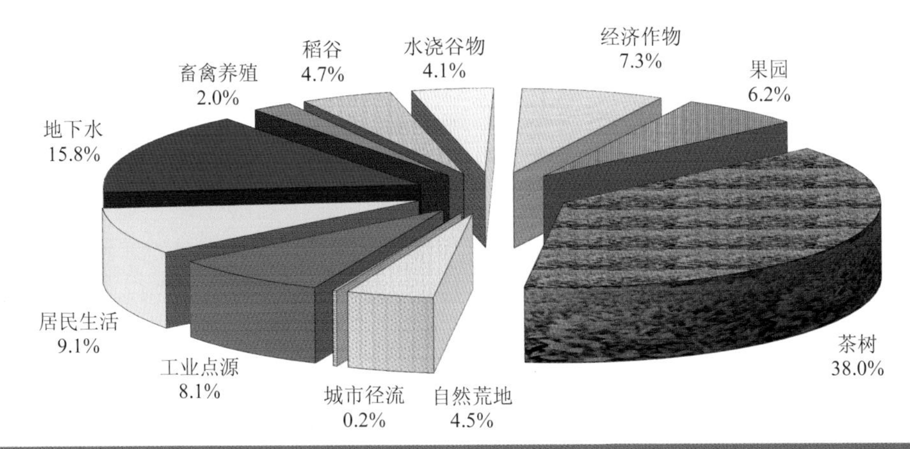

图 3-93 歙县总氮污染负荷来源比例分配

3.6.3.3 休宁县

休宁县位于黄山市西南部，行政区总面积 1 938.7 km^2，是新安江正源横江的主要流经地和新安江主要支流率水的发源地，其境内开发程度低，自然林地资源丰富，以茶叶种植和其他种植业为主要经济形式。休宁县对流域出口年均总氮污染负荷贡献绝对量达到 3 222.4 t，其中茶树种植和地下水是其主要的总氮污染物来源，分别占到全部污染负荷贡献量的 42.5%和 17.6%。由茶树种植而对自然林地开发所导致的水土流失，以及过度施肥导致的地下水污染，是休宁县主要的总氮污染原因，在管理上应予以特别关注（图 3-94）。

上述结果表明，本方法能够实现对新安江流域总氮污染负荷来源的行政区差异性解析，进而针对不同区县污染特征采取有针对性的污染治理措施。面向行政区模拟的流域模型技术方法，能够提升我国水环境管理的科学化和精细化水平，其结果满足我国环境管理的实际需求，可作为流域水污染防治工作的技术工具，为水环境分区化管理提供有效的决策支持信息。

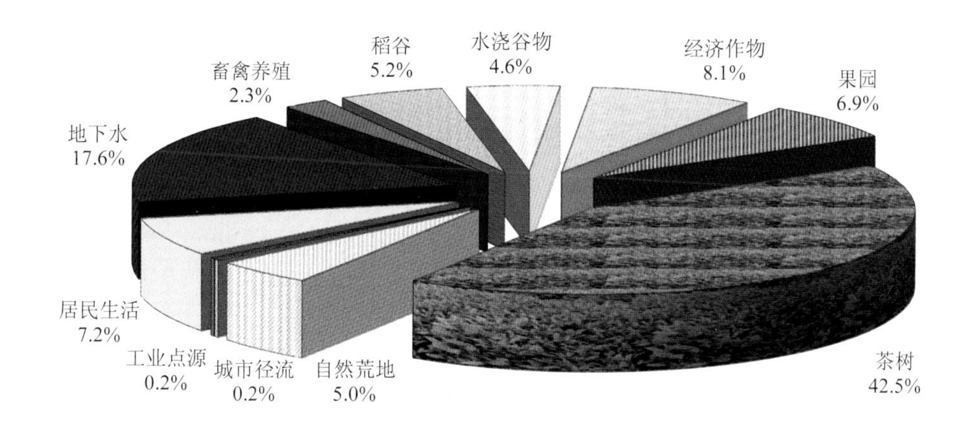

图 3-94　休宁县总氮污染负荷来源比例分配

3.7　面向水环境管理决策支持的模型情景分析

3.7.1　流域水环境管理措施概述

以流域模型技术为基础，在流域尺度上评估各种管理措施的实施对流域水环境的影响，进而基于可量化的管理目标提出有针对性的治理策略与可行的方案，是国际上通用且有效的流域水环境管理途径。以美国 TMDLs 计划为例，其要求对受损水体，以实现基于水质状态改善目标的污染物负荷通量削减为前提，参考其推荐的流域水环境管理措施，结合目标流域实际，综合考虑措施可行性与经济成本，提出一整套面向特定目标流域特定管理目标的个性化流域水环境治理措施方案，即实现所谓的最佳管理实践（BMPs）。

从广义上来说，面向流域的水环境管理措施包括结构性的和非结构性的，其目的都是为了减少流域内农村及城市汇水导致的污染负荷贡献。其中，结构性措施主要指需要依赖相关工程措施的实施，以改变污染物在流域内迁移转化行为的一系列途径；而非结构性措施则主要针对污染物在流域内固有的迁移转化规律，通过相应的管理措施，在时间和空间上调整人类活动对环境的扰动模式，以实现污染负荷削减的目的。在实践上，上述两种管理措施并没有明确的界限，而是经常面向不同流域的实际特征，相互组合搭配，以实现最佳管理实践。

在考虑实施何种管理措施时，掌握每种措施对不同类型污染物的削减效率，是十分重要且有效的。例如，对沉积物、氮和磷，不同的管理措施对不同污染物的削减效果往往存在显著差异，需要针对不同的目标需求进行筛选。有一系列宽泛的潜在管理措施可以被利用；与此相对应的，每种措施也有其固有的削减效率及成本，需要综合考虑管理目标、经济成本、措施可行性等诸多因素。例如，在农业领域，面向特定的目标污染物，实施成本-效益最优的管理措施或措施组合，以实现达到目标环境状态下的治理成本边际效益最大化。在流域层面上，特别是以面源负荷为主的流域，识别特定的潜在可行管理措施对流域污染物负荷的影响程度，对制定有效的流域管理规划，具有重要作用。在实践上，评估不同管理措施对目标污染物负荷量贡献的影响，很大程度上依赖于在流域尺度建立可靠的流域模型技术，以实现科学的模拟分析与趋势预测。本章讨论了国际上流行的流域水环境管理措施，并结合新安江流域实际，选取可行备选措施，以 GWLF 模型为平台，构建了情景分析平台并初步提出了相关决策建议。

3.7.2 考虑新安江流域实际情况的管理措施

3.7.2.1 典型的流域水环境管理措施汇总

本书重点关注面向农业区控制的流域水环境管理措施，这些措施按照其属性差异，大致可归纳为八种类型，具体包括：①农作物残渣管理；②植物缓冲带种植；③种植肥田作物；④实行农作物轮作；⑤建设梯田与滞水带；⑥牧场管理；⑦河岸保护；⑧营养盐管理。

上述八大类管理措施涵盖了绝大部分常见的面向模型支持的流域水环境管理措施。一些结构性的管理措施，诸如沉积物滞留池塘，以及某些非主流的非结构性措施，包括整合的有害物管理与敏感区域种植等，并没有被包括在上述八大措施类型的范围内，因为这些措施既缺乏明确的定义及有效的实施标准，又缺少与其污染物削减效率相关的文献报道，所以难以在流域层面上基于科学的模型技术，来描述这些措施的实施与流域污染物负荷削减效果之间的关系。

与此相对应，本书所关注的上述八大类措施，均对于试图回答诸如“某一项流域水环境管理措施，在某一流域内的一定面积或一定河段长度上实施后，流域水质将会受到何种程度的影响”之类的问题，是十分有效的。简言之，这些流域水环境管理措施能够与相关模型技术相结合，定量化评估其实施效果，为实现流域水环境管理目标提供参考。

（1）农作物残渣管理

农作物残渣管理，又名保护性耕作，是指有计划地使用农作物收获后的残渣，如秸秆等来保护土壤表面，减少水土流失的途径，是一种最为常见的被普遍采用的流域水环境管理措施，其残渣来源包括玉米或豆科作物的主茎、小粒谷物的秸秆，或蔬菜及其他农作物收割后的残留物等。在具体的管理实践上，有许多种农作物残渣管理方式，例如“免耕式种植”、“护根覆土式种植”，以及其他的将作物残渣留在土壤表面的犁地技术方式。一般来说，可以将在种植了作物后仍有不少于 30%的土壤表面被作物残渣覆盖以减少水土流失的农业种植系统，视为有农作物残渣管理措施或实行了保护性耕作方式。

其他的农作物残渣管理方式还包括带状耕作、脊状耕作（沟垄耕作）、裂缝耕作，以及季节性残渣管理。带状、脊状和裂缝状等耕作方式是指为了最小化犁地行为对农作物残渣的扰动，而采取的不同种植方式。通过在行上采用不同的种植策略，可以减少因不同行作物之间相互影响而导致的水土流失，即尽量避免连续的无残渣覆盖路径的出现。使用季节性残渣管理模式时，作物残渣在收获后到下次耕种前的期间被留在耕地上，而在即将要开展下一次种植前，通过翻地将大部分残渣覆盖。

（2）植物缓冲带防护

植物缓冲带又名保护带、缓冲区，或过滤带，属于典型的结构性流域水环境管理措施，其是指种植了某种永久性植物（如草地、灌木，树木等），以截取邻近土地区域产生的地表径流中所包含的污染物，进而实现削减污染物负荷、改善流域水环境状态的区域。缓冲带常常被用于处理农田或集中式养殖场所产生的地表径流。植物缓冲带同样可以有很多种形式，包括：①坐落于斜坡上的大规模农作物区块之间的永久性植物缓冲带；②建立在农田边上的永久性植物条带；③邻近河流、湖泊、池塘或湿地的树木、灌木或草地区域。

径流中的污染物在植物缓冲带中由于受多种不同途径的影响而被削减，这些过程包括过滤、渗透、吸收、吸附、植物摄取、挥发和沉积作用等。这其中，对于溶解态污染物来说，渗透作用是其主要的削减途径，而对于吸附态污染物来说，其主要途径则为由于植物缓冲带减缓径流流速而得到显著增强的沉积作用。

（3）种植肥田作物

肥田作物又名遮盖作物或保护作物，种植肥田作物的流域水环境管理措施是指利用一年生或者多年生植物作为次要作物，在首要作物收获与下次种植之间的空档期，保护耕地土壤不被侵蚀。在耕地上种植肥田作物还能够起到改善土壤健康状态的作用，并可以有机会获得额外的收入（如配合种植冬小麦）。此外，肥田作物还能够越冬储存首要作物所需的营养盐，以防止其流失，并在春季种植首要作物前，通过留在耕地上（免耕）或经过不同的耕地方式以残渣的形式，作为一种绿色有机肥料为首要植物提供营养盐。

（4）农作物轮作

农作物轮作是一种典型的耕地保护措施，通常又被称为保护性农作物轮作，其定义为在同一块特定的耕地上按照顺序种植不同的首要农作物，在以美国宾夕法尼亚州为代表的地区被作为一种典型的流域水环境管理措施被推广应用。具体的轮作方式可以是简单地以两年为一个周期的玉米和大豆交替种植，也可以是长达 4 年的青储玉米搭配 4 年干草的种植形式。包含多种作物的复杂轮作计划同样是可行的，如 6～8 年乃至更长的时间内轮流种植玉米、稻谷、大豆以及草料。

使用农作物轮作的理由有很多，其中首要原因是它能够减少土壤侵蚀，进而减少沉积物及其携带的氮磷农药等污染物的负荷量。当农田中有过多的营养盐时，肥田作物常常被包含在农作物轮作周期内。类似地，农作物轮作也经常同其他流域水环境管理措施相结合，如能够产生大量残渣的作物种植可以在使用保护性耕作方式的区域被作为轮作序列中的一种，用于减少土壤侵蚀强度。

（5）梯田与滞水带

使用梯田和滞水带的流域水环境管理措施本质上就是在倾斜的地块儿上使用泥土沟道截留地表径流的一种污染物负荷削减方式。这些结构型建筑能够起到将长坡道转变为一系列短坡道的作用，进而减缓地表径流的流速以允许更多的土壤颗粒沉降。梯田是指横向的峡沟，其在垂直于坡面方向上建设类似台阶式的平台，以控制农田上的土壤侵蚀，通常在其台阶平面上开展作物种植。梯田被设计用于坡面溪流汇集区域的污染控制。分水带同样是一系列垂直于坡面方向的横向构造。而与梯田不同的是，分水带是由永久性植物组成的滞水带，其常被用在无法应用梯田的坡面上，如分水带造价过高，难以建造、维护或种植作物。滞水带同样可以被应用于邻近的非耕地区域，以防止其产生的地表径流流经农业种植区而导致的相关污染物负荷。与其他流域水环境管理措施一样，梯田和滞水带常常在与其他措施相结合时，发挥最好的处理效果，包括同农作物残渣管理、等高耕种、农作物轮作以及使用耕地边界带等措施的联用。

（6）牧场管理

牧场管理是指利用一系列措施确保足够的植被覆盖度，以避免因过度放牧或其他透支性开发所导致的草场土壤侵蚀。对现在的农牧民来说，通过在得到改善的牧场上建立循环放牧系统，或通过种植牧草及豆科植物饲养牲畜的方式，来节约饲养成本，已经变得越来越常见。除了为牲畜提供饲料，将牧草和豆科植物作为循环系统的一部分，还能减少土壤侵蚀并为土壤基质增加所需的氮元素含量。

在乳制品生产中使用的一种循环放牧系统常常被称之为集中循环喂养。在实施该种措施时，奶牛周期性地在被用栅栏分格的各个小围场中转移。该措施能够避免对任一饲养区域的过度使用，同时允许某一区域的牧草在两个集中饲养周期之间得到有效的恢复。

（7）河岸保护

河岸保护，大体上是指若干能够用来实现减缓饲养在河边的牲畜对环境影响的措施。最常用的保护形式是筑篱笆来禁止牲畜靠近河岸，进而避免其破坏岸边植被以及掀起河床上的沉积物，导致对河水的污染。除了能够减少河岸退化所引起的直接的土壤损失，筑篱笆还能够减少牲畜在河水中直接排泄所导致的营养盐负荷。

河岸保护措施还经常包括使用稳定的交叉桥，以及河岸加固措施等。稳定的交叉桥能够实现在允许牲畜横穿河流的同时减少其对河岸及水体的影响。在使用河岸加固措施时，乱石堆或者用金属箍住的墙壁会被沿着河岸安装，以在强水流时期保护堤岸土壤，进而减少直接的河岸侵蚀。在该种措施实施的条件下，河岸往往覆盖着岩石、草地、树木、灌木以及其他保护层，以减少土壤侵蚀。

与其他措施一样，河岸保护也经常与其他的流域水环境管理措施相结合，以在流域层面上全面减少沉积物及营养盐负荷。例如，一个短时间（如 24 小时或更短）限制牲畜过河的合法的放牧系统，其能够起到和筑篱笆类似的效果。另外，邻近河边的植物缓冲带，也能够从地表径流中滤出过量的沉积物、营养盐，以及其他化学成分。

（8）营养盐管理

基于营养盐管理的流域水环境管理措施，是指规划在耕地上所使用的有机和无机的营养盐，在满足得到适宜农作物产量的同时，保护邻近区域的水资源质量。实施该种流域水环境管理措施往往需要依赖于对整合农业区的营养盐管理规划。该规划的核心目标是在最优化牧草及农作物产量的同时，最小化排向地表径流和地下水中的营养盐污染物负荷。该流域水环境管理途径经常需要整合使用其他流域水环境管理措施，诸如提供足够的肥田作物，以及设计恰当的农作物轮作体系以减少（或增加）供给整个农业区的营养盐负荷。

大部分农业区可以按照“营养不足”、“营养平衡”、“营养过剩”的描述加以区分。类似地，农业区还可以被归类为“农业种植系统”、“种植/畜牧混合系统”，或者“集中养殖系统”。集中养殖系统的根本问题是没有足够多的植物利用牲畜产生的大量营养物质。因此，在这种情况下营养盐管理所要解决的主要问题就是如何通过现场处置或异地处置来减少这种过剩。

在设计某一营养盐管理规划的时候，特别需要牢记一点是要考虑到管理的目标往往是氮或磷中的一个，而不是同时关注所有类别的营养盐。这意味着计划削减或增加某一种营养盐，可能会导致非预期性的其他营养盐的增加或减少。例如，向耕地中施用有机肥的量通常基于其作物对氮元素的需要量，而这往往导致过量的磷元素被引入该耕地系统中。相反地，一个设计用于削减磷元素的营养盐管理规划可能会导致目标耕地的氮元素供应低于其适宜量。所提及的措施的污染削减效率，是基于面向目标区域某一特征污染物的削减目标而做出的最优选择。通俗地讲，本书所基于模型的营养盐削减，主要针对氮磷负荷行为相互独立的过程控制，实践上往往以化肥施用为主要的营养盐供给形式。

3.7.2.2 面向新安江流域特征与管理需求的备选措施方案

本书在总结研究国内外流行的典型流域水环境管理措施的基础上，面向新安江流域的实际环境特征和管理需求，提出若干可行的备选措施方案，进而针对其开展更加深入的模型分析预测，为决策提供科学支持信息。考虑到新安江流域总体开发程度较低，以氮磷为主要特征污染物、面源为主要负荷压力形式的特点，针对其农业种植活动及农村生活所导致的氮磷流失，提出流域水环境管理备选措施方案，包括营养盐施肥控制管理、植物缓冲带建设，以及升级农村家用生活污水处理系统。

（1）营养盐施肥控制管理

从广义上来讲，营养盐管理是指通过针对耕地上的农业活动行为，规划设计其外源性肥料的输入行为，在保证一定农业产量的同时，保护周边及其所在流域的水环境。具体来说，营养盐管理所关注的是针对某一特定管理对象（耕地）的外源性营养物平衡，包括输入（施肥）和输出（作物吸收与采摘），即人类活动对自然地块环境化学行为的干扰。

具体到新安江流域来看，耕地地表径流导致的总氮物质流失，是流域内主要的面源污染负荷形式之一，而这些额外存在于径流中的总氮物质，是人类不恰当的种植行为导致的。具体来说，为了尽可能多地获得农作物产量，人类通过其耕作行为向土地不恰当地施加外源性氮肥，以增加对作物的营养盐供给，进而导致氮营养盐平衡体系被破坏，形成营养过剩的局面。额外的营养盐通过地表径流和水土流失进入水体，导致水环境污染。

本书提出以施肥控制管理为主要手段的流域营养盐管理，以减少总氮污染负荷，改善流域水环境。在具体管理措施上，主要包括针对施肥总量的控制和施肥时机的控制两个方面。前者主要针对不合理施肥行为，优化对作物的施肥量，在满足其营养盐需求、保证一定产量的前提下，尽量减少肥料流失；后者则主要基于总氮污染物的流失行为特征，减少在降水量较大、径流充沛时期的过度施肥行为，进而减少肥料的流失。具体到实际操作上，基于 GWLF 模型构建的施肥-径流浓度相应关系方程，通过修改相关的模型算法，并在不同条件下调整月尺度上的施肥量，来实现营养盐削减控制管理。

（2）植物缓冲带建设

从分类上来讲，植物缓冲带建设属于典型的结构性流域水环境管理措施，即通过工程手段种植永久性植物（如草地、灌木、树木等），基于所构建工程设施对经过其表面的径流和泥沙的截留作用，实现污染物传输通量削减，进而改善流域水环境状态的方式。

具体到新安江流域来看，其农业区产生的由地表径流以及由茶树种植导致的泥沙所携带的总氮污染负荷，是流域重要的面源污染负荷形式。采用针对上述污染途径构建针对其传输过程的截污管理措施，即种植植物缓冲带的方式，是有效降低总氮污染负荷的重要途径。

本书提出基于植物缓冲带建设的工程性流域水环境管理措施，主要包括针对农业面源地表径流的农田周边永久性植物条带、针对山区茶树地水土流失的坡面下源永久性植物带，以及河道周边的植物带（树木、灌木、草地）建设。具体到实际操作上，针对 GWLF 模型架构中基于不同土地利用区的传输参数与营养盐参数，以及针对不同类型植物缓冲带对污染物削减的特点差异，通过修改相关的模型算法，来实现营养盐削减效果评估。

（3）农村家用生活污水处理系统建设

村屯生活源是流域重要的面源氮污染负荷来源之一。在管理上，面向农村生活源的污染控制管理措施，主要针对没有排水设施的农村居民，包括①修建排水设施，收集生活污水到污水处理厂进行集中处理；②原位修建人工湿地等自然生活污水处理系统。广义上讲，农村生活源控制也属于结构性流域水环境管理措施的范畴。

具体到新安江流域来看，其农村人口产生的氮污染负荷，是流域溶解性总氮通量的重要来源。采用针对上述污染途径构建相应的结构性管理措施，即修建集中式排水设施以及人工湿地等方式，是有效降低总氮污染负荷的重要途径。

本书提出的基于农村家用生活污水处理系统建设的工程性流域水环境管理措施，主要包括集中式排水网管和相应的集中式污水处理设施建设，以及人工湿地建设。具体到实际操作上，针对 GWLF 模型架构中基于单位人口氮排放以及污染负荷地下水迁移转化的特点，通过修改相关的模型算法，来实现在采用不同种类与强度的措施下，对流域溶解性总氮污染物通量的削减效果评估。

（4）规模化养殖场污水处理系统建设

人类养殖牲畜导致的氮源排放，是流域面源污染负荷的重要组成部分。由于人类生产生活的需要，在有限的流域范围内，引入了过量的生物生存，导致区域氮平衡过程受到干扰甚至破坏，特别是集中式的规模化畜禽养殖场的存在，具有较为显著的潜在生态环境风险。

具体到新安江流域来看，由于区域工业发展不显著，除了农业种植外，畜禽养殖业是当地重要的经济组成部分。流域内存在的规模化畜禽养殖场，主要经营生猪和蛋鸡的养殖，其动物粪便的弥散对水体所产生的氮污染负荷，是流域溶解性总氮通量的重要来源之一。针对规模化畜禽养殖场动物粪便实施相应的管理措施，通过改变养殖模式、缩减养殖规模、建设养殖污染物集中处理设施等方式，是有效降低流域总氮污染负荷的重要途径。

本书提出的建设规模化畜禽养殖场污水处理体系的流域水环境管理措施，主要针对以沼气池建设为代表的动物粪便处理。具体到实际操作上，针对 GWLF 模型架构中基于粪便排放量结合水传输过程估算畜禽养殖负荷量的特点，通过修改相关的模型算法，来实现在采用不同规模与粪便处理强度的措施下，对流域溶解性总氮污染物通量的削减效果评估。

3.7.3 流域水环境管理措施实施效果评价

3.7.3.1 面向 GWLF 模型计算的管理措施减排途径与模型参数化

（1）针对营养盐管理的模型实现

在 GWLF 模型中，使用 Billen 和 Garnier 提出的径流氮浓度函数曲线，构建了基于净氮排放汇计系统（NANI）的年施肥量统计与农业区地表径流量的关系，同时，该计算得到的径流浓度会进一步影响地下水氮浓度，进而对流域氮污染负荷通量的估算起到重要影响。其函数关系式如下：

$$C_{ag}=\begin{cases}Intercept+Slope\times nload, nload<130\\Intercept+Slope\times nload+Slope\times(nload-Threshold), nload\geqslant 130\end{cases}\tag{3-1}$$

式中：C_{ag}指核算得到的耕地地表径流氮浓度，*nload* 为年总施肥量，*Intercept*、*Slope*、*Threshold* 等为模型参数。在本书中，通过修改模型算法，构建了月施肥量与径流浓度的关系，同时添加了面向营养盐施肥控制管理的情景分析算法，以实现对施肥减排的控制措施模型的参数化（图 3-95）。

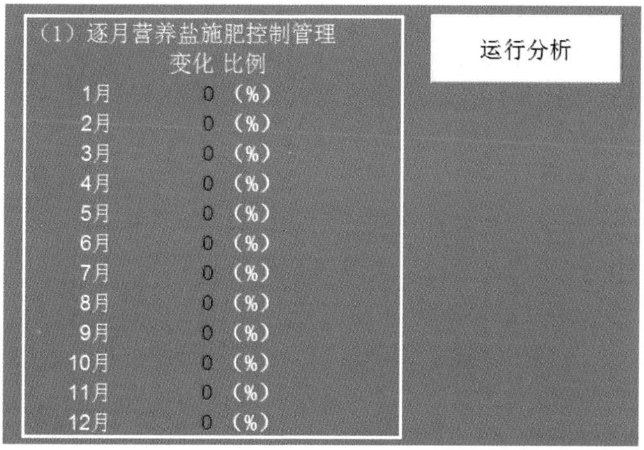

（1）逐月营养盐施肥控制管理

	变化 比例
1月	0 （%）
2月	0 （%）
3月	0 （%）
4月	0 （%）
5月	0 （%）
6月	0 （%）
7月	0 （%）
8月	0 （%）
9月	0 （%）
10月	0 （%）
11月	0 （%）
12月	0 （%）

运行分析

图 3-95　逐月营养盐施肥控制管理情景分析模块

在具体实践上，可以通过设定年总施肥量变化比例，或者逐月设定当月的施肥量施用比例变化，评估相应的氮负荷通量变化。基于一系列预设的情景分析结果，可以预测相应的负荷变化趋势，即构建管理措施实施与污染通量变化的动态响应关系。

（2）针对植物缓冲带削减评估的模型实现

在 GWLF 模型中，使用基于不同土地利用类型地表径流和径流浓度的乘积来评估农业区地表径流负荷，使用基于土壤流失方程（USLE）计算的泥沙量和其污染物携带强度的乘积评估茶树区水土流失导致的负荷。

在本书中，针对所采取的农田周边种植植物缓冲带的措施特点，构建了植物缓冲带建设与地表径流氮浓度的关系，进而实现农田周边植物缓冲带建设对氮负荷结果输出的影响评估，其函数关系如下式所示：

$$\begin{cases} A+B=S \\ n\times S=A \\ C_{ag}\times B+C_{ag}\times(1-\alpha)\times A=C'_{ag}\times S \end{cases} \rightarrow C'_{ag}=C_{ag}\times(1-\alpha\times n) \qquad (3\text{-}2)$$

式中：S 为耕地总面积（hm^2），A 为实施了植物带种植的耕地面积（hm^2），B 为未实施植物带种植的耕地面积（hm^2），n 为实施了植物带种植的耕地比例，α 为农田周边植物带种植削减效率，C_{ag} 和 C_{ag}' 分别表示措施实施前后的耕地地表径流氮浓度（mg/L）。将上述算法添加进 GWLF 模型，即可实现对农田周边种植植物缓冲带后总氮污染负荷响应变化的评估。

类似地，针对所采取的山区茶树地水土流失坡面下源永久植物带种植的措施特点，构建了缓冲带建设与水土流失泥沙量的关系，进而实现山区茶树种植区周边植物缓冲带建设对全形态总氮污染负荷结果输出的影响评估，其函数关系如下式所示：

$$\mathrm{Sed}'_{\mathrm{tea}} = \mathrm{Sed}_{\mathrm{tea}} \times (1 - \beta \times m) \tag{3-3}$$

式中：$\mathrm{Sed}_{\mathrm{tea}}$ 和 $\mathrm{Sed}'_{\mathrm{tea}}$ 分别表示措施实施前后茶树区的水土流失泥沙量，m 为实施了植物带种植的茶树区比例，β 为山区茶树区周边植物缓冲带种植的削减效率。将上述算法添加进 GWLF 模型，即能够对茶树坡面下源种植植物缓冲带后全形态总氮污染的负荷响应变化进行评估。

另外，针对河道周边的植物带建设，按照树木、灌木、草地分别表征其措施实施的规模以及相应的削减效率。使用种植了某一种植物带的河道所占全部河道长度的比例，以及对应不同植物种植的削减效率参数，作用于全流域对应比例的地表径流浓度，得到相应的评估结果。

综上所述，即实现了基于 GWLF 模型的植物缓冲带建设对总氮污染负荷通量变化的评估分析，如图 3-96 所示。基于一系列预设的情景分析结果，可以预测相应的负荷变化趋势，即构建管理措施实施与污染通量变化的动态响应关系。

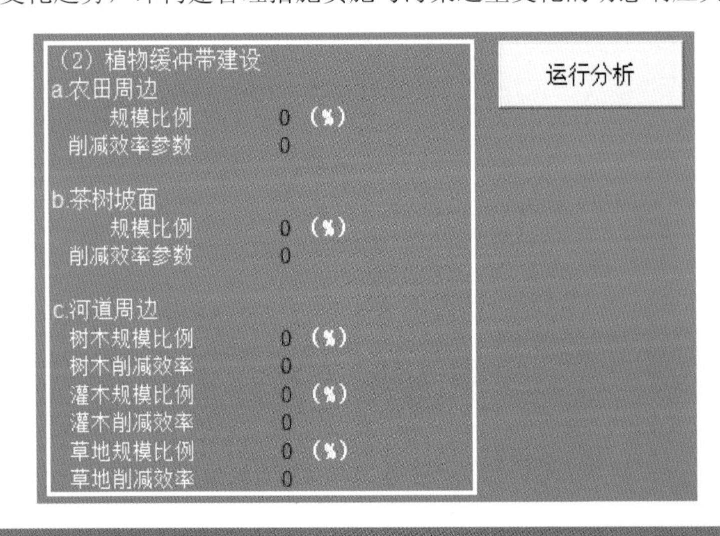

图 3-96 植物缓冲带建设管理情景分析模块

（3）针对农村生活污水处理设施建设削减评估的模型实现

在GWLF模型中，使用单位人口氮排放量计算农村生活导致的污染物产生量，再基于不同的生活源排放形式，综合考虑相关的传输动力与削减机制，构建农村生活源负荷通量模拟。

在本书中，针对新安江流域的生活源分布特点，主要区分一般农村人口和近河岸农村人口两大类分别进行估算。这里，农村人口潜在地表示没有生活污水处理设施服务的人口数。一般农村人口的生活源氮负荷通量，基于其单位人口日氮排放量、植物日氮吸收量，以及相应的逐月地下水量核算得到，而近河岸农村人口特指居住在河岸周边 500 m 范围内的没有生活污水处理设施服务的人口，其生活源氮负荷通量的核算方式与一般人口略有差异，主要体现在所产生的污染物基于地下水的迁移转化上。在本书所设计的情景分析模块中，分别基于上述两类人口开展相应的评估分析，如图 3-97 所示。

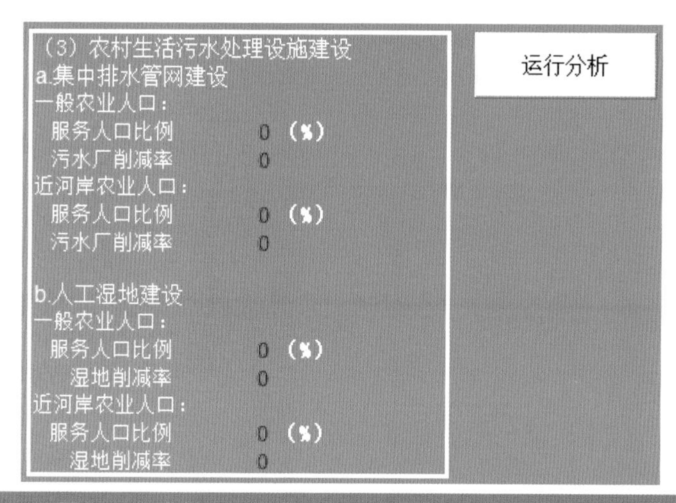

图 3-97　农村生活污水处理设施建设管理情景分析模块

在采用修建排水管网集中处理生活污水的措施下，通过设定相应的服务人口比例，认为该部分农村人口不再产生面源生活污染氮排放，其生活污水进入集中式污水处理系统，在经过一定效率的处理后，以点源形式排放。在采用修建人工湿地的生活污水治理措施下，认为其所服务的人口的日氮排放量基于某一比例削减，其余部分仍按照原有的模型机制迁移转化，其具体算法如下式所示：

$$\begin{cases} C+D=P \\ p\times P=C \\ L_{\text{septic}}\times D+L_{\text{septic}}\times(1-\gamma)\times C=L'_{\text{septic}}\times P \end{cases} \rightarrow L'_{\text{septic}}=L_{\text{septic}}\times(1-\gamma\times p) \quad (3\text{-}4)$$

式中：P 为农村人口总数，C 为实施了人工湿地系统服务的人口数，B 为未实施人工湿地系统服务的人口数，p 为实施了人工湿地系统服务的人口比例，γ 为人工湿地系统的削减效率，L_{septic} 和 L'_{septic} 分别表示措施实施前后的流域平均单位农业人口日氮排放量（t）。将上述算法添加进 GWLF 模型，即可实现对农村生活污水处理设施建设后的总氮污染负荷响应变化进行评估。

（4）针对规模化养殖场污水处理设施建设削减评估的模型实现

在 GWLF 模型中，使用动物粪便排放量影响相关区域的地表径流浓度计算，再基于地下水浓度核算与流域水文过程，综合考虑相关的传输动力与削减机制，构建畜禽养殖源负荷通量模拟。

在本书中，针对当地依托生态补偿项目所开展的规模化畜禽养殖场污水处理的措施特点，构建了措施实施与动物粪便排放量的关系，进而实现对氮负荷结果输出的影响评估，其函数关系如下式所示：

$$\begin{cases} E+F=G \\ q\times G=E \\ F\times\dfrac{L_{\text{animal}}}{G}+E\times(1-\delta)\times\dfrac{L_{\text{animal}}}{G}=L'_{\text{animal}} \end{cases} \rightarrow L'_{\text{animal}}=L_{\text{animal}}\times(1-\delta\times q) \quad (3\text{-}5)$$

式中：G 为总的畜禽养殖场量，E 为实施了污水控制措施的畜禽养殖场，F 为未实施污水控制措施的畜禽养殖场，q 为实施了污水控制措施的畜禽养殖场比例，δ 为污水控制措施对动物粪便的削减效率，L_{animal} 和 L'_{animal} 分别表示措施实施前后流域的畜禽养殖场动物粪便排放氮当量。将上述算法添加进 GWLF 模型，即可实现对规模化畜禽养殖场污水处理设施建设后的总氮污染负荷响应变化进行评估，如图 3-98 所示。

（4）规模化畜禽养殖场污水处理设施建设
规模比例 0 （%）
削减效率参数 0

图 3-98 规模化畜禽养殖场污水处理设施建设管理情景分析模块

3.7.3.2　管理措施实施与污染通量变化的模型动态响应关系构建

（1）营养盐管理与污染通量的动态响应关系

本书基于已构建的 GWLF 模型营养盐施肥控制管理情景分析模块，分析了营养盐管理措施实施与总氮负荷通量的动态响应关系。首先，利用针对年施肥量变化的情景分析功能，设置了一系列连续人为设定的比例变化情景，以评估年施肥总量对污染通量的影响，其结果如图 3-99 所示。

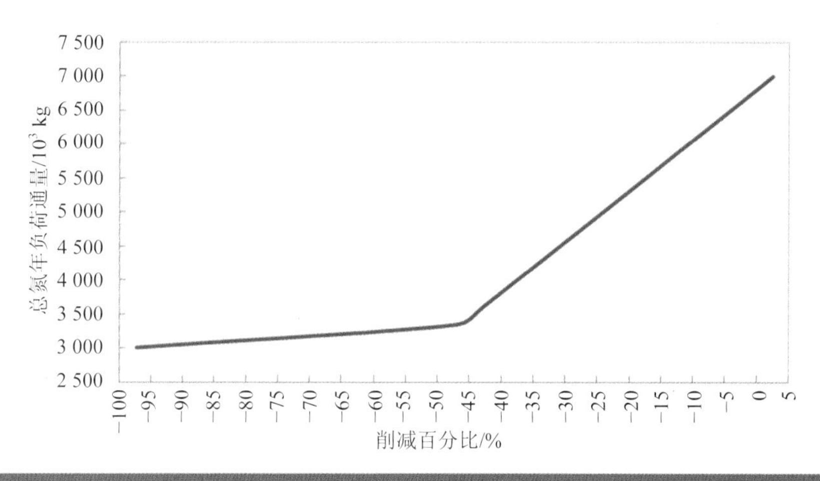

图 3-99　年总氮肥施用量削减与年总氮负荷通量的响应关系

由分析结果可知，溶解性总氮污染年负荷通量伴随年总氮肥施用量的减少而降低，其削减效率在氮肥施用量削减低于 50%时较高，而当氮肥削减比例超过 50%时，对应的总氮污染负荷通量变化不显著。该结果表明，氮肥施用量削减比例在 50%以内时，氮负荷削减效率较高。综合措施可行性分析，在保证一定农作物产量的目标要求下，选择年总氮肥施用量减少 50%或更低的削减比例措施，具有较好的减排治理效果。

更进一步地，利用已构建的 GWLF 模型营养盐施肥控制管理情景分析模块，针对逐月施肥量变化的情景分析功能，分析不同月份氮肥施用量减削后相应的年总氮负荷通量变化，其结果如图 3-100 所示。由分析结果可知，在月氮肥施用量分别削减 50%以后，6 月对应的总氮污染负荷通量变化最为显著，即该时间段内的氮肥流失较为显著。该结果表明，在每年 6 月前后针对氮肥施用控制的管理措施效率最高。

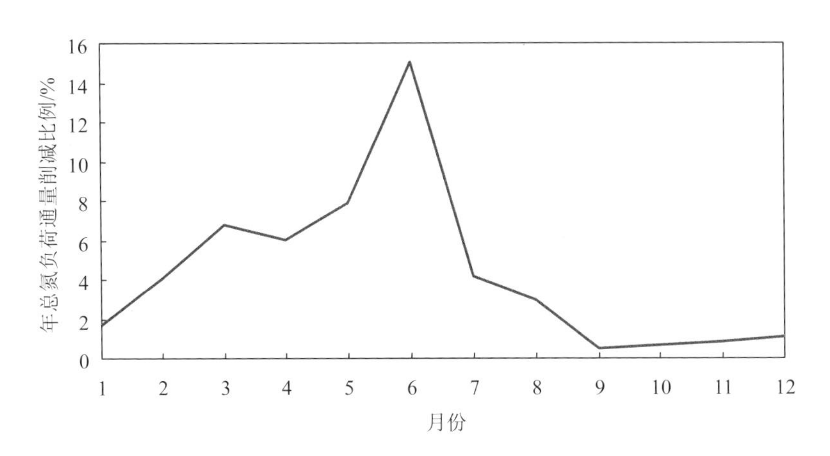

图 3-100　逐月氮肥施用量分别削减 50%后的年总氮负荷通量削减比例响应关系

（2）植物缓冲带建设与污染通量的动态响应关系

本书基于已构建的 GWLF 模型植物缓冲带建设情景分析模块，分析了在不同区域的植物缓冲带种植的实施与总氮负荷通量的动态响应关系。首先，利用针对农田周边植物缓冲带建设比例的情景分析功能，设置了一系列连续人为设定的比例变化情景，并依据文献报道将农田周边植物缓冲带的氮削减效率参数设定为 0.54，以评估在农田周边种植不同规模的植物缓冲带对溶解态总氮负荷通量的影响，其结果如图 3-101 所示。由分析结果可知，溶解性总氮年负荷通量伴随农田周边植物缓冲带建设的增加而降低，当全部农田周边建设有植物缓冲带后，预计溶解态总氮负荷通量将减少近 40%。

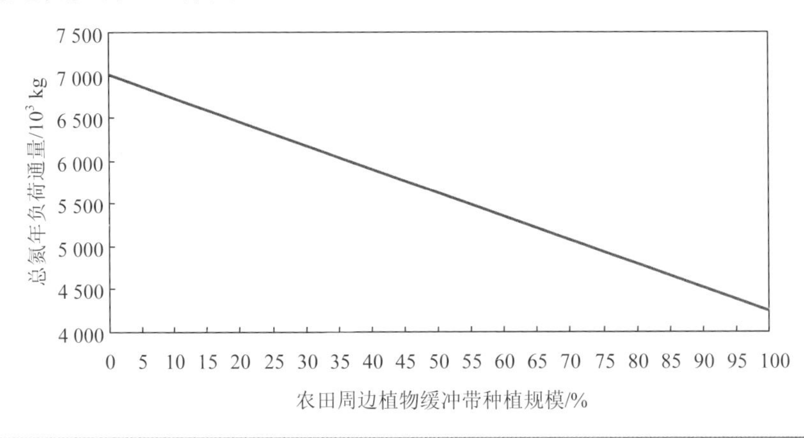

图 3-101　农田周边植物缓冲带建设规模与溶解态总氮年负荷通量的响应关系

类似地，利用针对山区茶树周边的植物缓冲带建设比例情景分析功能，设置了一系列连续人为设定的比例变化情景。同时，依据文献报道，山地周边植物缓冲带的泥沙削减效率为 58%。基于上述两点假设，可以评估在山区茶场周边种植不同规模的植物缓冲带对吸附态总氮和相应的全形态总氮负荷通量的影响，其结果如图 3-102 所示。由分析结果可知，吸附态总氮和全形态总氮年负荷通量伴随山区茶场周边植物缓冲带建设比例的增加而降低，当全部山区茶场周边建设有植物缓冲带后，预计吸附态总氮通量将减少约 47%，全形态总氮通量会减少近 16%。

对于河道周边植物缓冲带种植对总氮污染负荷通量的削减评估，综合不同植物的种植规模和每种植物不同的削减效率，能够利用模型得到相应的评估结果。根据文献报道，在缓冲带建设最优的情况下，其对地表径流氮的削减效率可达到 65%。基于该削减效率参数，进一步设计一系列连续的河道植物缓冲带种植比例情景，可得到河道周边种植不同规模的最佳植物缓冲带对溶解态总氮污染通量的影响，其结果如图 3-103 所示。由分析结果可知，在理想状况下，当全部河道周边种植有截污效率最高的植物缓冲带时，其溶解态总氮负荷通量可削减 23.7%。

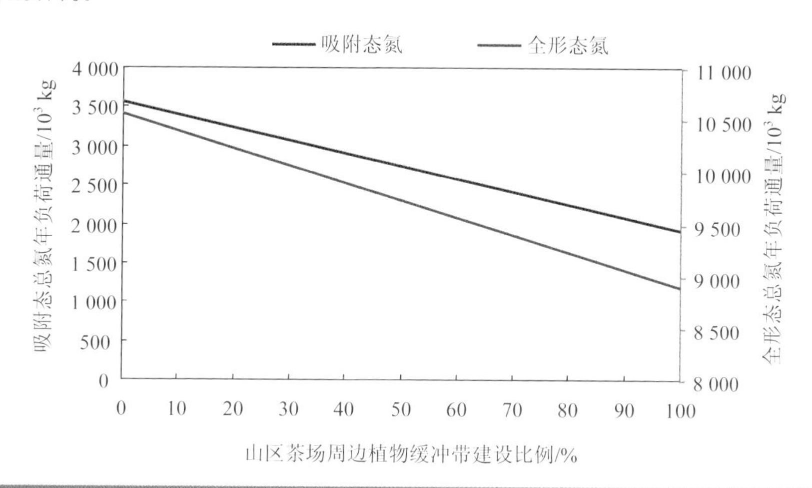

图 3-102　山区茶场周边植物缓冲带建设规模与全形态总氮年负荷通量的响应关系

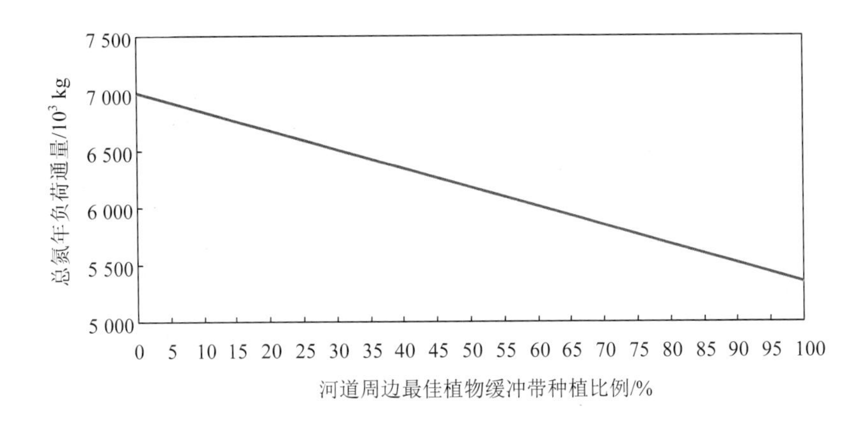

图 3-103 河道周边最佳植物缓冲带建设规模与溶解态总氮年负荷通量的响应关系

（3）农村生活污水处理设施建设与污染物通量的动态响应关系

本书基于已构建的 GWLF 模型农村生活污水处理设施建设情景分析模块，分析了不同种类农村生活污水处理设施的实施与溶解态总氮负荷通量的动态响应关系。

首先，利用针对建设集中式污水处理管网的情景分析功能，评估了针对农村人口提供生活污水排水管网服务对溶解态总氮通量的影响。这里，依据文献报道，将农村人口的生活污水处理方式由传统的化粪池系统转化到污水处理厂二级处理或三级处理，其氮负荷削减效率可分别提高 14%和 56%。基于模型计算，目标流域使用传统化粪池系统的氮负荷削减效率约 53%，因此设定污水处理厂的削减效率参数分别为 0.60 或 0.83。基于上述情景分析参数，通过进一步设置一系列连续的集中排水管网建设服务人口比例变化，可以得到针对不同农村人口，在不同污水处理水平下，不同规模的生活污水管网化建设对流域溶解态总氮负荷通量的影响，其结果如图 3-104 所示。

由分析结果可知，为农村居民提供集中式排水管网建设能够削减流域溶解态总氮污染通量，其削减量的多少与所建设的管网服务的对象以及收集到的生活污水的处理强度有关。为近河岸居民开展集中式排水管网建设对流域溶解态总氮污染通量的削减效率较高；同时使用三级处理工艺较二级处理工艺，流域溶解态总氮负荷通量削减更为显著。在最优条件下，即针对近河岸农村居民全部建设集中式排水管网且配套三级处理工艺，流域溶解态总氮污染负荷通量可削减 4.5%，而对应的农村生活面源溶解态总氮污染负荷通量可削减 34.0%。当为全部农村居民均建设了集中式排水管网，且配套三级污水处理工艺后，流域溶解态总氮负荷通

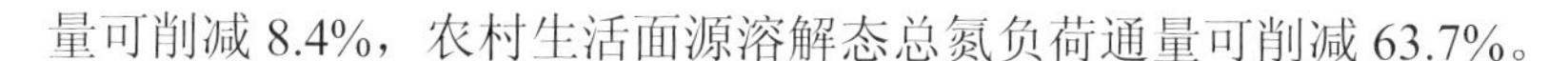

量可削减 8.4%，农村生活面源溶解态总氮负荷通量可削减 63.7%。

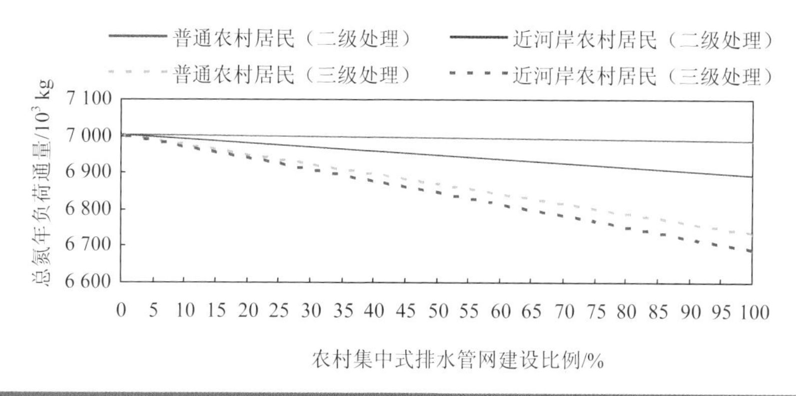

图 3-104　农村生活污水处理设施建设与溶解态总氮年负荷通量的动态响应关系

另外，利用针对农村人口人工湿地服务系统建设的情景分析功能，评估了为农村人口提供人工湿地对溶解态总氮负荷通量的影响。通过进一步设置一系列连续的有人工湿地服务的农村人口比例变化，可以得到人工湿地系统对流域溶解态总氮负荷通量的影响，其结果如图 3-105 所示。由分析结果可知，针对普通农村居民和近河岸农村居民开展人工湿地建设削减氮负荷措施的效率区别不大，其最大削减率分别为 4.72%和 4.74%，针对近河岸农村居民的效率略高，但考虑到工程可行性，建议该管理措施主要在普通农村居民聚居的村落内开展。

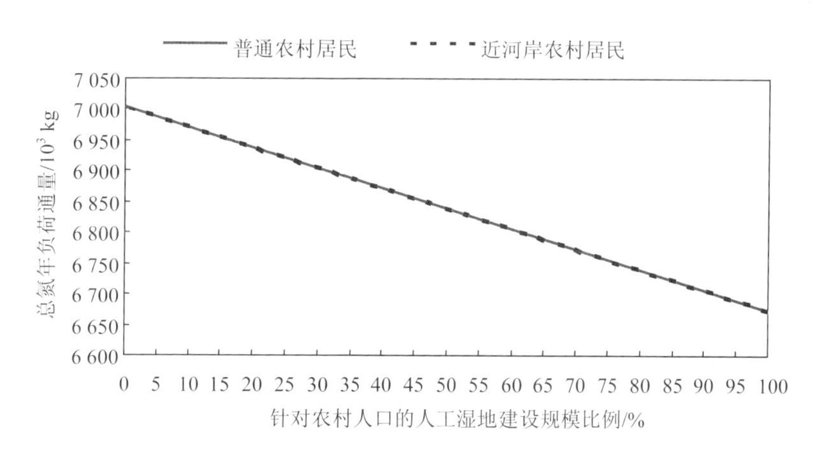

图 3-105　农村人工湿地系统建设规模与溶解态总氮年负荷通量的响应关系

（4）规模化养殖场污水处理设施建设与污染物通量的动态响应关系

基于已构建的 GWLF 模型规模化畜禽养殖场污水处理设施建设情景分析模块，分析了针对畜禽养殖场的污水处理设施建设与溶解态总氮污染负荷通量的动态响应关系。基于新安江流域依托生态补偿项目所开展的管理措施特点，其针对当地规模化畜禽养殖场污水处理的方式主要为沼气池修建，本书主要针对沼气池建设对流域溶解态总氮负荷通量的作用影响开展评估分析。基于文献报道，合理建设的沼气池系统中的总氮会在其发酵过程中以氨气的形式挥发，进而实现氮削减，但总体削减率不高，本书中设定其污染负荷削减率为 10%。通过进一步设置一系列连续的规模化养殖场污水处理系统建设比例变化，可以得到针对规模化畜禽养殖场建设沼气池系统对流域溶解态总氮负荷通量的影响，其结果如图 3-106 所示。沼气池系统对流域氮负荷通量的削减效率不高，当全部规模化养殖场均建设了沼气池后，流域氮负荷通量约可下降 3.7%，畜禽养殖氮负荷通量削减 12.4%。基于沼气池系统特点，动物粪便中的氮大量存在于沼液和沼渣中，应针对沼气池副产物设置相关处理设施，以提高针对规模化养殖场氮污染的治理效率。

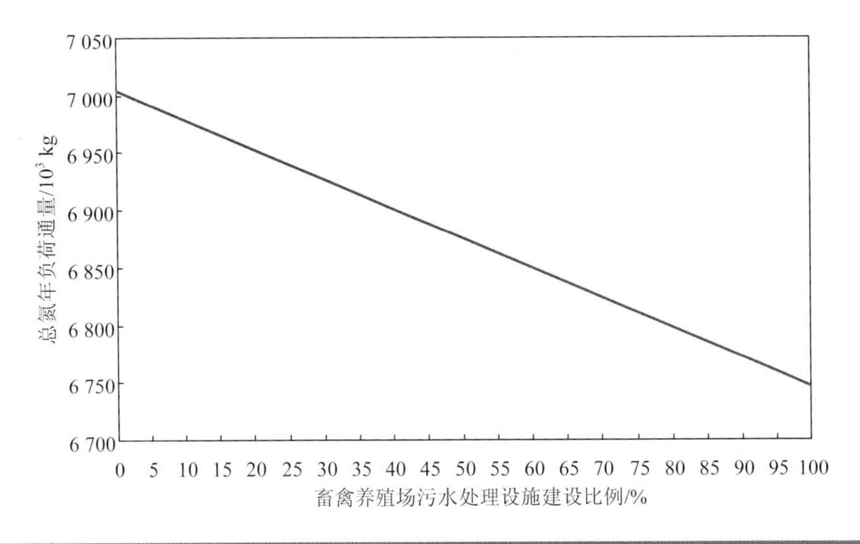

图 3-106 规模化养殖场污水处理设施建设规模与溶解态总氮年负荷通量的响应关系

3.7.4 基于 GWLF 模型预测的“最佳管理实践方案”决策建议

（1）针对新安江流域农业区开展营养盐管理，通过对农业耕种施肥行为的控制，可以有效地减少流域总氮，特别是反映在日常管理监测指标上的溶解态总氮浓度。建议在实践上，综合考虑措施可达性，在控制对农作物产量影响可接受的程度下，重点控制 6 月前后施肥量，以施肥量削减不超过 50%为宜，且避免集中在水量较充沛的时期大量施肥，可以有效削减流域氮负荷压力。

（2）种植植物缓冲带是流域面源氮污染治理的重要途径和有效手段。建议在实践上，有效利用补偿专项资金，在河道两岸建设永久性植物保护带，在条件允许的情况下以树木或灌木为最佳，不可行或成本较高区域以草地代替，重点关注农业区和山区茶场周边的河道。同时，在条件允许的情况下，在规模较为集中的重点耕地和山区茶场周边建设植物缓冲带。

（3）为生活较为集中且固定区域的农村人口修建集中式生活污水排水管网，并配套相应的污水处理设施；对人口较少的散居村落，在其周边兴建相应的人工湿地等设施。

（4）简单的沼气池系统对规模化畜禽养殖场所产生的氮污染物削减能力有限，应注意对其沼液和沼渣的收集处理。建议为规模较大的畜禽养殖场建设与大型污水处理厂对接的排水管网。

第 4 章　流域空间属性回归模型：SPARROW

4.1　模型原理与结构

4.1.1　SPARROW 模型原理

SPARROW（spatially referenced regressions on watershed attributes）模型的最大特点是以 DEM 图为基础[31]生成研究区域内的河网及子流域分区图，包含监测站点及其他一系列空间属性数据，建立河网拓扑关系，估算污染物从产生到进入河流的传输过程以及在水中的衰减过程。

一个河段的污染物输出负荷由上游河段污染物输入负荷与该河段本地污染物输入负荷两部分组成（图 4-1）。

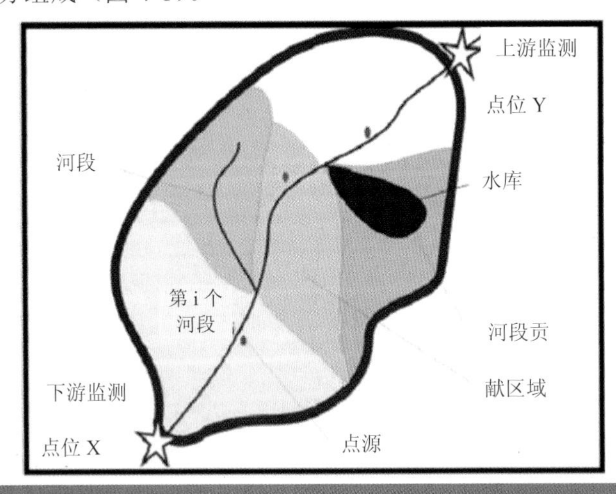

图 4-1　SPARROW 模型原理简图

模型原理的表达式如下：

$$F_i^* = \left(\sum_{j \in J(i)} F'_j\right)\delta_i A\left(Z_i^S, Z_i^R; \theta_S, \theta_R\right) + \left(\sum_{n=1}^{Ns} S_{n,i}\alpha_n D_n\left(Z_i^D; \theta_D\right)\right) A\left(Z_i^S, Z_i^R; \theta_S, \theta_R\right) \quad (4\text{-}1)$$

式中：第一部分表示上游河段传输到下游 i 河段的通量。i 表示第 i 个河段。F'_j 表示监测通量；δ_i 是指上游通量传输到 i 河段的比例，如果上游没有分支，则 δ_i 的值设置为 1；$A(\cdot)$ 表示水域传输衰减函数，这个函数决定了污染物负荷通量由上游节点传输到下游节点的衰减程度，其中，该函数的参数是监测河流和水库特征的函数，分别用 Z^S 和 Z^R 以及相应的系数 θ_S 和 θ_R 表示；如果 i 河段是河流，则只有 Z^S 和 θ_S 决定 $A(\cdot)$ 的值，相应地，如果河段 i 是个水库，则 $A(\cdot)$ 只需由 Z^R 和 θ_R 决定。

第二部分表示在河段 i 所在流域内进入河网的污染物通量。$S_{n,i}$ 表示污染源变量；α_n 表示源特定系数，该系数考虑了单位换算；$D_n(\cdot)$ 表示陆域传输函数，它和源特定系数一起决定污染物传输到河网的量，其中，Z_i^D 表示参数，θ_D 是相应的系数；$A'(\cdot)$ 代表因污染物产生并流入河段 i 而传输到下游节点的通量比例，它和第一部分的河流传输参数相似，只是水力保留时间相差 1/2，即认为本流域内的污染源在河段 i 的中间位置进入河网。

（1）陆域传输

在 SPARROW 模型中，陆域传输用来描述影响污染物在陆域中进行传输的空间属性变量。这些变量的特性有以下两点：一是控制着污染物的产生和传输的比率；二是在模型估计和预测的过程中，具有广泛的可用性。在模型中可以进行检验某一陆域传输变量对于污染物传输是否有影响。这些变量包括气象条件（如降雨、蒸发），土壤性质（如有机质含量、渗透性、含水量），水流路径（如 TOPMODEL 坡面流动、地形指数和坡度），或者管理实践和活动（包括水道铺瓷、耕地保留以及 BMPs）。同时，比较特殊的土地利用类型（如湿地或不可渗透土地），也可能用来描述传输性质。

陆域传输变量被表示成指数函数形式。对于污染源 n 而言，污染物在本流域内产生并传输到河段（包括源系数）的量的计算公式为：

$$D_n\left(Z_i^D; \theta_D\right) = \exp\left(\sum_{m=1}^{M_D} \omega_{nm} Z_{mi}^D \theta_{Dm}\right) \quad (4\text{-}2)$$

式中：Z_{mi}^D 表示 i 河段流域内 m 的传输变量；θ_{Dm} 是相应的系数；ω_{nm} 是指示变量，如果 m 传输变量对源 n 有影响，则其为 1.0，否则为 0；M_D 表示传输变量的个数。

总的来说，应该选择那些与水输入、地表和地下传输以及可以控制污染物长期传输有关的植被、土壤和地下水的生物地理化学过程作为陆域传输变量。假设模型的模拟过程是稳态的，这样空间属性就可以假设是长期存在的，如反硝化过程、矿化过程等。所以，通过陆域传输变量可以推断出污染物传输和传递到水生生态系统过程的净影响。同时，陆域传输变量可以为推断进入河流污染物提供重要信息。

（2）水域传输

在水域传输中，有两种传输形式，一是河流传输，二是水库/湖泊传输。如果表示河流传输，则其表达式如下：

$$A\left(Z_i^{\mathrm{S}},Z_i^{\mathrm{R}};\theta_{\mathrm{S}},\theta_{\mathrm{R}}\right)=\exp\left(-\sum_{c=1}^{C_{\mathrm{S}}}\theta_{\mathrm{S}c}T_{ci}^{\mathrm{S}}\right) \tag{4-3}$$

式中：c 表示第 c 级河流；C_{S} 表示河流（s）所分的级数；$\theta_{\mathrm{S}c}$ 是指损失比例系数，单位为时间单位的倒数；T_{ci}^{S}表示平均水力传输时间。它是依据一级反应过程来模拟的。

如果表示水库或湖泊传输，其表达式如下：

$$A\left(Z_i^{\mathrm{S}},Z_i^{\mathrm{R}};\theta_{\mathrm{S}},\theta_{\mathrm{R}}\right)=\frac{1}{1+\theta_{\mathrm{R}_0}\left(q_i^{\mathrm{R}}\right)^{-1}} \tag{4-4}$$

式中：θ_{R_0}是指表面速率系数（单位是长度每单位时间）；$\left(q_i^{\mathrm{R}}\right)^{-1}$是指区域水力负荷（单位是长度每单位时间），它是出库量和湖库表面积的商。

模型模拟指标的污染源可以通过多种渠道获得，并可以以多种物理量进行表达（只要保证污染源物理量与其系数的乘积单位为 kg/a 即可，可以拓宽污染源表达方式）。

表 4-1 SPARROW 模型中污染源变量的类型（以总氮作为响应变量为例）

污染源形式	说明	污染源变量	模型系数单位
集中源	直接测量污染物质量	化肥、有机肥以及大气沉降中的营养物质量	纲量为一
分散源	测量面积或者人数；污染物质量的间接指标	稻田，林地或者不可渗透土地面积	$\mathrm{kg\cdot km^{-2}\cdot a^{-1}}$
陆域和大气机理模型预测源	测量污染物质量或者质量的间接指标	腐生系统服务人口数	kg·人$^{-1}$
		利用国家资源清单（NRI）公认土壤损失等式（USLE）评估侵蚀	kg/kg 沉积物
		陆域生物地球化学模型净基础产量	kg/kg 碳
		利用侵蚀力影响计算（EPIC）农业模型评估 N 的流失	量纲为一

表 4-1 是 SPARROW 模型中污染源变量（$S_{n,j}$）类型的总结。模型中使用的污染源的形式可以分为污染物质量的集中测量和分散测量。前一种测量一般描述污染物质量的直接测量，如化肥应用、有机肥、大气沉降等。在这些例子中，源特定系数α_n表达为一个量纲为一的数，与土水传输系数的标准化表达一起描述进入河流的输入比例（注意与土水传输变量平均值有关的源和土水传输系数是标准化的，这对于比较和表达源系数的物理意义来说是必要的）。这个比例范围为 0%～100%，用于反映污染物在土壤和地下水中的去除情况。例如，在化肥使用的情况中，这个系数要包含一系列反应过程以及人类活动导致的农业用地以及地下水中氮的去除产生的综合影响作用，如氨肥的挥发、庄稼收获时氮的去除、长期的固定作用或者土壤和地下水中的反硝化作用。

但是出现源系数的上限 1.0（量纲为一）也是可能的。这样的一个例子（表 4-1）就是作为模型解释变量的一个源的测量输入值比可能进入流域的总的污染物量要小，也就意味着模型中的特定源是总的物质输入的一个替代量。例如，大气沉降的空间详细测量方法只适用于湿无机氮形式；其他氮的形式（有机的和干燥的）测量得过于稀疏因此不能在 SPARROW 国家测量模型中作为解释变量。在这种情况下，测量的系数中就会包含有机氮的沉降和无机氮的干沉降这样的额外贡献，而它们并不包含在模型的输入数据中。这个结果是在预料之中的，说明这些未测量的量与测量的湿沉降之间有关系，是一个很常见的例子。第二个可以预见的是点源负荷的直接测量（如城市污水处理设备），作为响应变量拥有相同的单位，用于模型中。在这个案例中，点源系数一般认为接近于 1.0，甚至可以稍微超过 1.0，置信区间期望确定为 1.0。这个系数一般是不能出现很大偏差的，因为点源污染物直接排入水体不经过任何衰减和损耗。实际上，许多区域 SPARROW 的应用过程中发现点源污染系数的置信区间肯定为 1.0。如果这个系数偏离 1 过大那么就反映了模型的问题或是点源监测数据的不准确。

SPARROW 模型中同样用到面源污染的测量。这些是污染物的替代指标，包含流域性质的测量，像特定的土地利用面积、人口数量等，这些被认为与一个特定类型的污染源产生的实际污染负荷是成比例的。模型中这些源系数的经验估计提供了一个定量的方法来测定与特定源有关的物质负荷比例。如果参与面源测定，那么污染物的量以污染源形式的特定单位来表示。如果与土水传输系数结合在一起，表达为一个标准化的源系数，这个系数表明每替代指标单位污染物的平均质量传入了河中。对于土地利用项，标准化系数经常就以输出系数的形式给出；基于人口的替代方法，标准化系数给出了每单位人口向河流中排入的污染物的量。

4.1.2 SPARROW 模型结构

SPARROW 模型结构见图 4-2。将多年平均的监测数据作为因变量，污染源信息、与陆域传输和水域传输密切相关的空间属性数据为自变量（解释变量），由模型原理中提供的公式构建联立方程。

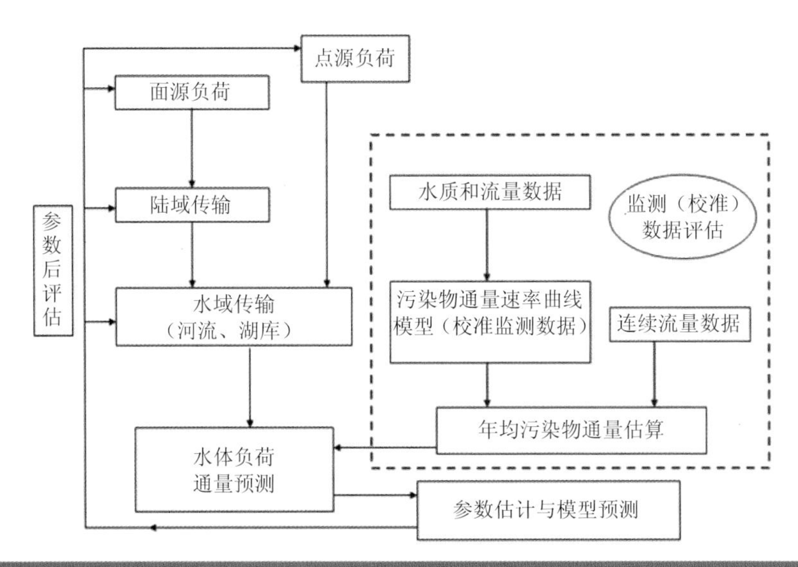

图 4-2 SPARROW 模型结构

解释变量的获取方式简述如下：

一方面，SPARROW 模型中评估的特定的解释变量应该能反映当时的自然和人为相关源以及陆地、水生系统中影响流域污染物传输的重要的物理、化学或是生物性质，并且综合实际能够获得的数据。点源和面源变量可能包括直接排入，以及向陆地、河流、水库中排放的污染物（如城市和生活废水的排放、大气氮沉降、化肥使用和陆地生态系统的氮固定）。另一方面，源变量可能会被选作由流域中点源和面源提供的污染物的代替指标，像 LULC 数据、人口普查数据等。

为了向 SPARROW 水质模型中输入解释变量，使用者需要源的空间相关流域数据（如气候、地形和土地利用）以及上面提到的 SPARROW 河网中的河段和所在流域的其他性质。图 4-3 显示了源所在的多边形与一个假设河段所在流域之间的关系。与河段流域相关的面源的估算可以通过 GIS 操作（如多边形-多边形相交）实现数字化地用这些带有面源数据的多边形覆盖河段所在的流域。一旦这个 GIS 过程被用来作为定量测量重叠的流域面积的方法，则根据不同源类别在不同面积权重上的值用下式计算：

$$S_{n,j} = \sum_{k \in P(j)} S_{n,k} \left(A_{j,k} / A_k^* \right) \tag{4-5}$$

式中：$P(j)$ 是所有源的相关多边形，用来切断河段 j 所在的流域；$S_{n,j}$ 是第 j 个子流域的污染源负荷量；$S_{n,k}$ 是与多边形 k 相关的源类型 n 的负荷量；$A_{j,k}$ 是河段 j 所在流域与源 k 所在的多边形交汇的面积；A_k^* 是与源 k 相关的总面积。负荷量单位根据需要选用，一般为 kg/a。

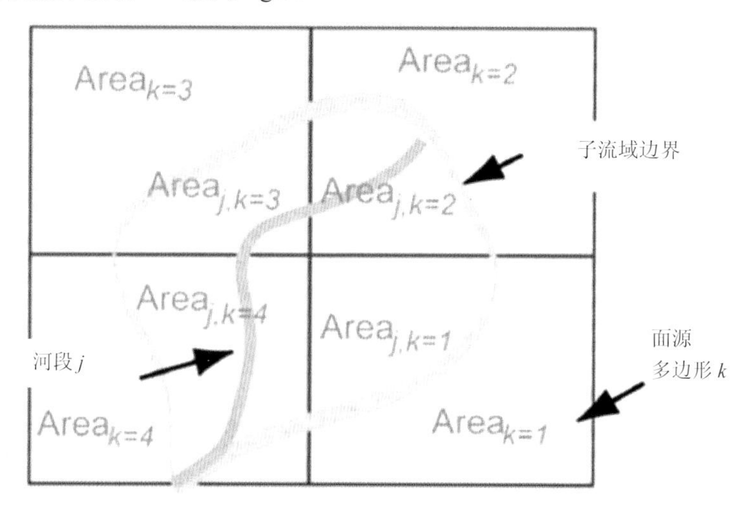

图 4-3　污染源与流域关系图

如果已知一个特定的污染源与一种特定的土地类型（或是一组土地利用类型）相关（如化肥与耕地有关），如果土地利用信息的空间尺度与流域所描述的尺度范围是相近的，那么上面描述的方法可以经修正后得到更为准确的河段流域内的源估算结果。这种方法中只需要将面积项 $A_{j,k}$ 重新定义为河段 j 所在的流域与源 k 所在的多边形相交切出的特定土地类型的面积，面积项 A_k^* 重新定义为多边形 k 中特定土地类型的总面积。否则，源面积加权估计总和的结果相同。

影响污染物传输的气候和地形特征可能包括水平衡项（如太阳辐射、降雨、蒸发和蒸腾），土壤特征（如渗透性和含水量），水流动特征（如坡度和地形指数），或者管理活动（如挖建排水沟、保留耕种和最佳管理措施）。不同气候和地形特征的估算经常按照面积权重估算地形 i 的平均值，如下式：

$$Z_{i,j} = \sum_{k \in P(j)} \tilde{Z}_{i,k} (A_{j,k} / A_j^*) \tag{4-6}$$

式中：P（j）是贯穿河段 j 附属流域的所有土地特征多边形；$Z_{i,j}$ 为第 i 种地形下第 j 个子流域的特征，$\tilde{Z}_{i,k}$ 是与多边形 k 相联系的 i 的景观特征；$A_{j,k}$ 是河段 j 附属区的下属区域并且贯穿 k 多边形的景观特征；A_j^* 是总的 j 流域面积。图 4-4 展示了多边形面积和假设河段的流域的关系。

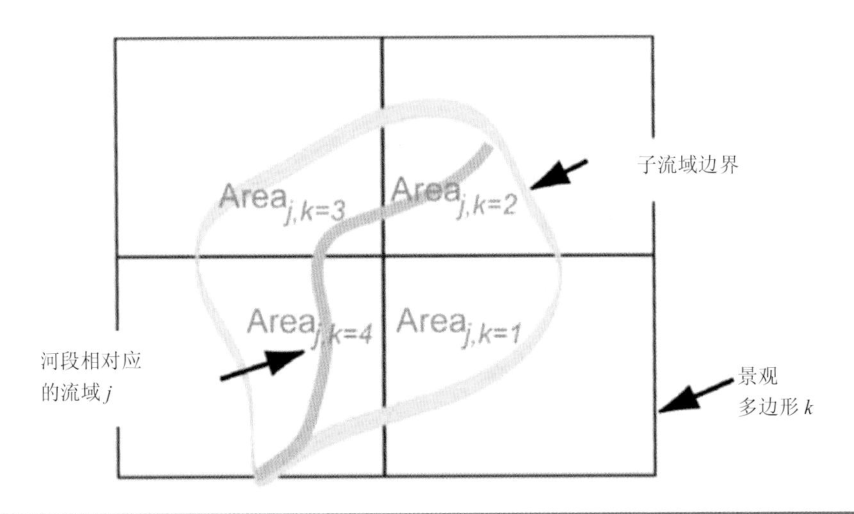

图 4-4 传输变量与流域关系图

4.2 模型所需环境数据的收集与面向模型需求的转化

4.2.1 河网生成及流域的划分

根据黄山市监测站提供的监测站点数据，共有 60 个监测站点，其中包括 8 个常规监测站点以及 52 个新增断面。由于 52 个新增断面数据中的 24 个是在 2009 年 9 月测定，另外 28 个在 2010 年 1 月测定，忽略季节对水质的影响，为了保持数据在时间上的一致性，因此 8 个常规监测站点取 2009 年 9 月和 2010 年 1 月的平均监测值输入模型进行模拟。监测站点分布及研究区域河网图如图 4-5 所示。

根据河网汇流特点以及监测站点分布情况，将流域河网划分为 330 个子河段，利用 Arc Hydro 工具生成相对应的 330 个子流域作为模型的研究基础。借助 GIS 系统得出各子流域面积及流域编号 GridID 备用。新安江子流域如图 4-6 所示。

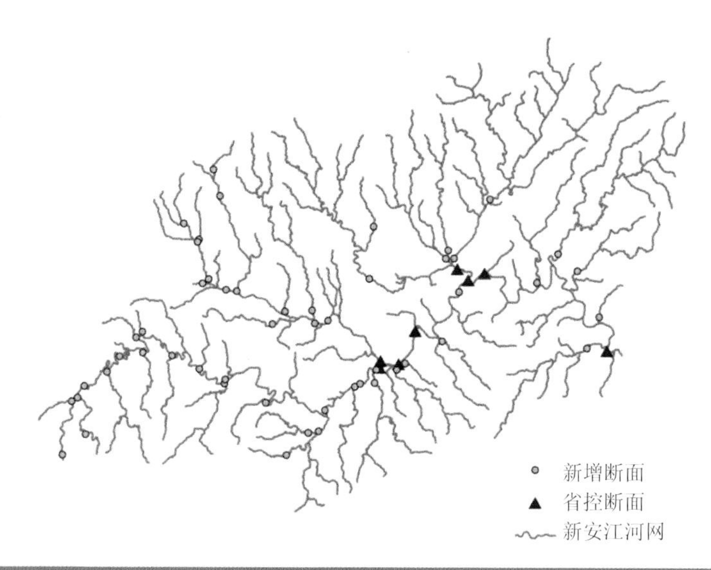

图 4-5　新安江河网及监测站点

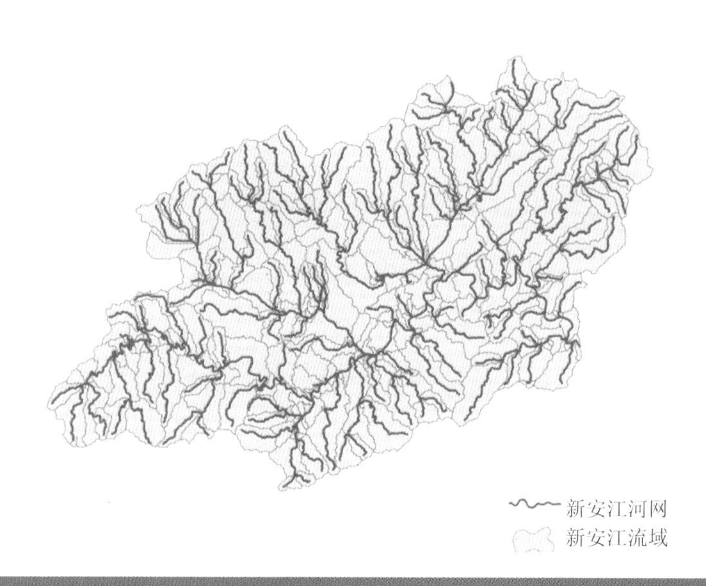

图 4-6　新安江流域图

新安江流域面积约 6 000 km^2，此前 SPARROW 在国外的应用案例中最小的模拟区域为新西兰 Waikato 河流域，面积 13 900 km^2，其他案例均在几万到几十万千米 ^{2} 的大流域内进行模拟，因此本书是对 SPARROW 模型在中国中尺度流域应用有效性的首次检验和尝试，未来将根据本次模拟得到的结果有目的地对模型进行修改和优化。

4.2.2 空间属性数据的收集和处理

污染物在通过地表进入河流之前可以得到衰减，主要产生作用的参数包括气象因素（降雨、气温等），土壤特点（渗透性、土壤类型等），地形因素（坡度等），河网密度（子流域内河长与子流域面积的商）以及土地利用组成。根据我国现阶段数据的可获得性，最终选取气温、降雨、坡度、河网密度以及土地利用组成作为影响土-水传输过程的参数。此外，还需要获取人口数据来估算生活源。其中河网密度通过子流域的河长和面积数据计算得到，气温、降雨、人口和坡度数据从地球系统科学数据共享平台下载得到全国 1 km 的栅格图像，利用 GIS 系统中的相关工具，基于新安江子流域图边界得到每个子流域的栅格图像，如图 4-7 所示。

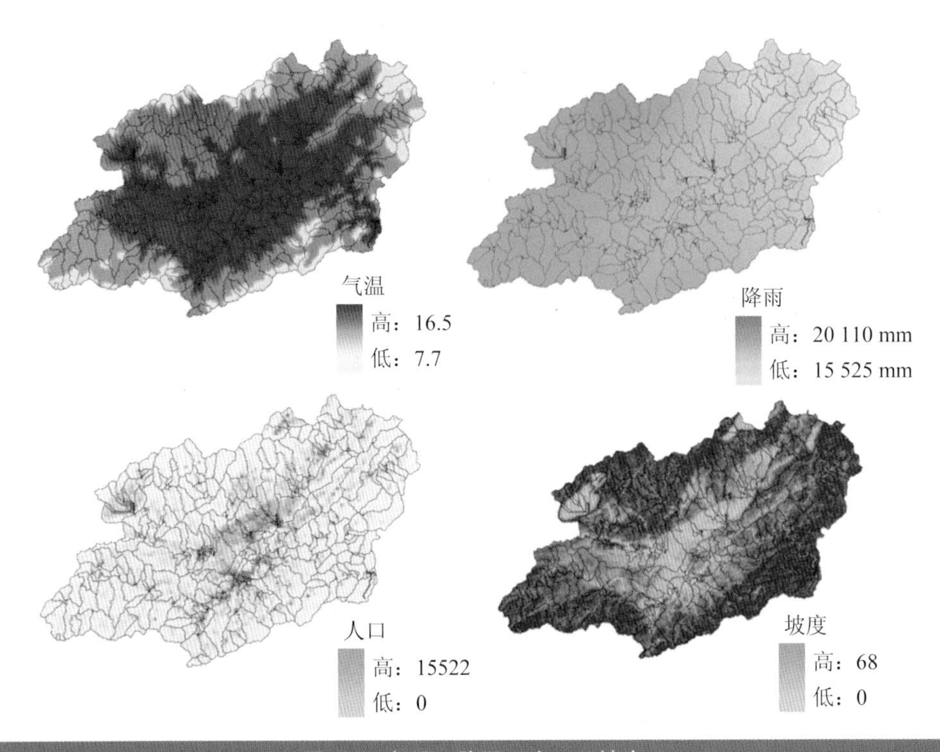

图 4-7　气温、降雨、人口及坡度

土地利用数据则是来自地球系统科学数据平台（http：//www.geodata.cn/）中2000 年全国 1 km 网格土地利用数据，分别下载各子类别的栅格图像，共分 25 种土地类型，根据模拟需要将子类合并，最终得到包括耕地、林地、草地、水体和建设用地在内的 5 大类土地类型，如图 4-8 所示。

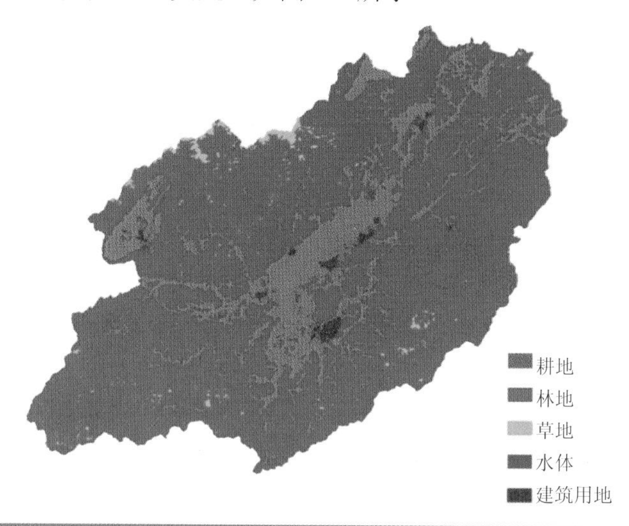

图 4-8　新安江土地利用分布

根据切割得到的栅格图像，借助 Python 程序编写一段简单的小程序，自动提取各子流域栅格图像的平均值作为该流域内相应的空间参数值。新安江流域内的空间属性数据每年变化幅度不大，因此可以认为空间参数与监测数据时间差异较小，可以作为输入数据进行模拟。各子流域空间参数数值变化范围如图 4-9 所示。

从图中可以看出，虽然新安江流域面积相对较小，但一些空间参数变化幅度较为明显，可以体现出不同子流域的空间差异性，因此选择河网密度、坡度、气温和降雨作为备选参数输入模型，根据最终模拟结果确定参数。

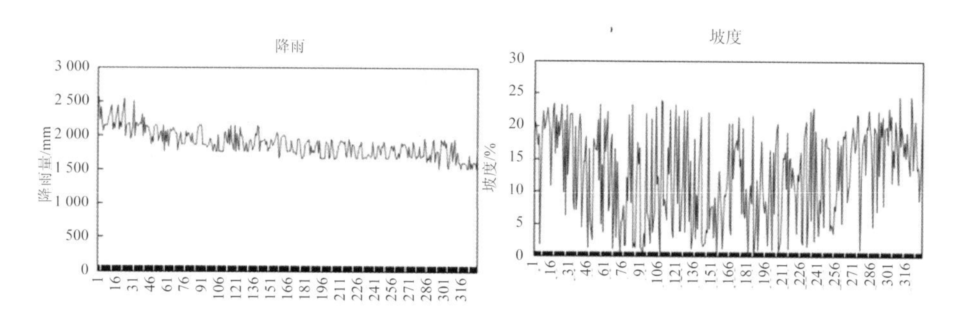

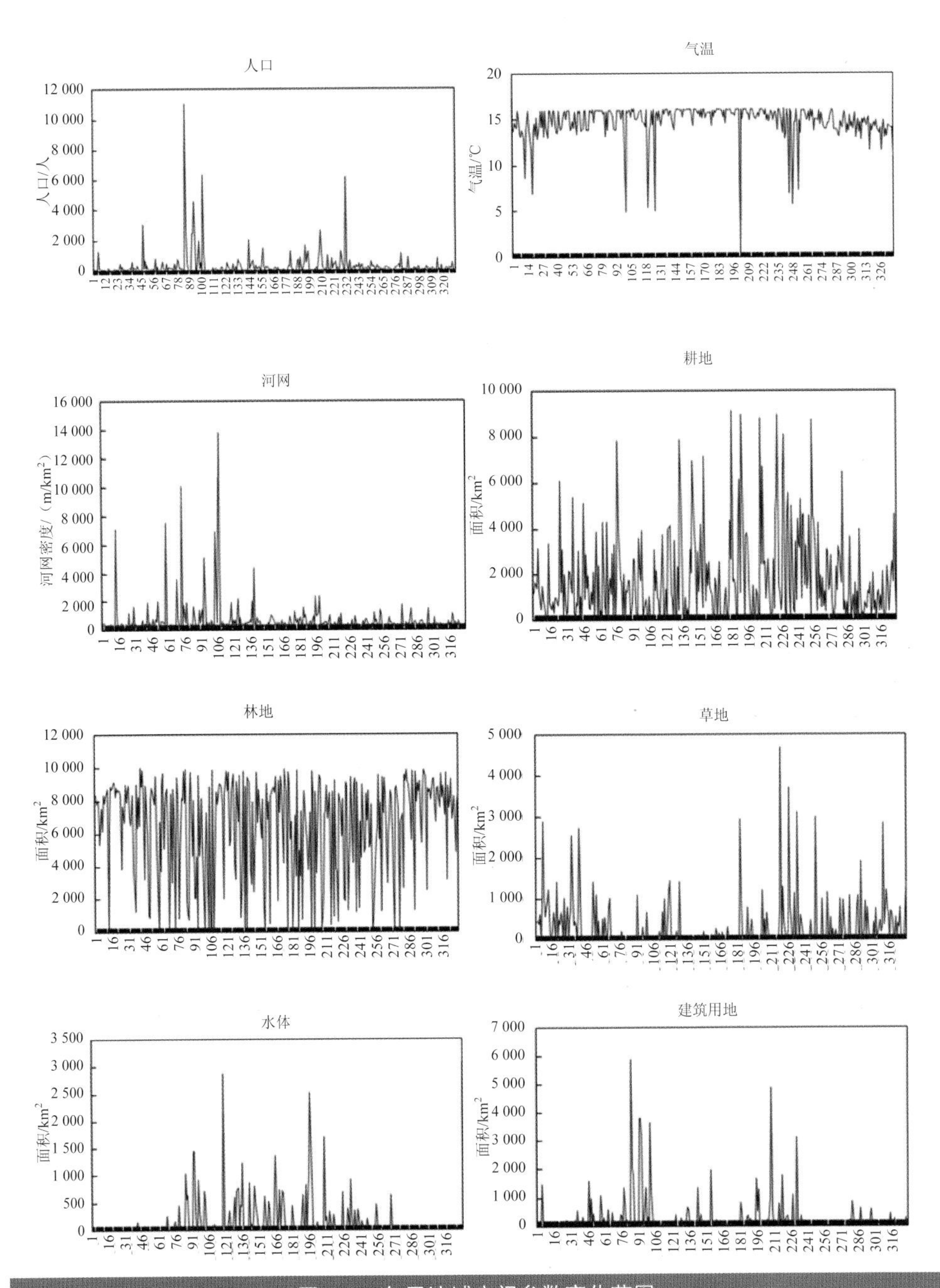

图 4-9　各子流域空间参数变化范围

4.2.3　污染源数据

本书考虑到的污染源主要包括点源（工业源、污水处理厂排放），农业源和生活源，其中屯溪区、徽州区、黄山区、歙县、休宁县、黟县和祁门县的污染源数据来自当地环保部门提供的统计数据，绩溪县通过查阅污染源普查数据收集得到。

点源污染一般对应相应河段直接排入，不经过地表传输过程，因此该污染源直接作用于排入河段所在的子流域。新安江流域的工业相对较少，主要包括一些纺织企业和食品企业等，几乎不存在污染严重的重工业企业，且厂区主要集中于黟县南部、休宁县东北部、徽州区东南部以及歙县西部，沿新安江干流分布。此外各区县人口密集的区域有一定数量的污水处理厂，会产生一定数量的污染物。新安江流域的点源分布如图 4-10 所示。

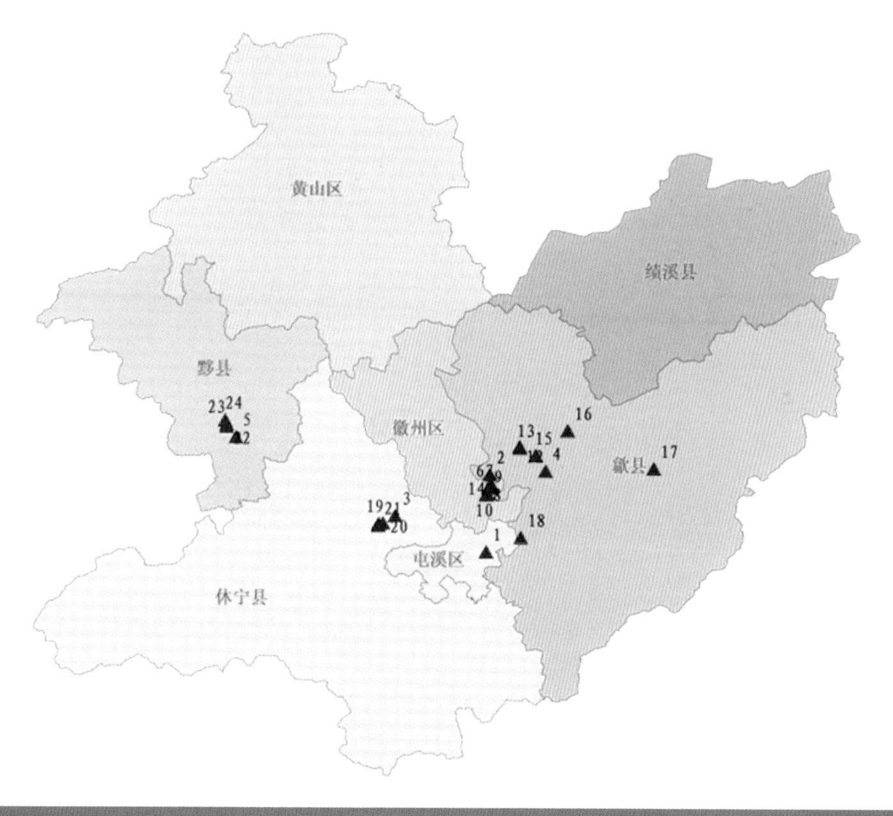

图 4-10　新安江流域点源分布

由上图可以看出新安江流域工业点源比较少且分布相对集中，因此流域内大部分区域不存在点源污染，面源成为该区域的主要污染来源，也就是农业源和生活源所占比例比较可观。从黄山市提供的数据可以看出，全流域每年农业总氮排放量约 4 000 t，生活总氮排放量 2 000 t，每年农业总磷排放量 500 t，生活总磷排放量约 150 t。由于收集到的污染源数据是以行政区县为单位的，而模型模拟过程中需要将污染源细化到每一个子流域内，因此借助 NANI 工具实现行政区与子流域面积之间的转换。同时考虑到不同污染源产生于不同的土地类型上，如农业污染源一般由于施肥等因素产生，主要出现于耕地上，生活污染源则与人类活动密切相关，主要产生于城镇和乡村，因此需要将不同类型的污染源通过计算分布在不同类型的土地上。各子流域 TN 和 TP 的农业源及生活源变化范围如图 4-11 所示。

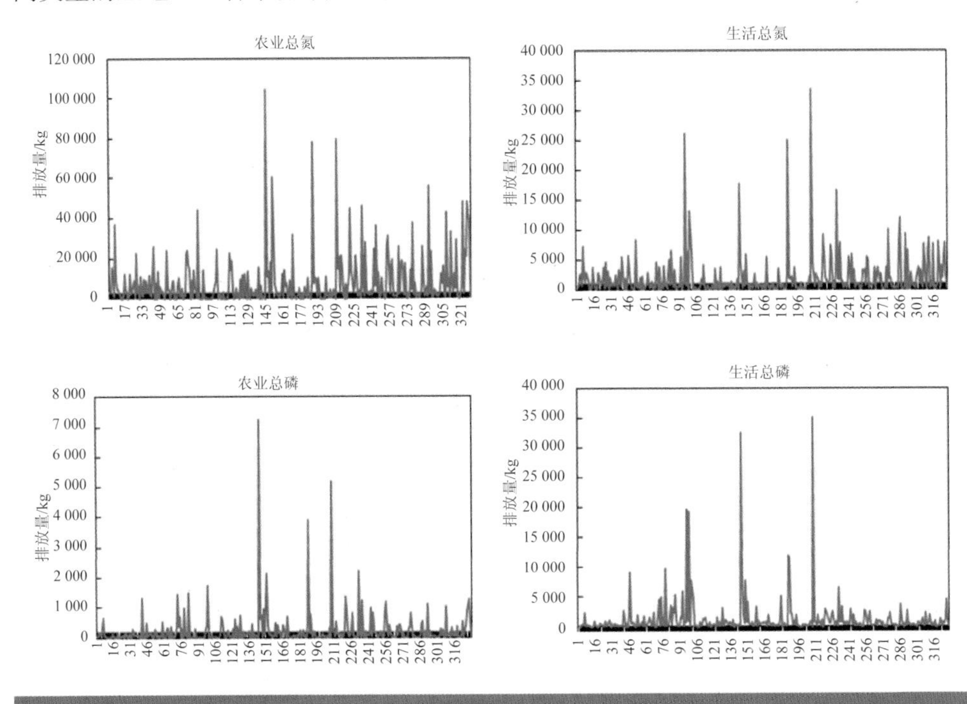

图 4-11 各污染源变化范围

4.2.4 流量及流速数据

流域内流量守恒是模型模拟的重要假设条件。由于流域内非监测河段较多，且监测河段监测频率为逐月监测，存在流域内流量监测在空间上和时间上难以统一的问题。为保证流域内河段间流量守恒，有必要进行流量的模拟。

流量的模拟方法为：通过监测站点数据、土地利用类型数据、流域面积数据等估计子流域的年均径流深，进而与各子流域面积相乘，得到各子流域的汇水量及年均流量。

径流深的估计通过日气象数据进行计算，使用美国水土保持局（Soil Conservation Service）提供的 CN 值平衡方程：

$$Q_{kt}=\frac{(R_t+M_t-0.2\times DS_{kt})^2}{R_t+M_t+0.8\times DS_{kt}} \tag{4-7}$$

式中：R_t——第 t 天的降水量，cm；

M_t——第 t 天的融雪量，cm，以水态计；

DS_{kt}——k 源区第 t 天的滞留参数，由该天该区域的 CN 值决定；

R_t 和 M_t 通过日降水量和气温数据进行估算。当日均气温 T_t 高于 0℃时，认为降水形式为降雨，否则认为是降雪。融雪量通过 degree-day 平衡计算：

$$M_t=0.45\times T_t \quad T_t>0 \tag{4-8}$$

滞留参数 DS_{kt} 由 CN 值 CN_{kt} 决定：

$$\mathrm{DS}_{kt}=\frac{2\,540}{\mathrm{CN}_{kt}}-25.4 \tag{4-9}$$

CN 值是先期水分条件的函数，先期水分条件为 1（干燥）、2（平均）、3（潮湿）的 CN 值分别为 $\mathrm{CN1}_k$、$\mathrm{CN2}_k$ 和 $\mathrm{CN3}_k$。对于 k 源区第 t 天，其实际的 CN 值 CN_{kt} 是之前 5 天先期降水量 A_t 的一个线性函数，其中：

$$A_t=\sum_{n=t-5}^{t-1}(R_n+M_n) \tag{4-10}$$

式中：R_n——第 n 天的降水量，cm；

M_n——第 n 天的融雪量，cm，以水态计。

对于图 4-12 中的突变点的推荐值，在非生长季 AM_1=1.3 cm，AM_2=2.8 cm；在生长季 AM_1=3.6 cm，AM_2=5.3 cm。对于融雪的情况，假设最湿先期条件优先，因此无论 A_t 为何值，当 $M_t>0$ 时，$\mathrm{CN}_{kt}=\mathrm{CN3}_k$（假定第 t 天存在融雪现象时，必然有 $A_t>\mathrm{AM}_2$）。

在模型使用时，需要用户指定 $\mathrm{CN2}_k$ 的值。$\mathrm{CN1}_k$ 和 $\mathrm{CN3}_k$ 的值通过霍金斯近似式计算获得：

$$\mathrm{CN1}_k = \frac{\mathrm{CN2}_k}{2.334 - 0.01334 \times \mathrm{CN2}_k} \tag{4-11}$$

$$\mathrm{CN3}_k = \frac{\mathrm{CN2}_k}{0.4036 - 0.0059 \times \mathrm{CN2}_k} \tag{4-12}$$

输入子流域面积、子流域内各土地利用类型的面积、子流域监测站点的流量数据，进行退水系数、融雪系数、渗透系数及各土地利用类型的 CN 值等参数的校准。用校准后的参数计算出各监测点所在子流域的年均径流深，进而将径流深乘以子流域面积得到各子流域的年均流量。

ReNuMa 模型中的流量模块应用的即是这种思想，因此可以借助简单的模型联用实现流量的估计和模拟，将整个流域划分为渔梁、率水、屯溪和街口四个子流域，每个子流域出口位置均有逐日监测的流量监测站，因此可以拟合出较好的结果。参数经校准后，认为每个流域整体均服从于其对应参数。用各子流域面积分别乘以该子流域对应监测站点模拟的年均径流深，得到各子流域的年均流量。流域的流量拟合结果见 3.3.1。

在目前的监测数据时间及监测密度条件下，通过联用 ReNuMa 模型对流量进行模拟可以在保证流域内水量相对平衡的基础上，较准确地表征其变化趋势，并在满足适当精度的情况下对缺失数据进行预测。

目前流速为我国水文站的非常规监测指标，数据量很少。而国外也多采用利用流量数据进行经验方程拟合的方法估计河流的流速。

经验方程大概分为两类：

（1）利用流量-流速经验指数方程对流速进行估计：

$$v = a \times Q^b \tag{4-13}$$

式中：v 为流速，Q 为流量，a、b 为系数。根据监测数据建立联立方程，估计出 a、b 的值，进而得到各河段的流速。

（2）利用流量-河流平均深度经验方程得到河道深度，结合河道宽度得到河道横截面积，进而得到流速。在新安江流域模拟中，采用第一种方法，取零星有流速监测数据的河段进行系数估计，然后用经验方程得到各河段的流速估计值。各河段的水力保留时间则是通过河段长度除以河段流速计算获得。

4.3　模型校准及结果分析

4.3.1　模型参数选择及系数校准

SPARROW 模型中包含大量参数，其中有污染源参数、陆域传输参数和水域传输参数。但是可以有效估算的参数受到环境监测站点数量的限制。因此确定适合进行校准的参数个数显得非常重要。根据对 SPARROW 国外案例的研究和总结，得到表 4-2。

表 4-2　国外案例监测站点数量和参数个数

地点	监测站点数量	参数个数
美国全境	375	18
新西兰全境	77	11
美国切萨皮克湾	79	10
美国东北部	65	6
美国北卡罗来纳州海岸区域	44	7
新西兰怀卡托河流域	37	6
美国田纳西州	36	7

由上表可见，新安江流域的监测站点数量与 SPARROW 区域应用情况基本一致，初步判断适宜拟合 6～7 个参数，为了进一步确定参数数量，将上表进行线性拟合，得到一个线性方程，如图 4-12 所示。

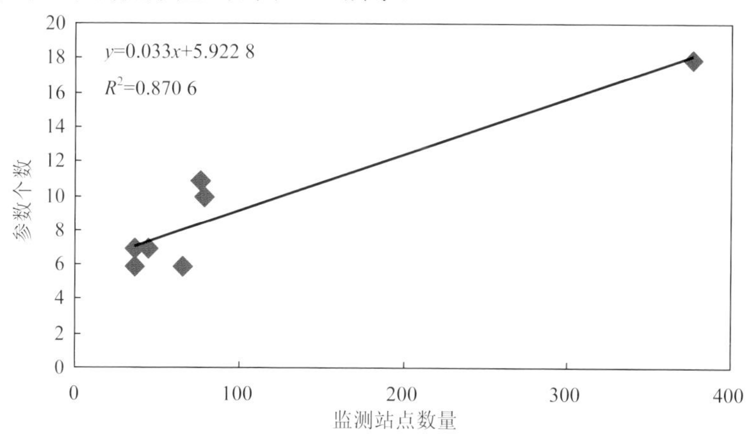

图 4-12　监测站点与参数个数拟合结果

根据拟合方程计算得到 y=7.9，即适宜拟合的参数应该在 8 个以下。根据已有数据，污染源共有 3 个，陆域传输参数 10 个，水域传输参数按照流量分为两级，即 2 个参数，如参数数量过多，则需要进行选择。污染源数量及河流分级不宜随意改变，因此主要对陆域传输参数进行筛选。首先将所有参数全部输入模型进行模拟，根据得到的结果中各参数的统计学指标以及模拟精度进行分析，筛掉一部分对过程影响不显著的参数，然后再次进行模拟，通过不断的筛选和优化，最终确定一组相对理想的参数集。本次研究中最终选定的参数包括污染源 3 个：工业源，农业源，生活源；陆域传输参数 3 个：河网密度，坡度，降雨；水域传输参数 2 个。模型校准过程中，对 8 个系数的拟合精度以调整 R^2 来评价，首次拟合精度仅为 0.73，通过输出残差表进行分析发现（图 4-13），52 个新增断面中有 5 个点的残差明显大于其他点，可能由于在采样过程和测定过程中引入了一些不可避免的误差所致，例如采样位置过于接近河岸，或者采样期遇到一些不常见的天气及水文过程，也可能是测定过程中实验人员或者仪器出现了某些失误或故障。总之这 5 个点与其他监测值偏差较大，因此从已知监测数据中筛除，剩余 55 个监测数据重新进行模拟，得到了比较理想的拟合结果（图 4-14），R^2 达到 0.95，并且基本可以通过统计学检验，因此认为模拟系数基本能够代表新安江流域污染传输特点，并在此基础上进行分析。

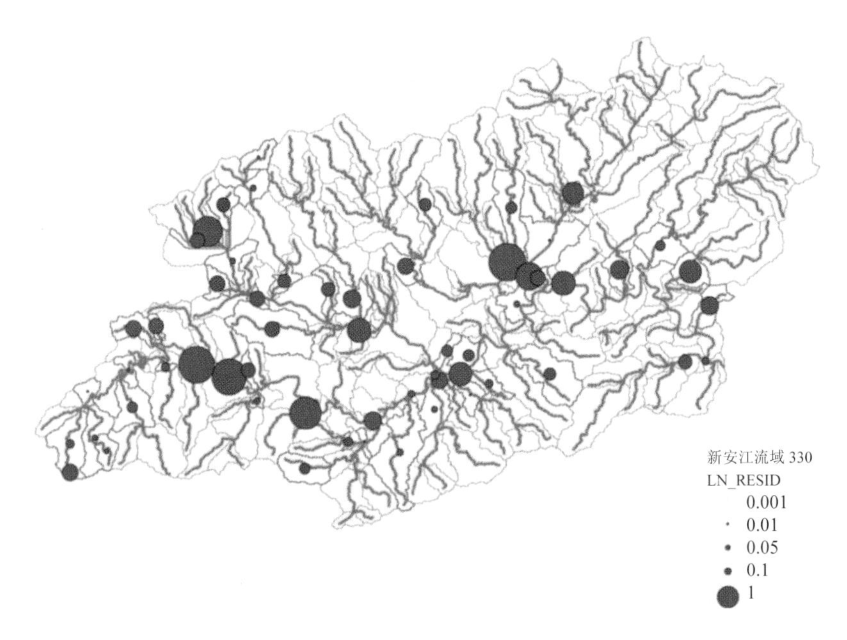

图 4-13 残差分布图

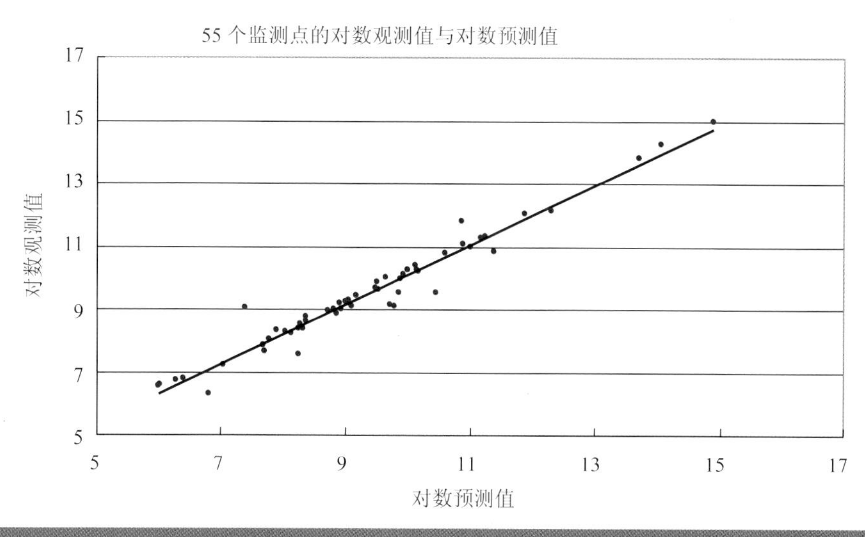

图 4-14　总氮拟合精度图

4.3.2　总氮模型结果分析

由于 SPARROW 模型是集总式大尺度流域模型，模拟是在现有河网、污染源、流域属性及监测数据下做出的；模型的优点在于全流域大尺度的概化，以及对流域内上下游之间水力传输关系的良好诠释；由于模型结果是基于流域尺度的趋势性判断和表征，因此具体河流模拟结果与监测数值相比可能有误差；模型参数是应用于全流域的，所以对个别子流域水环境状况的表征可能有误差。根据模拟结果主要对流域总负荷及各污染源负荷分布、流域内河段水质状况、各子流域污染源贡献比例等方面进行了分析。

4.3.2.1　流域内总氮污染负荷分布

通过校准确定的系数，模型计算出了整个流域的污染源负荷比例及各子流域的污染负荷量。根据模拟结果分析得到，流域内总氮来源比例为工业源∶农业源∶生活源约为 3∶54∶43。因为流域内工业源分布较少，因此贡献比例也最小，农业源经过土-水传输过程，有一部分损失在进入河流之前，但是不影响农业源为该区贡献比例最大的污染源。新安江流域的农村生活污水多采用近河直排，因此岸上损失较少，基本全部进入河流，因此也占了很大比例的贡献量。工业源在各子流域内的分布如图 4-15 所示。

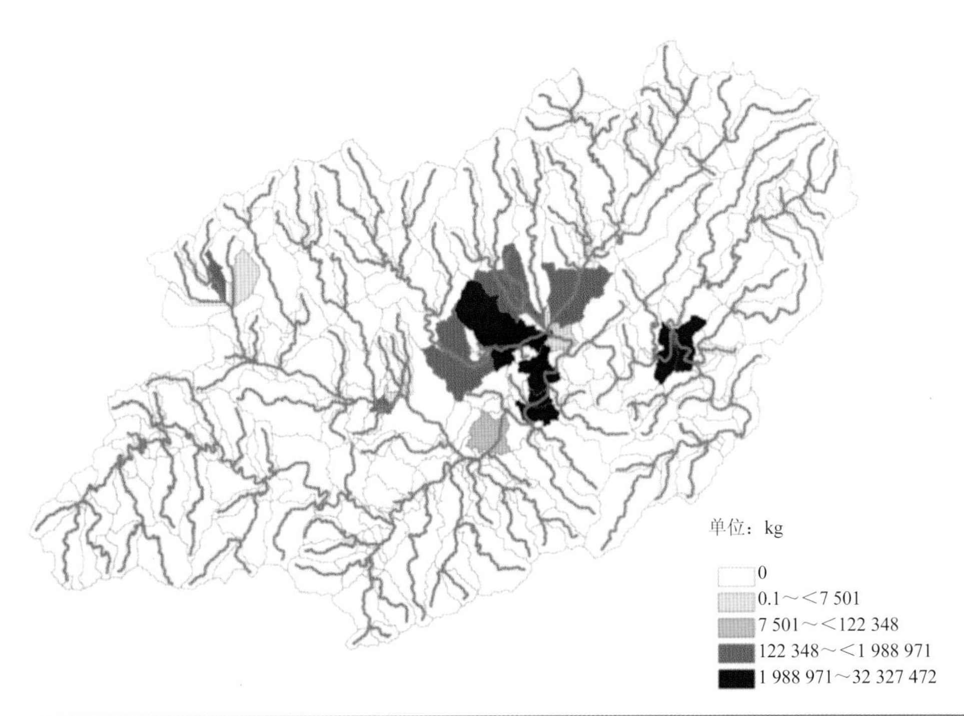

图 4-15 总氮点源分布图

农业源作为新安江流域最大的总氮污染贡献源，几乎分布于整个流域，如图 4-16 所示。从图中可以看出，农业源分布与人口分布特点比较一致，基本存在人口密集的区域农业活动相应密集的特点。污染比较严重的区域主要集中在徽州区、绩溪县、歙县西部和黟县厂区附近，这些区域的耕地比例明显大于其他区域，林地比例相对较小，受到比较严重的人类活动影响。屯溪区由于主要是城市建设用地，耕地所占比例较少，因此虽然人口密集，但并不是最严重的农业源贡献区域。休宁县、歙县东部以及黟县大部分地区人口密度小，森林覆盖率大，比较接近原始自然状态，只有零星耕地造成了一些污染。

生活源污染分布有比较明显的空间差异性（图 4-17）。人口密度最大，消费能力最高，建设用地最为密集的屯溪区是生活源贡献最大的区域。徽州区人口密度较其他区域大，普查数据中得到的生活源污染密度也比较大，因此该区生活源贡献也比较高。休宁县人口密度小，林地比例高，因此生活源贡献量相对较少，尤其是休宁县西部河流发源地区，地广人稀，人类活动造成的污染非常少。

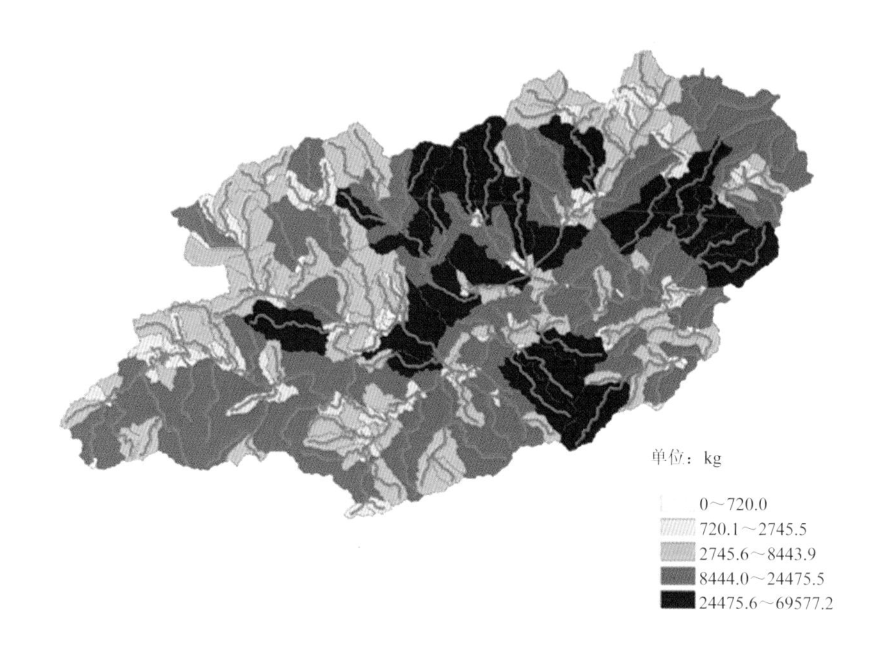

图 4-16　总氮农业源分布图

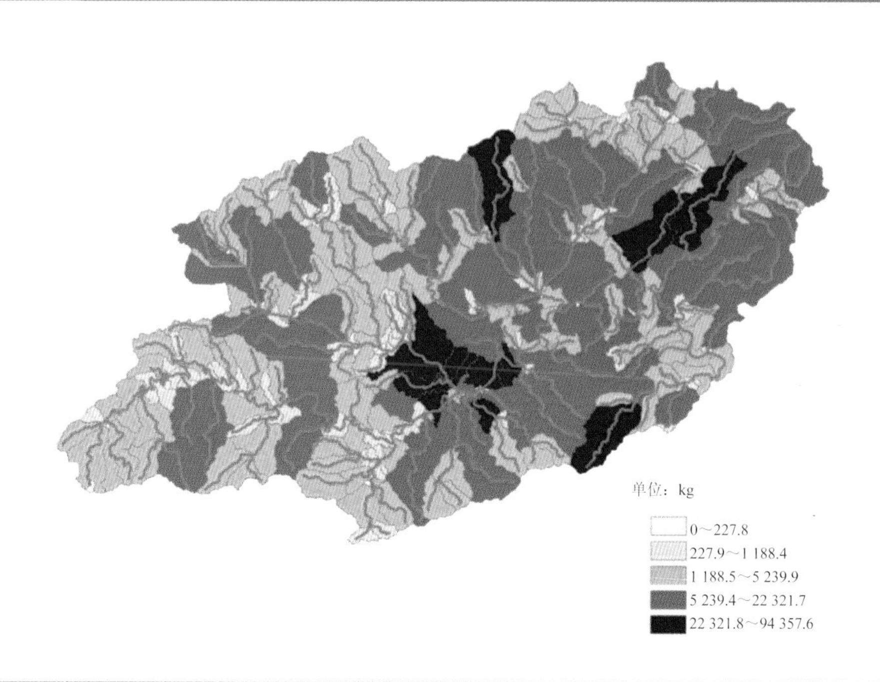

图 4-17　总氮生活源分布图

总氮污染本地产生量的分布有比较明显的空间差异性（图 4-18）。休宁县西部和黟县大部分地区总体污染物产生量较低，其他农业密集区污染产生量较大；但是最严重的还是工业聚集区，尤其是黄山市四家化工企业全部聚集在徽州东南部，每年产生的大量污染物势必对当地环境造成巨大污染，对当地居民产生危害，需要对厂区布局进一步优化，尽量减少污染。

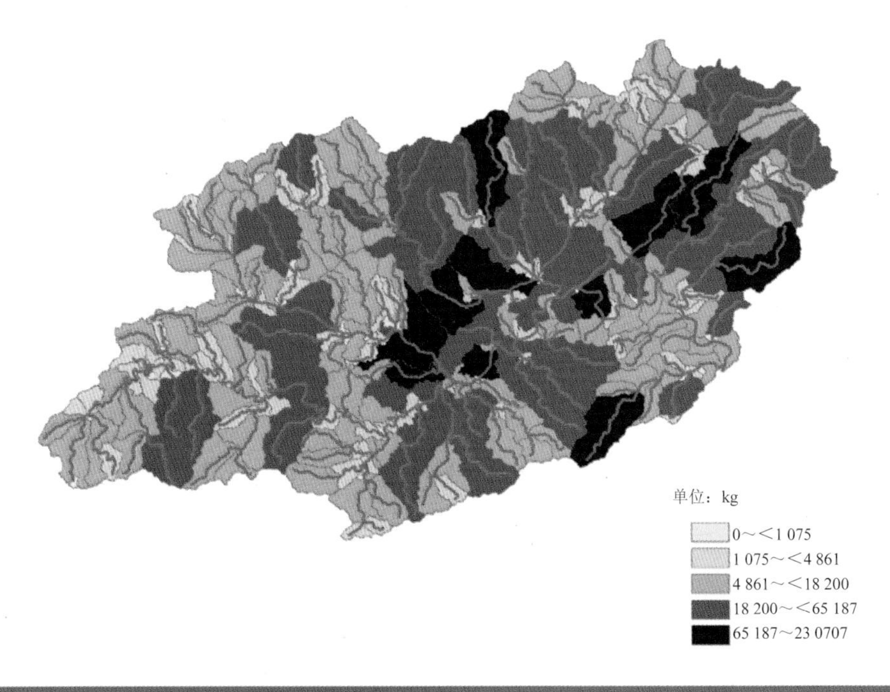

图 4-18 总氮本地产生量分布图

4.3.2.2 流域各河段总氮浓度分布状况研究

按照目前的条件和水平，不可能耗费大量人力物力对流域内全部河段进行监测，一般只是在重点河段设置监测站点。SPARROW 模型则能够根据已知监测站点的浓度估计未监测河段的水质情况，考虑到流量模拟中可能引入的误差，有些河段浓度可能会有所偏差，但是整体浓度趋势可以作为管理参考。新安江流域 330 条河段模拟浓度如图 4-19 所示。

由模拟结果可知，新安江流域整体水质状况良好，330 条河段中有 94%的总氮浓度都在Ⅳ类水质标准以上，其中 80%可以达到Ⅱ类水及以上，只有 4%的河段是Ⅴ类及劣Ⅴ类水。从图中可以看出，Ⅴ类及劣Ⅴ类的河段主要集中于工厂附近，因此虽然工业源贡献的总氮污染比例较小，但是对当地水质及环境产生的影响是不可忽视的。Ⅳ类水主要集中在人口较密集的农业区，水量充沛，河流的自净和稀释作用效果显著，因此整体水质状况良好，一定程度上保证了千岛湖的用水安全。

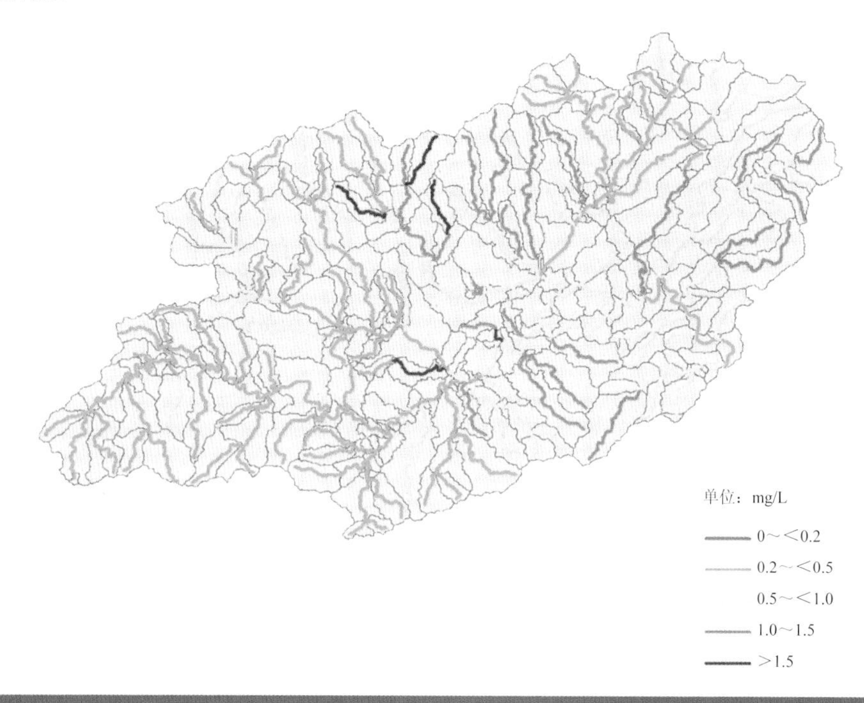

图 4-19　各子河段总氮质量浓度图

4.3.2.3　各子流域总氮污染源贡献比例

SPARROW 模型的另一个重要作用是可以对每个子流域进行源解析，得到各污染源构成比例，能够辅助相关部门有针对性地制定削减策略。新安江流域 330 个子流域源解析图如图 4-20 所示。

由图 4-20 可以看出，新安江大部分子流域以农业源污染为主，如果可以进一步优化耕作方式，控制化肥施用量，可以有效减少当地污染。人口密集区域生活源占了较大比例，当地可以考虑对农村生活污水进行集中处置，改变临河直排现状，尽量减少生活污染来源。根据各个子流域不同的污染源组成特点，当地可以有目的地选取污染严重或者环境敏感的区域，有针对性地优先治理组成比例较大的污染源，争取以最少的经济投入实现最大程度的环境改善。

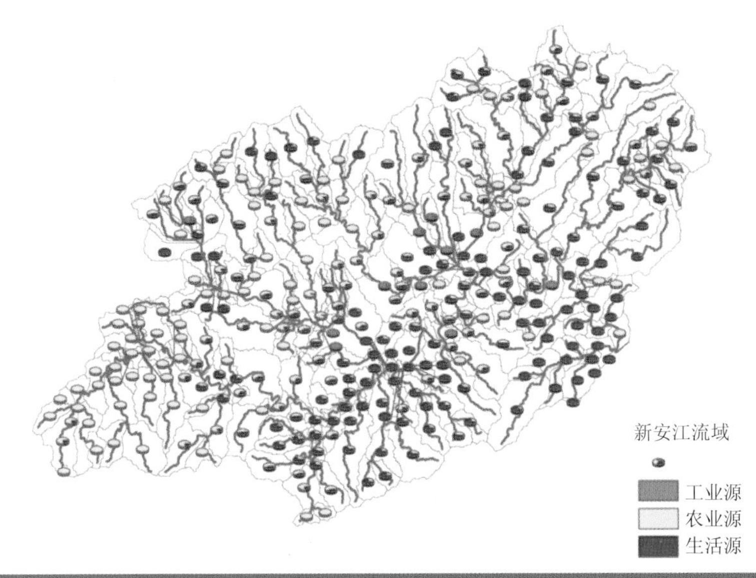

图 4-20 子流域总氮污染源解析图

各子流域总氮贡献情况见图 4-21～图 4-23。

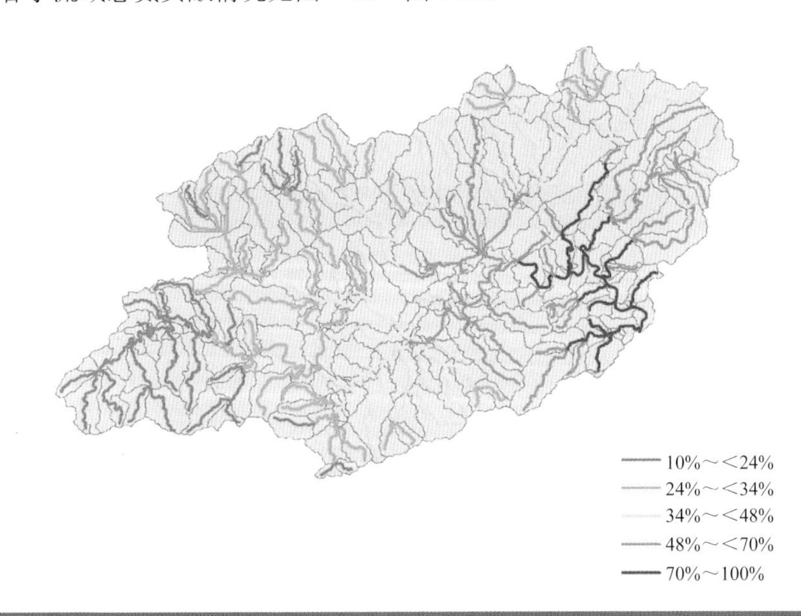

图 4-21 各子流域对街口断面总氮贡献量占本地产生量的比例

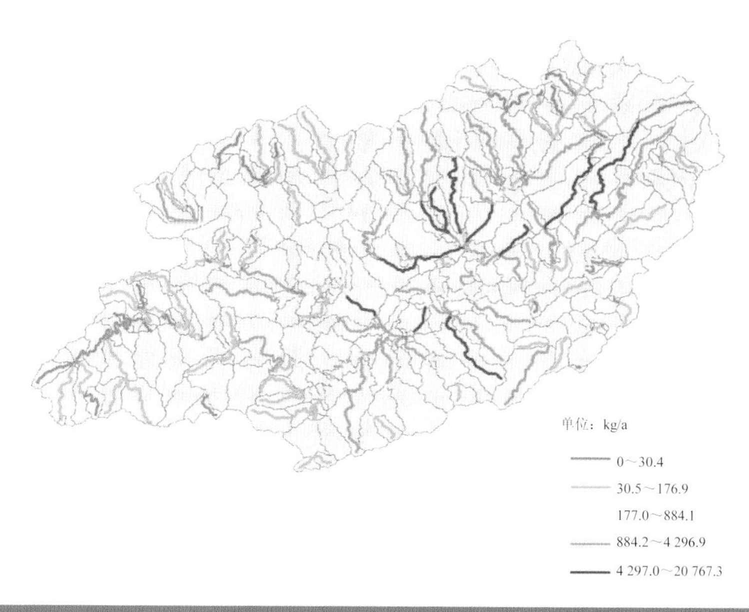

图 4-22　各子流域对街口断面的总氮贡献量

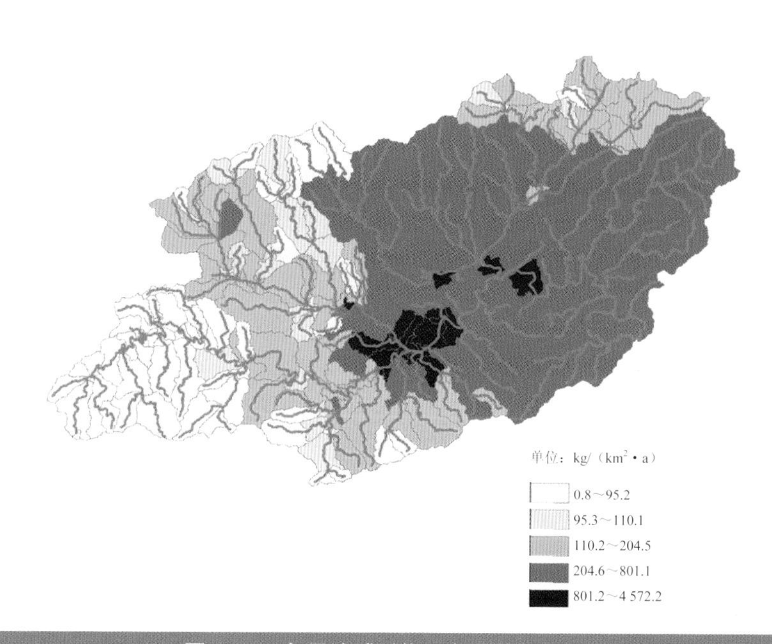

图 4-23　各子流域对街口断面总氮贡献率

4.3.3 TP 模型结果分析

TP 污染模拟过程与总氮相似，TP 监测数据的监测站点共有 60 个，TP 贡献源选取 3 个，传输参数与总氮相同。由于本书中只考虑了水体中可溶性磷的总量，没有具体分析磷的复杂行为过程，因此不包括附着在泥沙颗粒上面的那部分磷以及其他形式的磷，如果以后可以获得更加细致的数据，可以考虑进一步优化模型结果。现阶段模型模拟精度为 0.6，考虑到 TP 监测数据本身的不完整性，为了避免出现错误，没有进行残差筛选步骤。观测值与预测值拟合效果如图 4-24 所示。

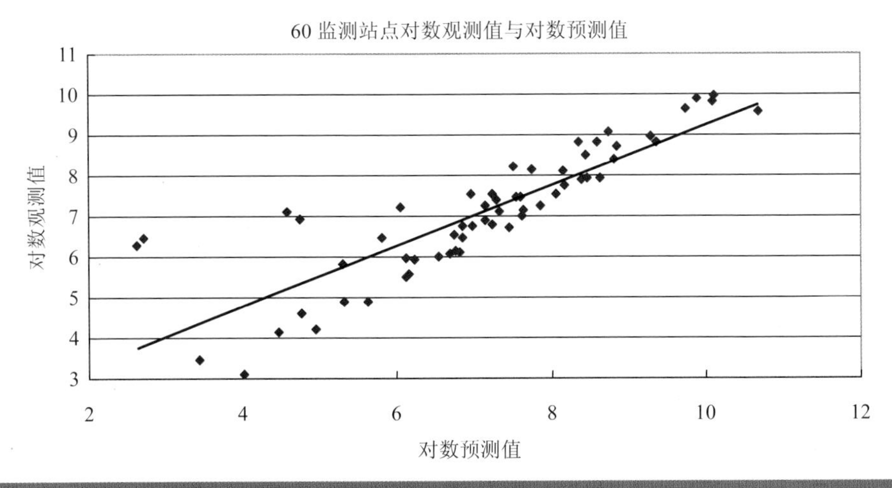

图 4-24　TP 模拟精度

4.3.3.1　流域内可溶性 TP 污染负荷分布

TP 污染的点源、农业源和生活源比例为 0.3∶71.6∶28.1，由于工业没有总磷排放数据，即认为工业无溶解态磷排出，因此点源只有 5 家污水处理厂，其中屯溪区、徽州区、歙县、黟县和休宁县各有一家。由于排放量不是很大，而且数量很少，因此点源所占比例非常低，污染基本分布在各污水处理厂附近的子流域，如图 4-25 所示。

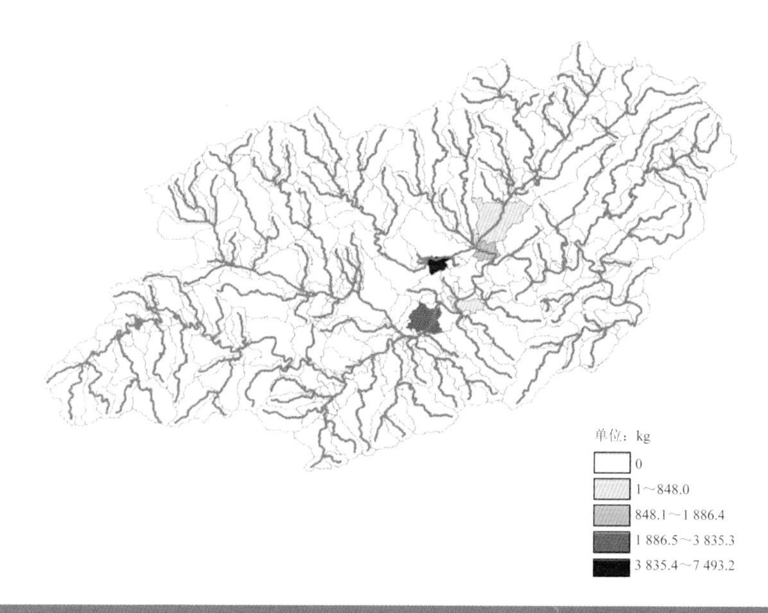

图 4-25　TP 本地点源分布图

TP 农业源污染分布如图 4-26 所示。

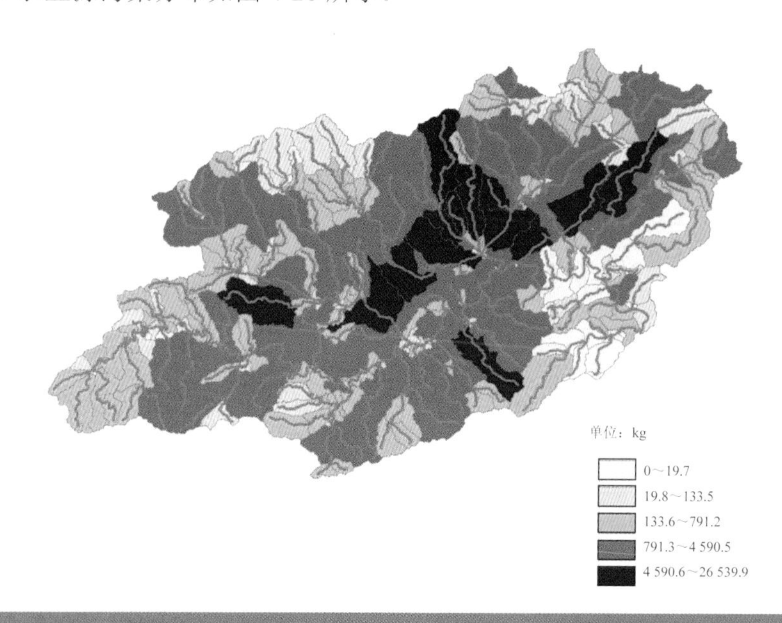

图 4-26　TP 农业源分布图

与总氮农业污染源分布相似，TP 农业源分布也比较分散，每个子流域几乎都有产出，而且模拟结果中农业污染源模拟系数略大于 1。可能是由于当地土壤历史含磷量较高，在过去的几年甚至几十年里涵养了大量的磷，由于径流作用，每年都会有一部分溶解态磷从土壤中被冲刷出来，随着当年产生量进入河流中。但是污染产生量最多的区域还是耕地密集区，尤其是徽州区和歙县靠近城区的地方，污染产生量最大。

TP 生活源污染分布情况（图 4-27）除个别子流域外基本与总氮生活源分布一致，人口密度与污染量基本成正比，休宁县和黟县部分林地比例大、人口数量少的地区污染产生量相应较小。屯溪区产生量最大，该区人口密度大，生活水平较高，城市化程度高，因此污染物排放量也相应较大。根据模拟结果可以发现，如果要有效控制 TP 生活污染，应该对人口密集的城镇区域给予足够的重视，加强污水处理，改善排放方式。

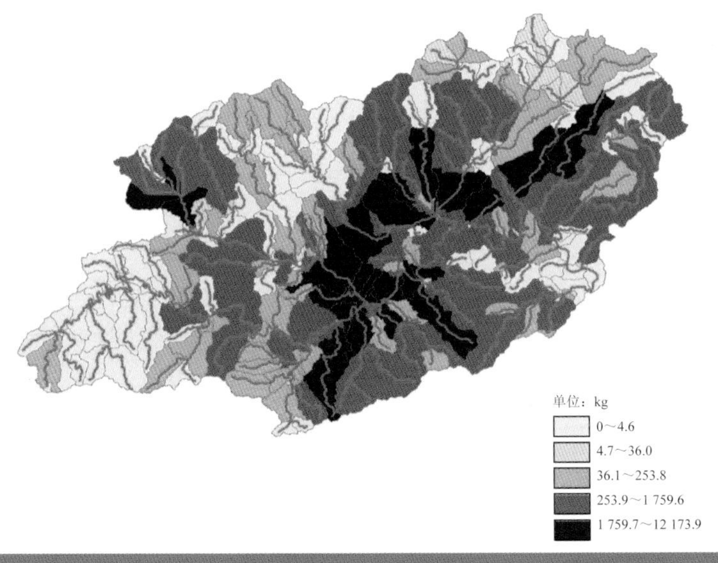

图 4-27 TP 生活源分布图

由于点源和生活源污染产生量远远小于农业源，因此产生污染物最多的区域就是农业污染物产生量最大的几个子流域，生活源的分布带来次要影响，点源由于数量少，污染产生量也小，所以对总体分布没有带来太大影响。污染最严重的区域主要集中在徽州区、屯溪区及歙县西部地区，较严重区域则分散在休宁县和黟县一部分子流域内（图 4-28）。

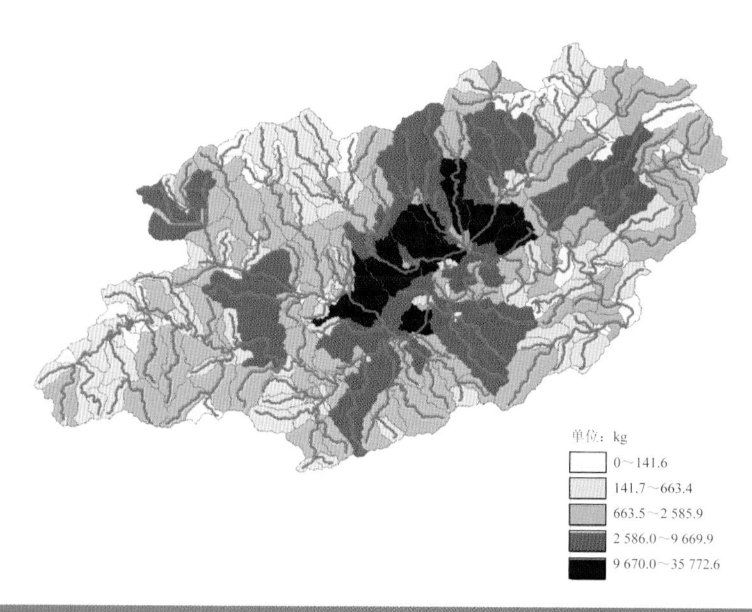

图 4-28　TP 本地产生总量分布

4.3.3.2　流域各河段 TP 浓度分布状况研究

根据模拟结果，利用 GIS 工具将各河段 TP 质量浓度标示在图 4-29 中，从图中可以看出，新安江流域 TP 污染情况比较乐观，只有零星几个河段在水质标准Ⅳ类及以下，而且都是末端支流，不排除模拟误差带来的影响。82%的河段水质在Ⅱ类标准以上，从图中可以看出，新安江干流水质基本都在Ⅱ类以上，尤其是街口附近，总磷负荷量不大，流量比较大，河流自净作用明显，水质状况比较好，可以有效减轻千岛湖水库的总磷污染。农业密集区域的支流水质多在Ⅲ类左右，但是通过传输过程中的衰减作用并没有对干流产生太大影响。由于结果中只针对溶解态磷的质量浓度情况进行分析，没有考虑附着在颗粒物上的那部分磷，因此准确性受到限制，制定管理策略时需要将各种形态的磷综合考虑。本书只为证实 SPARROW 模型在新安江流域的适用性，未来可以通过收集多方面数据，对模拟结果进行进一步优化和改进。

4.3.3.3　各子流域 TP 污染源构成比例

图 4-30 表示出各子流域 TP 污染源构成比例，从图中可以看出，由点源污染主导的子流域几乎不存在，大部分子流域的 TP 污染都来自于农业源，小部分人

口密度大的子流域生活源占主要地位。如果要控制该流域内的溶解态磷的污染，只要加强对农业污染源的管控就可以收到明显效果，如提高化肥施用技术、减少损失量以及控制磷肥施用量等。

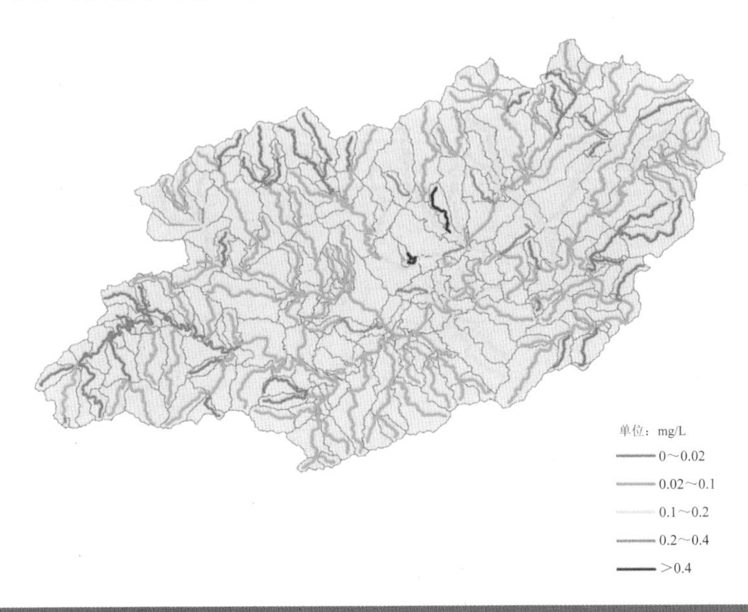

图 4-29 各河段 TP 质量浓度分布图

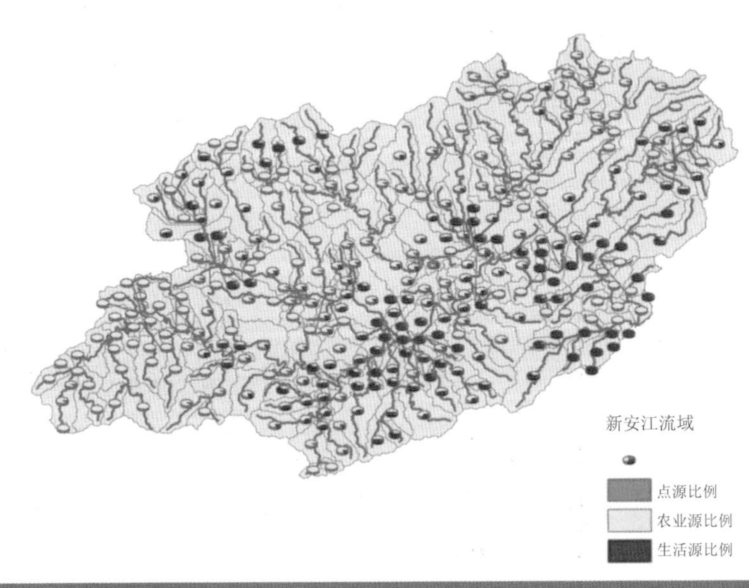

图 4-30 子流域 TP 污染源构成图

由图 4-31 至图 4-33 可以看出，各子流域的 TP 本地传输比例与街口断面的距离有关，一般来说，越靠近目标断面，河段的传输比例越高。而各子流域的本地贡献量与传输比例的分布不一致，与点源的分布有较强的正相关性。

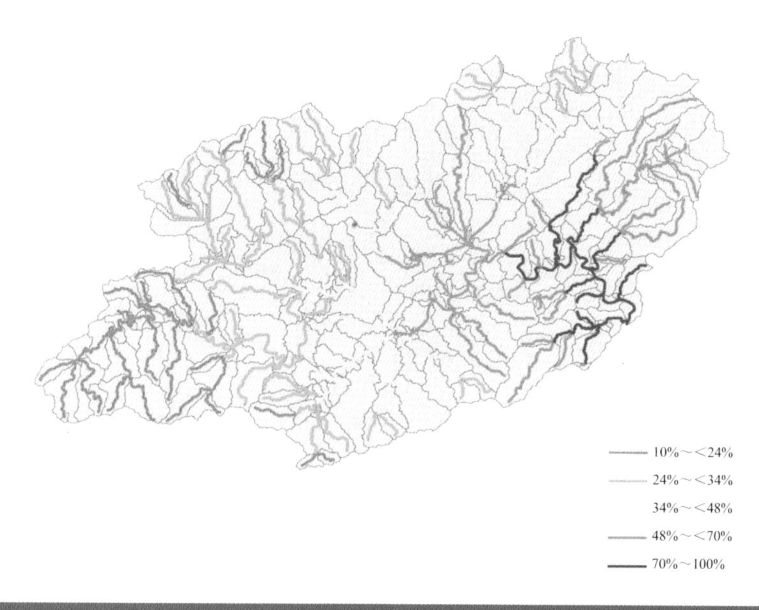

图 4-31　各河段对街口断面 TP 贡献量占本地产生量的比例

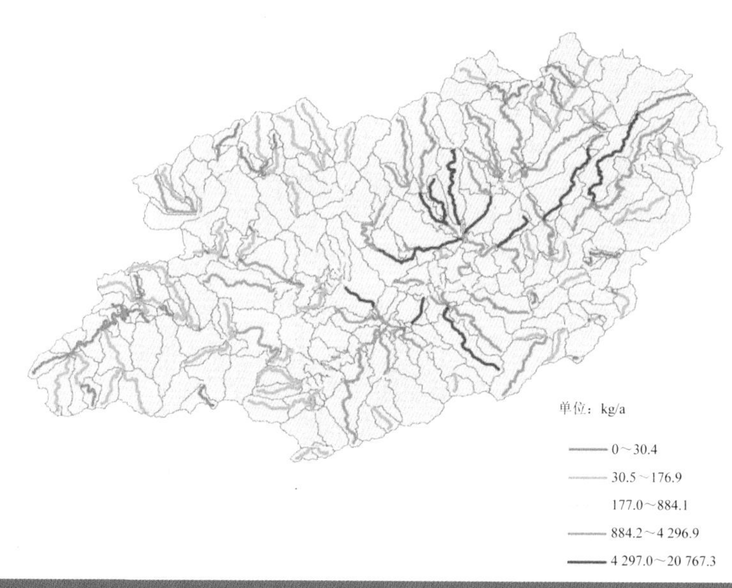

图 4-32　各子流域对街口断面 TP 贡献量

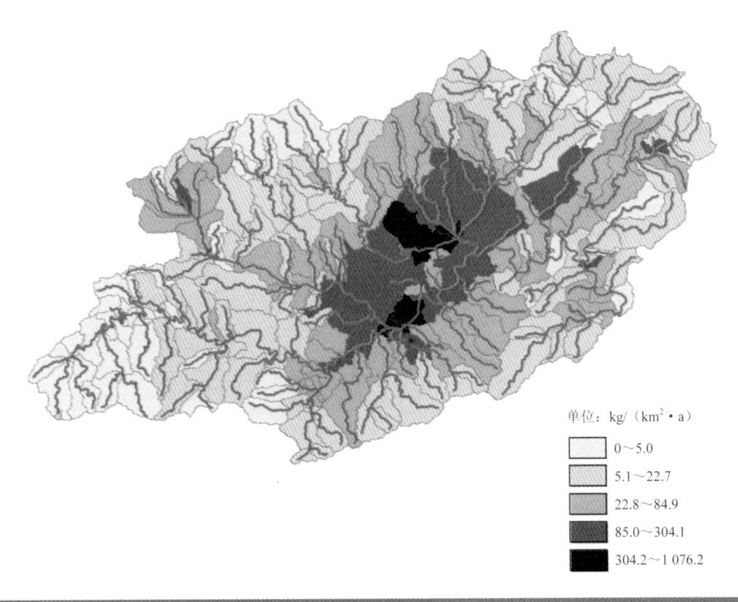

图 4-33 各子流域对接口断面 TP 贡献率

4.3.4 COD 模型结果分析

SPARROW 模型中所需的各个子流域的污染源数据来自污染源普查数据库中各个区县的数据。由于污染源分为点源和面源两大类。COD 污染源主要包括点源（来自工业源和污水处理厂）、生活源和农业源，其中屯溪区、徽州区、黄山区、歙县、休宁县、黟县、祁门县的污染源数据来自当地环保部门提供的统计数据。绩溪县通过查阅污染源普查数据收集得到。

点源污染一般对应相应河段直接排入，不经过地表传输过程，按照它们所属区县和纳污河段名称，直接归到相应的子流域中。新安江流域 COD 点源（来自工业源和污水处理厂）具体信息见图 4-34，从图中可知新安江流域的工业相对较少，主要是一些公司企业，包括一些纺织企业和食品企业等，但没有比较大的重工业，工业点源占整个点源污染构成的 87%。

再结合图 4-35 可以看出，新安江流域工业点源不仅比较少而且分布还相对集中，主要分布在黟县、歙县和徽州区的人口密集区。

图 4-34　新安江流域 COD 点源分布

由于新安江流域工业点源比较少且分布相对集中，流域内大部分区域不存在点源污染，所以面源成为该区域的主要污染来源，也就是农业源和生活源所占比例比较可观。从黄山市提供的数据可以看出，全流域每年农业源 COD 排放量约为 5 700 t，生活原 COD 排放量约为 10 600 t。由于收集到的污染源数据是以行政区县为单位的，而模型模拟过程中需要将污染源细化到每一个子流域内，因此借助 NANI 工具实现行政区与子流域面积之间的转换。同时考虑到不同污染源产生于不同的土地类型上，如农业污染源一般由于施肥等原因产生，主要出现于耕地上；生活污染源则与人类活动密切相关，主要产生于城镇和乡村，因此需要将不同类型的污染源通过计算分布在不同类型的土地上。

水体中 COD 的来源一般是水体中的有机物，而水体中的有机物主要由生活污水和工业废水的排放以及植物腐烂分解后降雨流入，因此，陆地径流输入以及陆源排放是 COD 的主要来源。

4.3.4.1　COD 点源污染分布情况

COD 本地污染源分布比较集中，本地 COD 工业源产生污染的分布（图 4-36）基本与工厂分布（图 4-35）位置一致，尤其以徽州和歙县交界的位置工厂分布比较密集，污染最为严重。由此可见，COD 点源污染主要来自工厂企业的废水排放，这些化工厂排放废水中含有较多的苯系物、萘系及杂环难降解有机物，BOD/COD值很低；较难生化处理，流入地表水后由于其 COD 很难降解，使得河流无法发挥自净作用，容易造成地表水和地下水污染。像歙县某化工有限公司产生的污染不容小觑，几乎成为当地主要污染来源。虽然新安江流域工业源所占污染比例较小，但是不应忽视其重要作用，需要进一步改进工艺，并密切关注工厂对当地产生的环境影响。

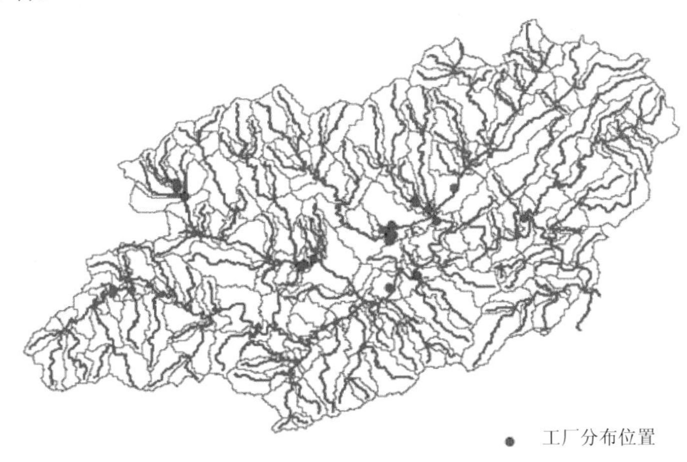

图 4-35　新安江工厂位置分布图

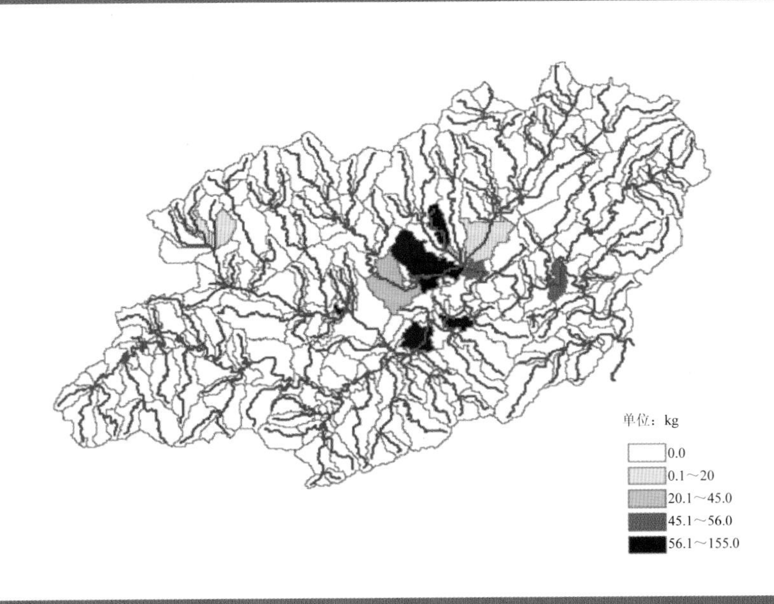

图 4-36　COD 本地点源分布图

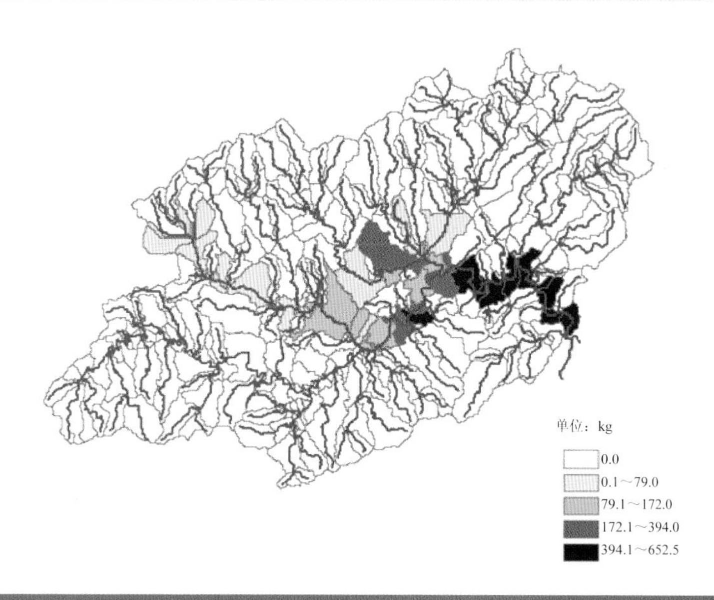

图 4-37　COD 衰减后点源分布图

经过河道的衰减和传输作用之后，COD 点源的分布（图 4-36）由原先的工厂附近排放 COD 变为现在的沿着河道集中分布 COD 的情况（图 4-37），表明污染物进入水体之后，伴随着水体的迁移运动、污染物的分散运动以及污染物的衰减转化运动，COD 污染物在水体中得到稀释和扩散，在降低污染物在新安江水体中质量浓度的同时，COD 的分布情况也发生了变化。

4.3.4.2　COD 农业源分布情况

农业源作为新安江流域最大的 COD 污染贡献源，几乎分布于整个流域（图 4-38），农业源分布与土地利用耕地分布特点比较一致，基本符合人口密集的区域农业活动相应密集的特点。污染比较严重的区域主要集中在休宁县、绩溪县和歙县，这些区域的耕地比例明显大于其他区域，林地比例相对较小，在农业生产过程中农药、化肥、农膜等不合理使用，作物秸秆和禽畜粪便等处理不当等，是引起农业 COD 污染严重的原因。而农业面源具有分布范围广、不确定性大、成分复杂、难控制的特点，因此，需引起足够的重视，采取切实可行的防治措施，控制污染势在必行。

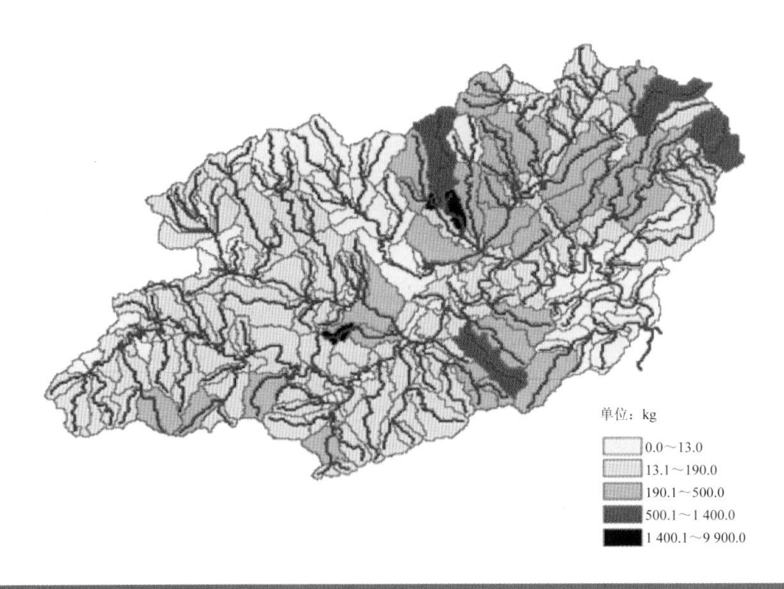

图 4-38 COD 本地农业源分布图

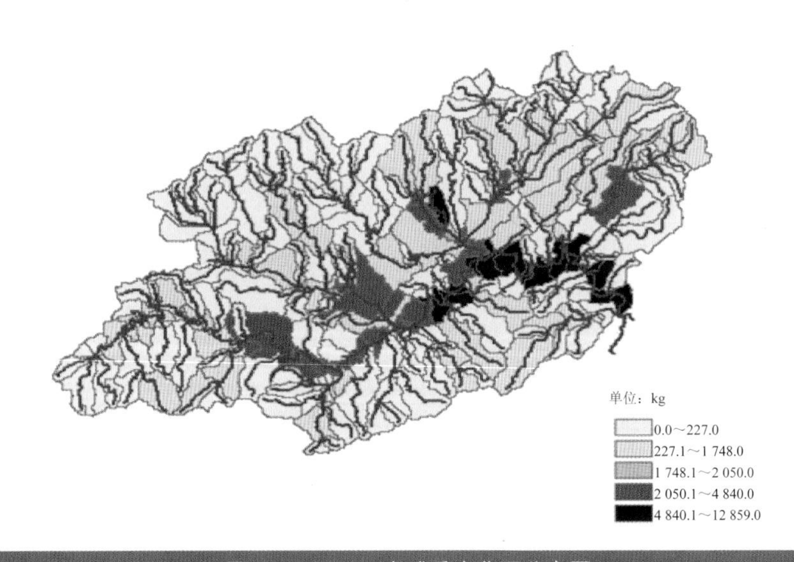

图 4-39 COD 衰减后农业源分布图

与土地利用耕地分布特点基本一致的 COD 本地农业源，经过水体的稀释和衰减传输作用之后，COD 农业源也呈现出沿新安江干流分布的情况（图 4-39）。针对 COD 农业源污染情况，需要提高城镇污水处理率、控制畜禽水产养殖总量、深化禽畜水产养殖污染防治。

4.3.4.3　COD 生活源分布情况

随着现代社会的迅速发展和城市规模的不断扩大，人们生活水平不断提高，城市污水水量在增大，而水质却逐年恶化，生活污水中的 COD、氨氮等污染物也日益增多，给水体造成了严重的污染，COD 生活源污染分布有比较明显的空间差异性（图 4-40）。人口密度最大，消费能力最高，建设用地最为密集的屯溪区是生活源贡献最大的区域。徽州区人口密度较其他区域大，普查数据中得到的生活源污染密度也比较大，因此该区生活源贡献也比较高。休宁县人口密度小，林地比例高，因此生活源贡献量相对较少，尤其是休宁县西部河流发源地区，地广人稀，人类活动造成的污染非常少。

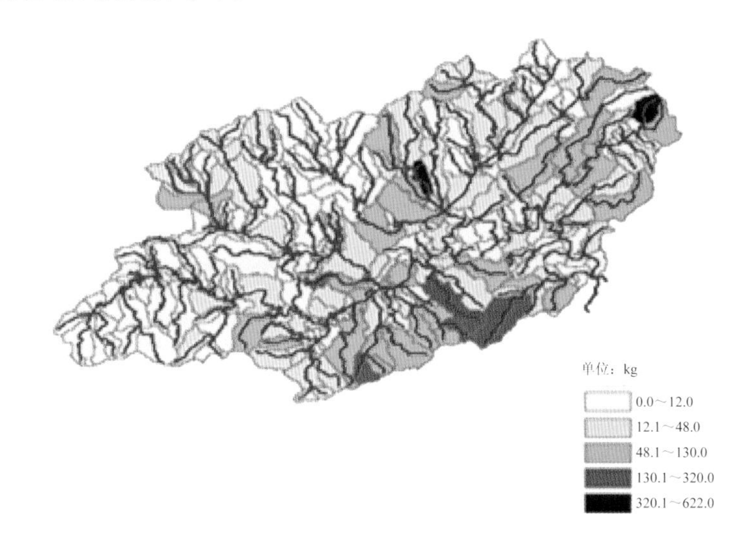

图 4-40　COD 本地生活源污染分布图

经过衰减作用之后的 COD 生活源分布（图 4-41），和上面的点源、农业源分布情况类似。因此，应该有针对性地控制那些 COD 污染严重的生活污水，争取从源头削减污染物。

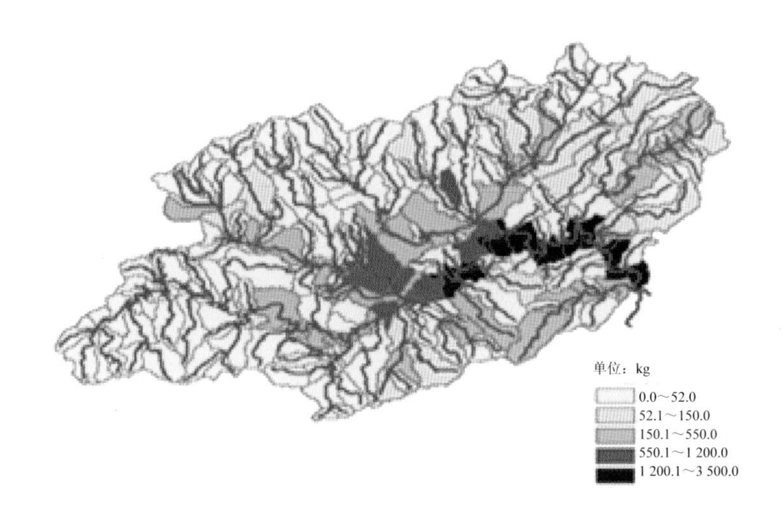

图 4-41 COD 衰减后生活源分布

4.3.4.4 COD 污染物分布情况

虽然前面分析了单独污染源对每个子流域的影响作用，但是最重要的是需要了解不同污染源对各子流域产生的综合作用，它们的叠加污染作用见图 4-42。

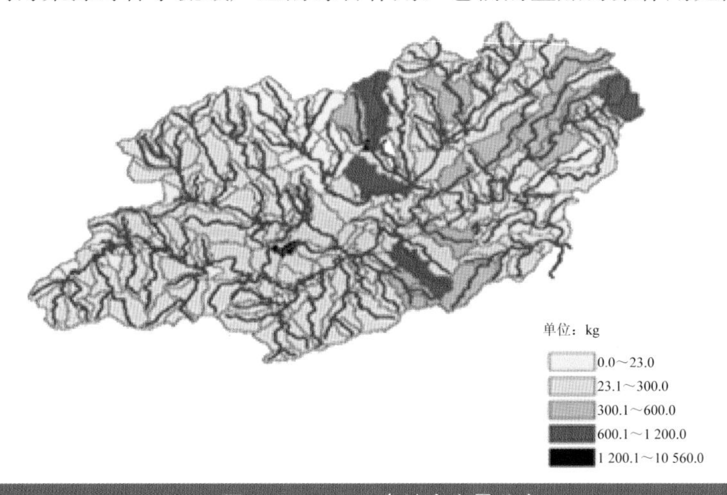

图 4-42 COD 本地产生量分布

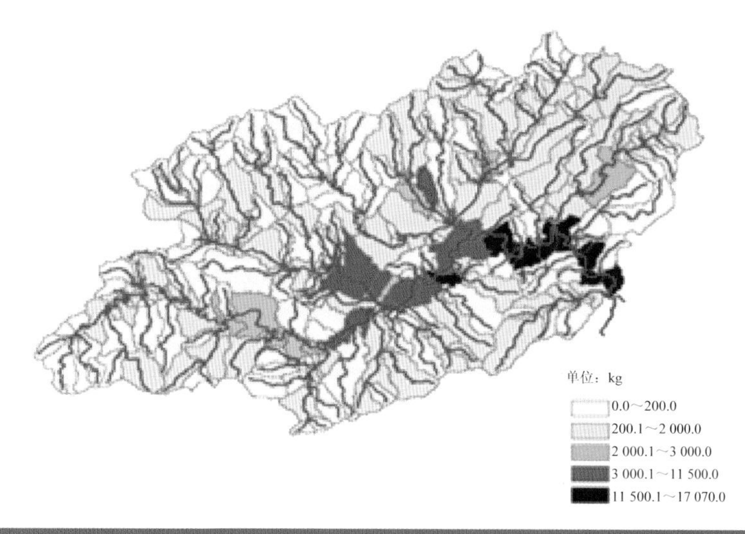

图 4-43 COD 衰减后产生量分布

从图中可以看出，休宁县西部、屯溪区、徽州区和黟县大部分地区 COD 总体污染物产生量较低，其他如绩溪县、歙县和休宁县大部分地区农业密集区污染产生量较大，是造成 COD 污染的主要来源。可见当地禽畜养殖和有机化肥的使用成为农业 COD 负荷高的主要原因。

COD 本地产生量，即点源、生活源和农业源三者叠加，经过衰减传输作用后，其分布情况与它们单一作用时衰减作用后分布情况基本一致（图 4-43）。综合各类污染源的污染情况，在防治水体污染的过程中，应着手从源头控制，即在各工厂企业废水排放口、生活污水和农业生产禽畜养殖等可能造成水体污染的源头进行监测控制，加强污染治理设施建设。

根据模拟结果，新安江流域 COD 污染主要污染源包括工业点源、农业源和生活源。各污染源比例为：工业点源∶农业源∶生活源=1.93%∶80.12%∶17.95%。根据子流域 COD 各污染源贡献比例分布图（图 4-44），新安江大部分流域 COD 污染主要来源于农业污染源，集中在歙县和休宁县；而生活污染源贡献比较大的地区集中在歙县、屯溪县和休宁县。

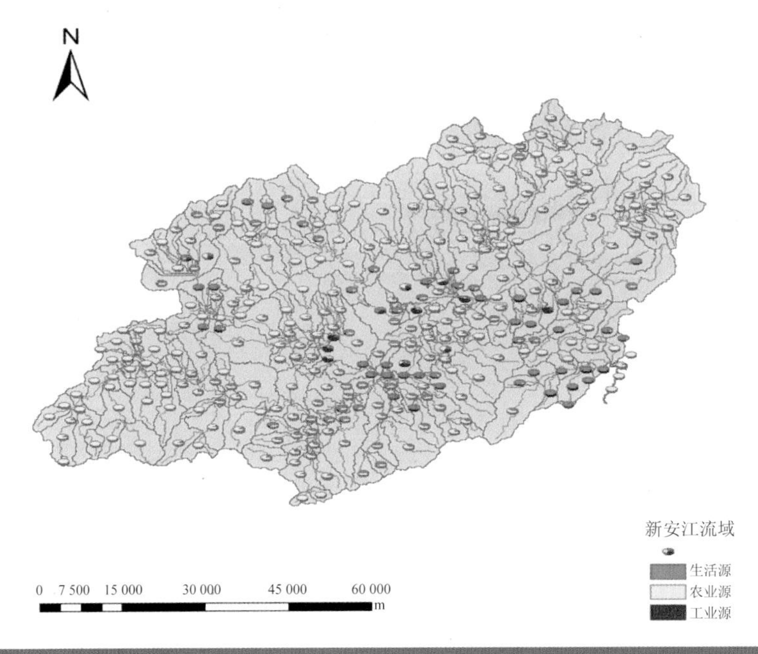

图 4-44 COD 污染源贡献比例

4.4 流域污染负荷来源精细化源解析

4.4.1 总氮污染溯源分析

在已有总氮污染源分析结果的基础上，对输入数据进行更加细致的处理，根据模型原理调试模型寻找更加合适的参数初值，改正现有河网中可能存在的问题，从而得到了更加精确的模拟结果。对监测值（监测浓度×流量）的自然对数与预测值（预测通量）的自然对数进行拟合，R^2 达到 0.96，均方根误差 0.26，与国外已有研究案例相比精度能够满足需求，但是由于模型的样本量偏少，为了避免出现错误估计，应用 Bootstrap 方法对模型结果进行了不确定性分析。Bootstrap 方法相较其他估计方法，不需要对未知分布做任何假设，通过对原始数据反复进行再抽样，将小样本问题转化为大样本问题，增加了结果的稳定性和可靠性。

表 4-3　新安江流域总氮模型参数预测及 Bootstrap 分析结果

模型参数	系数估计值	Bootstrap 系数平均值	90%置信下限	90%置信上限
点源/（量纲为一）	1.08	1.32	−1.03	3.68
农业源/（量纲为一）	0.81	0.85	0.34	1.35
生活源/（量纲为一）	1.01	0.96	0.24	1.69
河网密度/（km/km^2）	−0.39	−0.35	−0.90	0.21
坡度/（°）	0.008	0.009	−0.008	0.03
降雨量/m	0.41	0.43	0.10	0.77
河流一级衰减（Q<100 ft^3/s）/d^{-1}	0.24	0.28	−0.14	0.70
河流二级衰减（Q≥100 ft^3/s）/d^{-1}	0.15	0.17	−0.08	0.41

注：$1ft^3=0.028\,3\ m^3$。

从表 4-3 的分析结果可以看出，参数估计值均在置信区间之内，因此认为模型结果可信。新安江河流总氮质量浓度以及污染源空间分布结果与已有结论差异不大，在此不进行赘述，研究主要针对跨省界监测断面——街口断面的污染物来源进行分析和研究。

借鉴美国墨西哥湾总氮污染来源的研究，结果表明不只墨西哥湾所在流域产生污染，千里之外的密西西比河上游流域对墨西哥湾的总氮污染也有显著贡献。而街口断面作为补偿试点的目标断面，也是代表千岛湖主要来水水质的断面之一，对其进行有效的污染控制具有十分重要的意义。因此本书以街口断面作为目标断面，追溯其上游各子流域的污染贡献量，发现由于各子流域相对街口断面的距离不等，污染物经过不同程度的土水传输及河流的衰减作用后，到达街口断面的污染量占各子流域污染产生量的比例也不尽相同（图 4-45），其基本符合距离目标断面越远污染物传输比例越小的分布特点。

与流域整体总氮污染源构成比例（点源∶农业源∶生活源=1.95%∶62.63%∶35.42%）不同，受传输及衰减作用影响，到达街口断面的污染源比例发生变化（点源∶农业源∶生活源=7.41%∶57.52%∶35.07%），特别是点源贡献量明显增大。从图 4-46 中可以看出，点源最大贡献比例为 2.88%，来自歙县工厂较为集中的子流域。虽然新安江流域内点源分布很少，但是由于位置集中、排放量大且空间上与街口断面距离较近，因此可能会对跨界水质造成严重影响，需进行必要的治理。

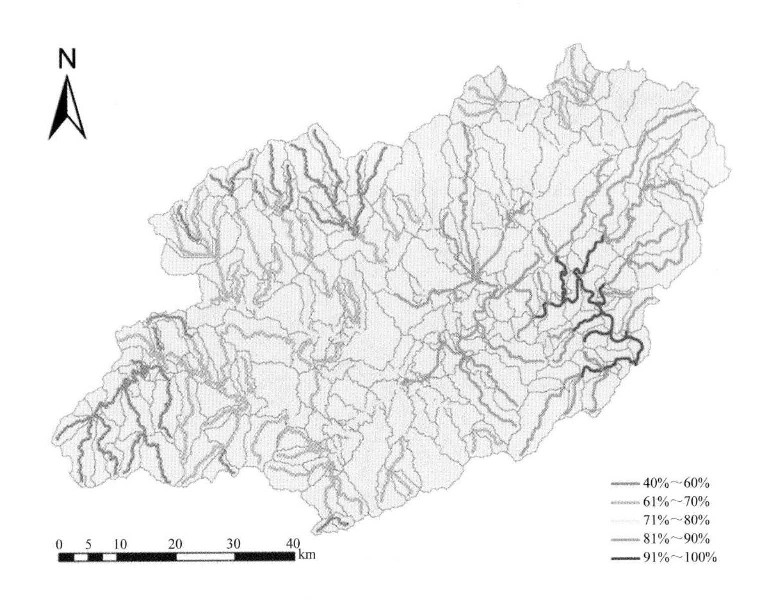

图 4-45 各子流域传输至街口断面的总氮污染量占本地产生量的比例

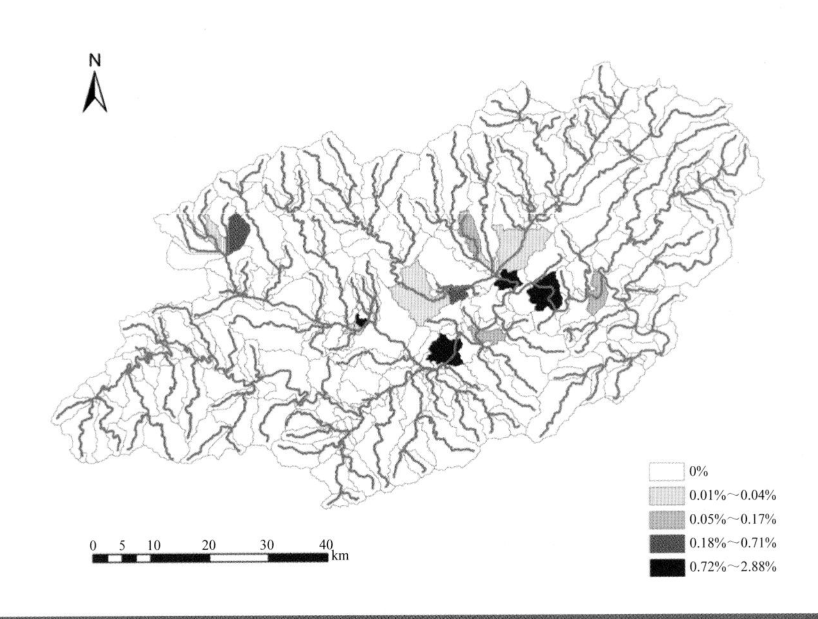

图 4-46 上游各子流域点源对街口断面总氮污染总量的贡献比例

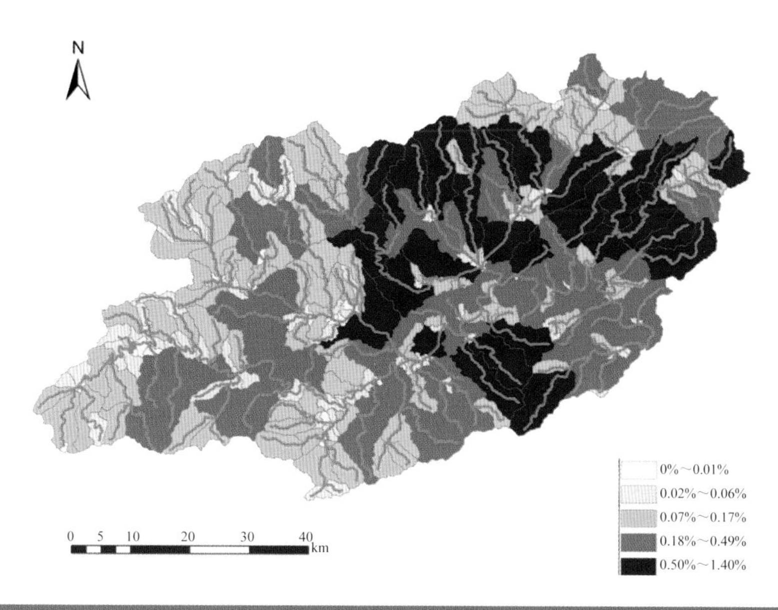

图 4-47　上游各子流域农业源对街口断面总氮污染总量的贡献比例

流域内耕地分布较为分散，因此几乎上游所有子流域的农业源污染都对街口断面有一定贡献（图 4-47），从 0.01%到 1.40%不等，距离街口断面较近且施肥量较大的歙县、屯溪区、徽州区农业污染贡献比例相对高于其他区县。虽然各子流域的农业污染占街口断面的总污染量比例不高，但是由于子流域数量众多，总污染量仍然很大。鉴于农业污染源量大、空间分散的特点，治理上具有较大难度，需要在整个流域内针对农业行为采取有效措施，如加强施肥管理、改进化肥组分、优化耕作方式等。

生活源污染贡献情况与农业源相似（图 4-48），有位置分散、总污染量大的特点，其中屯溪区所在子流域的生活污染贡献量对街口断面影响最大，贡献比例达到 1.75%，说明生活源的治理仍需以人口密集、污染排放量大的较发达区县作为重点。但同时其他区县也有 0.01%～0.80%的贡献比例，因此需要在治理重点区县的基础上，整体进一步加大城市和农村生活污水的治理力度，只有这样才能有效削减生活源污染对跨界水质的影响。

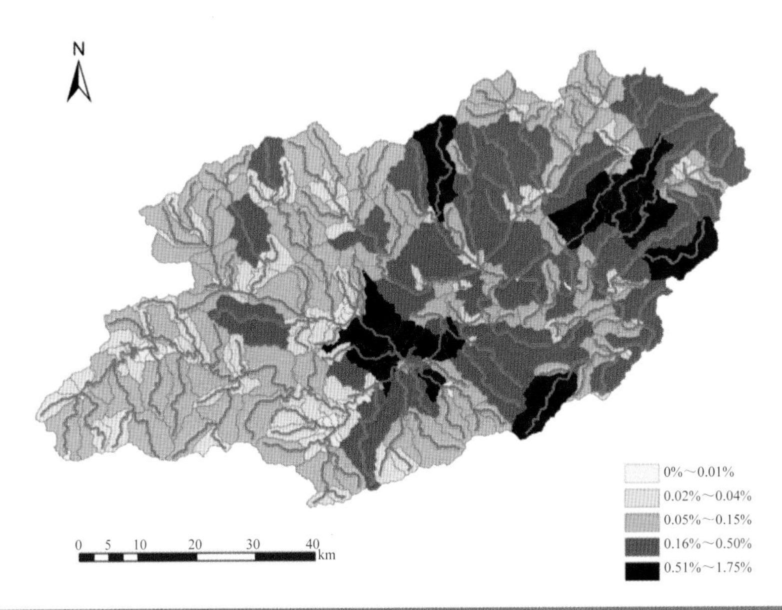

图 4-48 上游各子流域生活源对街口断面总氮污染总量的贡献比例

4.4.2 TP 污染溯源分析

对 TP 污染情况进行更加细致的模拟以及不确定性分析（Bootstrap 抽样分析），结果如表 4-4 所示。模拟精度与总氮相比略低，对监测值（监测浓度×流量）的自然对数与预测值（预测通量）的自然对数进行拟合，R^2 达到 0.96，均方根误差 0.43，能够满足分析要求。依据模型原理将街口断面设置为目标节点，追溯其上游各子流域不同污染源对目标断面的污染贡献量，定量分析 TP 污染物来源的空间分布。

表 4-4 新安江流域 TP 模型参数预测及 Bootstrap 分析结果

模型参数	系数估计值	Bootstrap 系数平均值	90%置信下限	90%置信上限
点源（量纲为一）	0.89	3.68	12.61	−5.25
农业源（量纲为一）	0.32	0.33	0.51	0.16
生活源（量纲为一）	0.94	0.98	1.59	0.37
河网密度/（km/km^2）	−0.000 6	−0.000 5	0.000 4	−0.001 4
坡度/（°）	−0.01	−0.01	0.02	−0.03
河流一级衰减（Q<100 ft^3/s）/d^{-1}	0.67	0.88	2.17	−0.41
河流二级衰减（Q≥100 ft^3/s）/d^{-1}	0.37	0.39	0.85	−0.08

注：1ft^3=0.028 3 m^3。

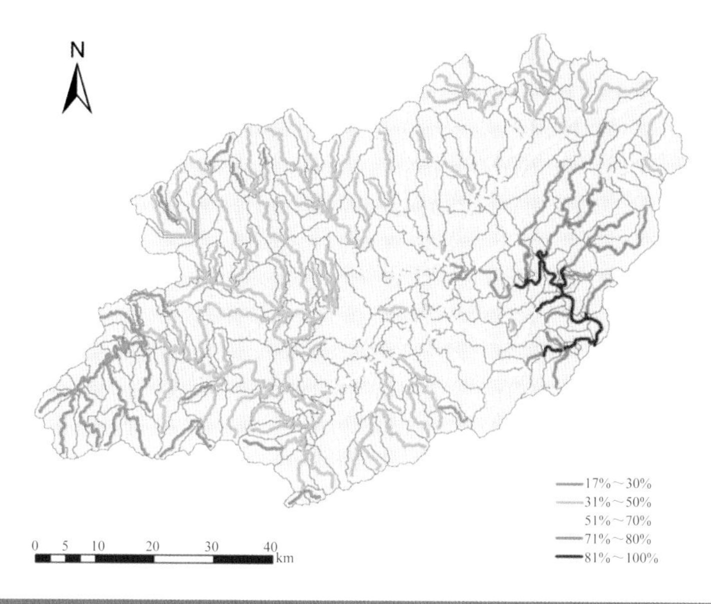

图 4-49　各子流域传输至街口断面的 TP 污染量占本地产生量的比例

各子流域排放到街口断面的TP污染物也呈现距离越远污染物贡献比例越小的特点，如图 4-49 所示。贡献比例从 17%到 100%不等，距离街口断面最远的休宁县地区贡献比例最小，而街口附近的子流域产生的污染物几乎全部到达监测断面。

与总氮的点源污染略有不同，TP 点源污染只来源于污水处理厂，一般的化工企业没有 TP 污染排放数据，并且只有人口密集、经济较发达的屯溪区和徽州区有 TP 点源贡献量（图 4-50）。尽管污水处理厂个数较少，但是排放总量比较大，其中排放量最大的污水处理厂对街口断面有 1.45%的 TP 贡献率。污水处理厂排放量大、距离街口断面近，污染仍不容小觑。需加强对污水处理厂的进出水水质的监测，并在严格监控、监管和监测的基础上，对污水处理厂出现超标排放的情况严加管理。

农业源 TP 污染与总氮相似，几乎每个子流域都有不同比例的贡献（图 4-51），数量众多、污染总量大，是新安江流域内 TP 污染的主要来源。污染集中区域主要沿屯溪区、徽州区和歙县分布，人口密集、耕地密集的区域农业源贡献量相对较大。面源污染治理难度较大，需从化肥成分、施肥方法、肥料用量等各个方面进行管理和控制，尽管可能存在耗时长、收效不明显等问题，但仍需给予足够重视。

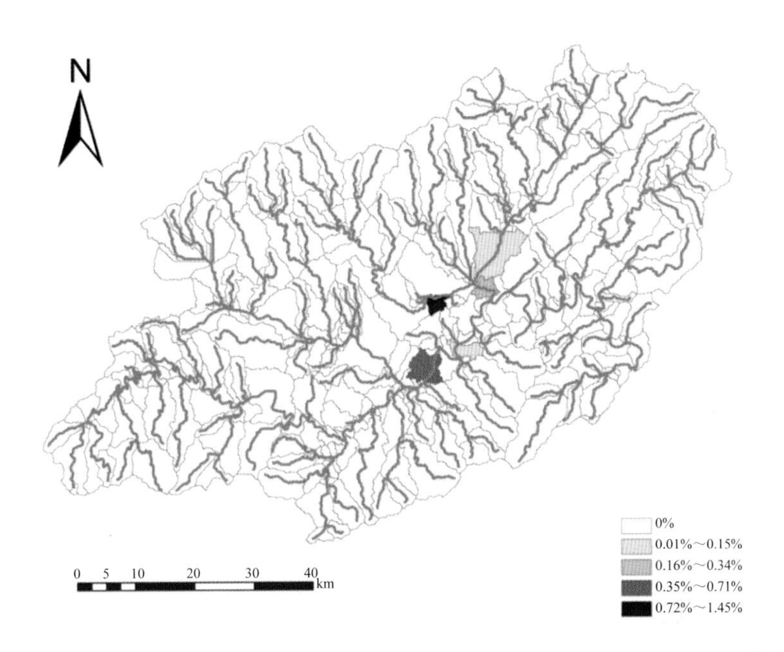

图 4-50 上游各子流域点源对街口断面 TP 污染总量的贡献比例

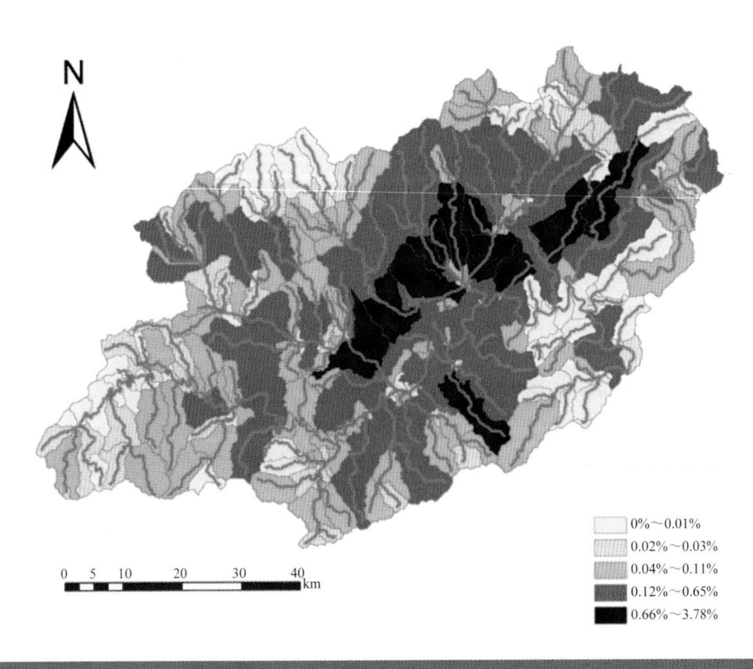

图 4-51 上游各子流域农业源对街口断面 TP 污染总量的贡献比例

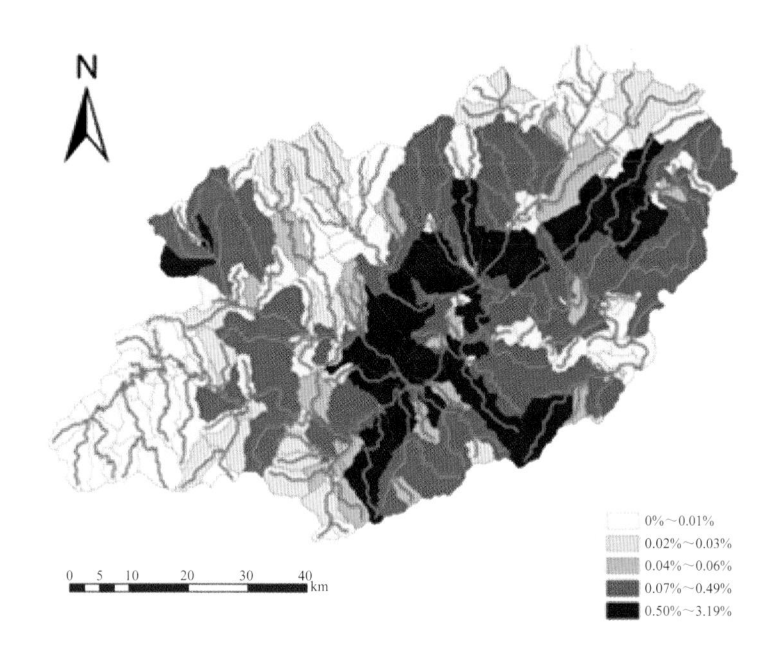

图 4-52　上游各子流域生活源对街口断面 TP 污染总量的贡献比例

TP 生活源污染空间位置分散且数量众多（图 4-52），人口密集的区域贡献量显著，尤其是屯溪区及其周边区域，生活源污染对街口断面有很大影响，需加强治理，如加建污水处理厂、推广无磷洗衣粉、减少农村生活污水直排入河等，从而减少进入目标断面的 TP 污染。

4.4.3　COD 污染溯源分析

在 SPARROW 模型中，由于土地利用类型、土壤渗透性、温度、传输速度等因素的不同，COD 污染物通过不同程度的衰减作用后，到达目标河段的 COD 污染量占原本各个子流域污染产生量的比例自然也就不同。同理，在新安江流域中，各子流域到街口断面的距离不等，污染物经过不同程度的水土流失、地表径流及河流和湖库的衰减作用到达街口断面的污染量占各子流域污染产生量的比例也不尽相同，从图 4-53 中可以看出，离目标断面越近，污染物传输比例就越大，在街口附近其比例接近 100%。

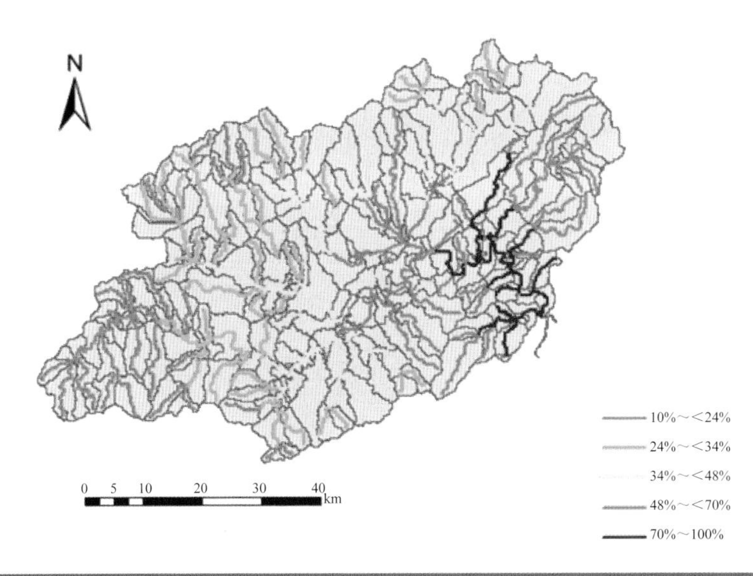

图 4-53 新安江各河段 COD 传输比例

图 4-54 表示各河段对街口的 COD 贡献量。污染严重的地区包括歙县、屯溪县，对于这些严重地区，需要采取行之有效的措施，结合现代化技术手段控制污染，尤其是面源污染。

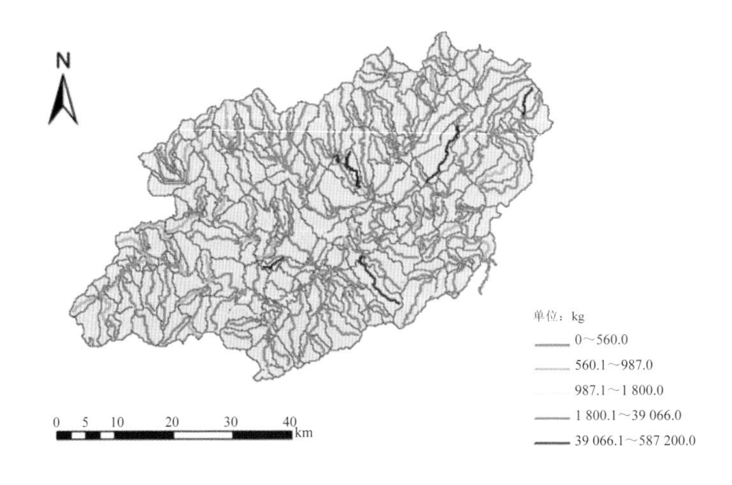

图 4-54 各河段对街口的 COD 贡献量

4.5　新安江生态补偿效果评估

应用 SPARROW 模型技术，通过分析补偿措施实施前后新安江流域面源污染物和水质污染物（总氮、TP、COD）的通量，污染源分布及组成比例变化，了解污染变化的趋势，综合评价新安江跨省生态补偿项目对流域水环境状态的影响。

4.5.1　新安江流域总氮污染负荷解析及比较

4.5.1.1　SPARROW 模型总氮模拟结果

利用 2010 年和 2014 年的总氮监测数据分别建立模型，2010 年的总氮模拟结果 R^2 达到 0.96（图 4-55），2014 年的总氮模拟结果 R^2 达到 0.93（图 4-56），解析结果可信度高。

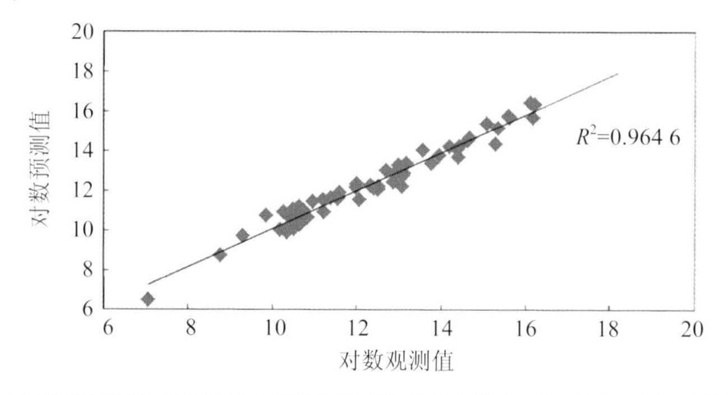

图 4-55　2010 年总氮模拟结果

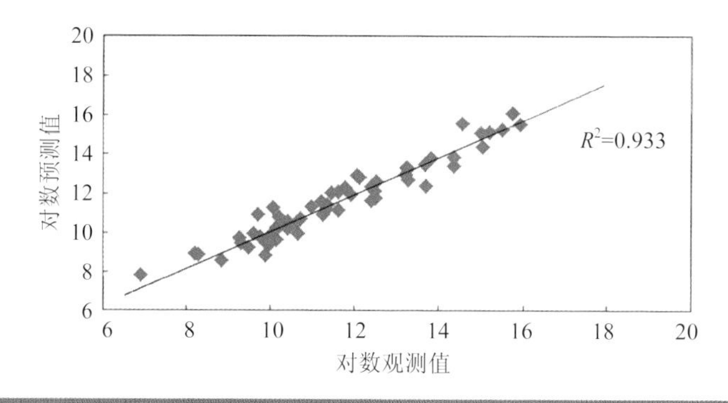

图 4-56　2014 年总氮模拟结果

4.5.1.2 总氮污染源构成比例及输出系数变化量

根据模型输出结果，分别比较两年的污染源构成比例（图 4-57）发现，点源贡献比例明显减少，耕地及茶园贡献比例下降，林地贡献比例略有增加，生活源（人口）污染贡献比例显著增加。点源、耕地、林地、茶园总氮贡献量分别减少 1 274.64 t、1 788.31 t、17.43 t、1 258.02 t；生活源增加了 471.18 t。

（a）2010 年

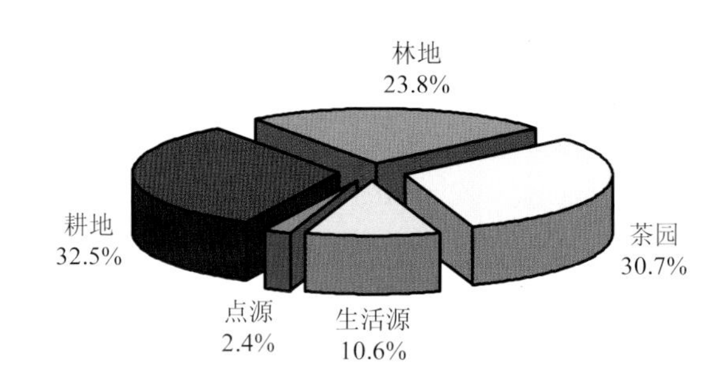

（b）2014 年

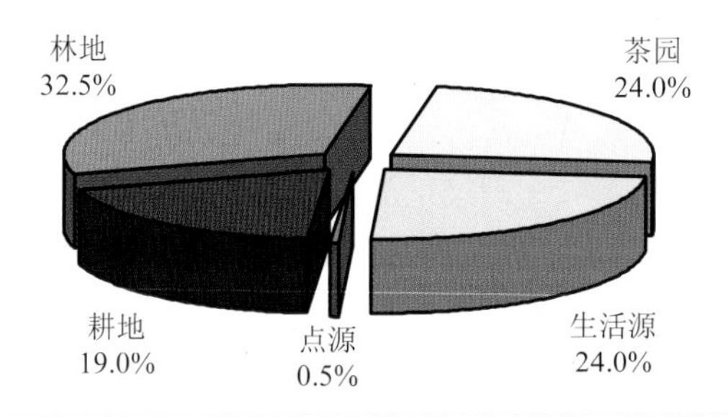

图 4-57　2010 年和 2014 年新安江流域总氮污染负荷源解析

各种土地利用类型的面源污染输出系数是建立模型的重要参数，科学估算面源污染输出系数对于准确估算污染输出负荷并进行有效控制具有十分重要的意义。考虑到污染源输出系数与当年的径流量显著相关，因此利用 2010 年模拟得到的输出系数除以当年的径流量，得到单位径流量的污染物输出量，再乘以 2014 年的年均径流量得到不采取减排措施情况下的输出系数，分别为耕地 41.9 kg/（hm^2·a），林地 3.25 kg/（hm^2·a），茶园 38.7 kg/（hm^2·a），生活源 0.9 kg/（人·a）。实际模拟得到的 2014 年输出系数为耕地 11.8 kg/（hm^2·a），林地 2.6 kg/（hm^2·a），茶园 14.8 kg/（hm^2·a），生活源 0.9kg/（人·a）（图 4-58）。结果表明，实施补偿措施后，耕地和茶园的输出系数显著下降，林地的输出系数略有下降，生活源输出系数保持不变。

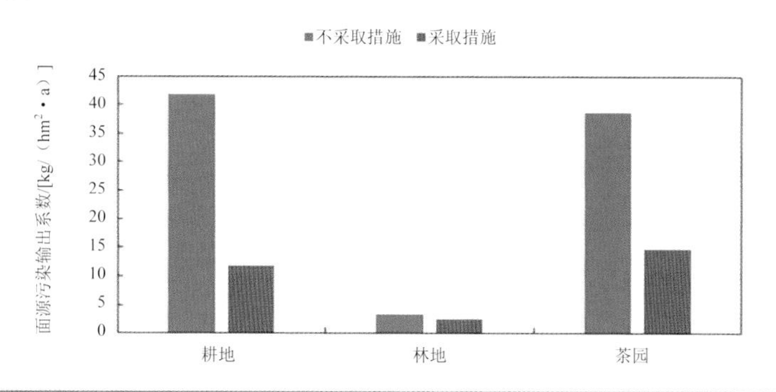

图 4-58　采取措施前后耕地、林地和茶园总氮输出系数变化

4.5.1.3　新安江流域不同污染源总氮贡献变化量

点源污染贡献比例的显著减少（图 4-59）与相关企业被关停取缔有关。新安江流域实施补偿措施以来，黄山市 172 家产生污染的工厂被关停，涉及纺织、印染、化工、食品加工等各个领域，因此流域内的点源污染分布变化显著。根据 2014 年的统计数据，现仅有 7 个污水处理厂作为点源对总氮有贡献，相较 2010 年点源贡献量下降了 98.4%，对目标流域贡献比例下降了 1.9%。

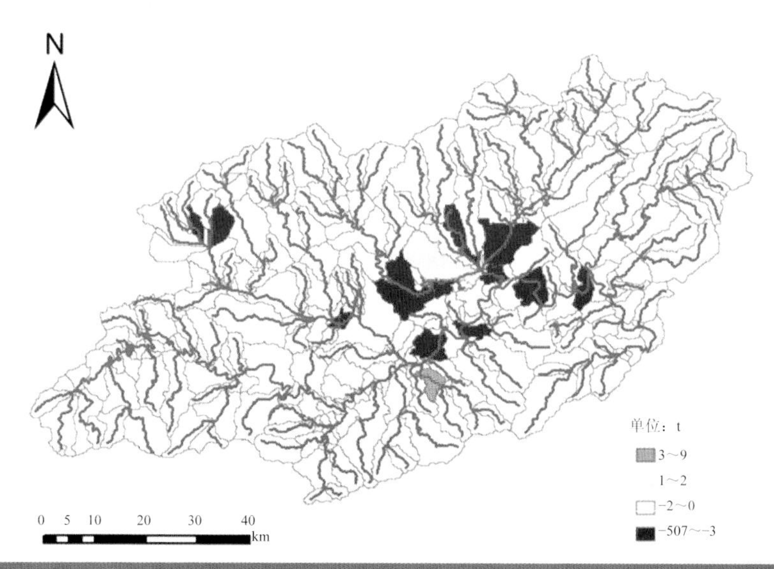

图 4-59　补偿措施实施后新安江流域总氮点源污染负荷输出变化图

面源污染中，采取补偿措施后新安江流域总氮耕地污染负荷输出变化量如图4-60所示。从图中可以看出，各子流域的耕地总氮排放量整体呈现下降趋势，不同子流域减少量略有不同，其中休宁县东北部、歙县西北部、祁门县和屯溪区等区域的排放量有明显减少。考虑耕地包括旱地及水田，除农作物耕种的施肥管理外，还包括畜禽养殖变化量。实施补偿措施以来，大量资金投入到畜禽养殖排放管理方面，污染排放得到有效的治理及控制，贡献比例及贡献量均有显著变化。

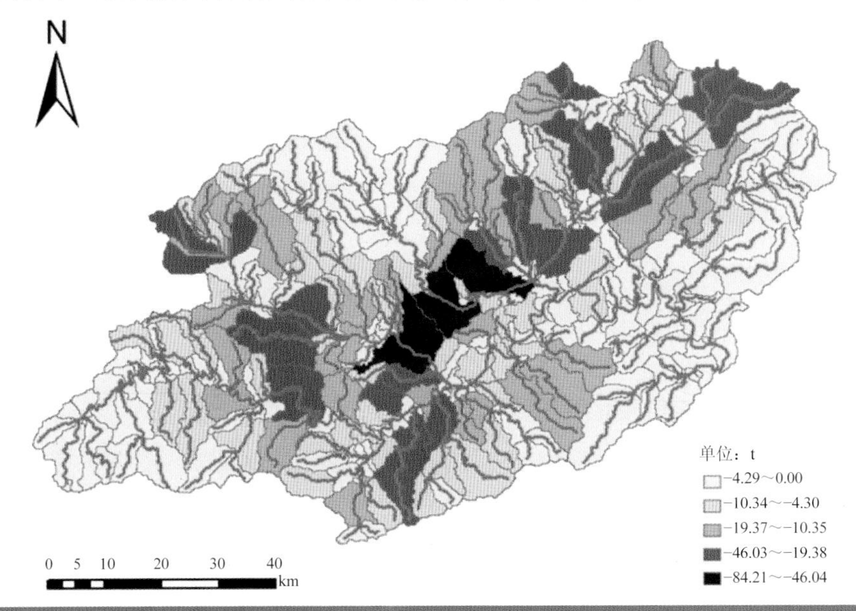

图 4-60 补偿措施实施后新安江流域总氮耕地污染负荷输出变化图

面源污染中，采取补偿措施后新安江流域总氮林地污染负荷输出变化量如图4-61所示。林地包括有林地及灌木林，由于不涉及经济林，因此认为输出的氮几乎全部来自大气沉降及沉积物的雨水冲刷作用，可以认为是新安江流域的总氮排放背景值。实施补偿措施以来，工厂大量关停，农业及畜禽养殖排放量也得到一定控制，因此进入大气中的氮量进一步减少，2014年的林地输出系数较2010年略低。但是由于输出量同时受到土水传输参数的影响，而不同年份传输参数的系数模拟结果不同，因此随各子流域的坡度不同，林地输出量的变化也不同，自西向东呈现增加趋势。

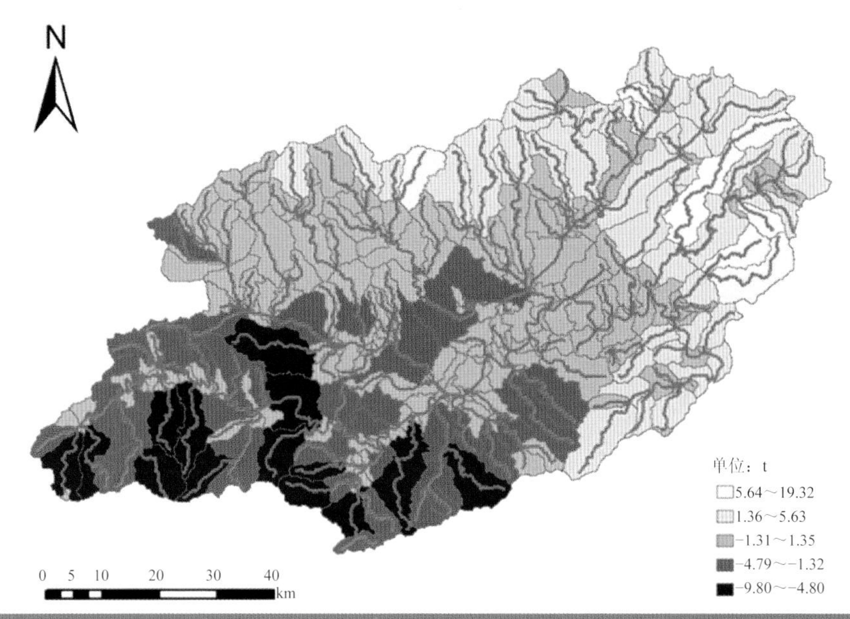

图 4-61　补偿措施实施后新安江流域总氮林地污染负荷输出变化图

面源污染中，采取补偿措施后新安江流域总氮茶园污染负荷输出变化量如图 4-62 所示。茶叶是新安江流域最具代表性的农作物，茶园广泛分布于各个子流域中，因此将茶园与一般耕地、林地区分，单独进行分析。结果发现，茶园贡献量约占新安江流域总氮污染量的 30%，是非常重要的污染源之一。经过几年的生态化种植探索，对施肥种类和施肥量进行了较好的控制，该土地利用类型的输出系数有一定降低，流域内茶园的总氮输出量总体呈下降趋势。由于各子流域内茶园面积的不同，总氮减少量也不尽相同，其中歙县变化量大于其他区县。

面源污染中，采取补偿措施后新安江流域总氮生活源污染负荷输出变化量如图 4-63 所示。流域内的生活源污染量以人口数量乘以单位人口排放量计算得到，两次模拟的单位人口输出系数相差不大，根据其他系数变化情况分析发现流域内生活源污染排放量有较大幅度增加，仅个别子流域有减少趋势；可能由于目前生活源的相关治理措施尚未体现明显效果，需要在今后的监测过程中进一步观察分析。

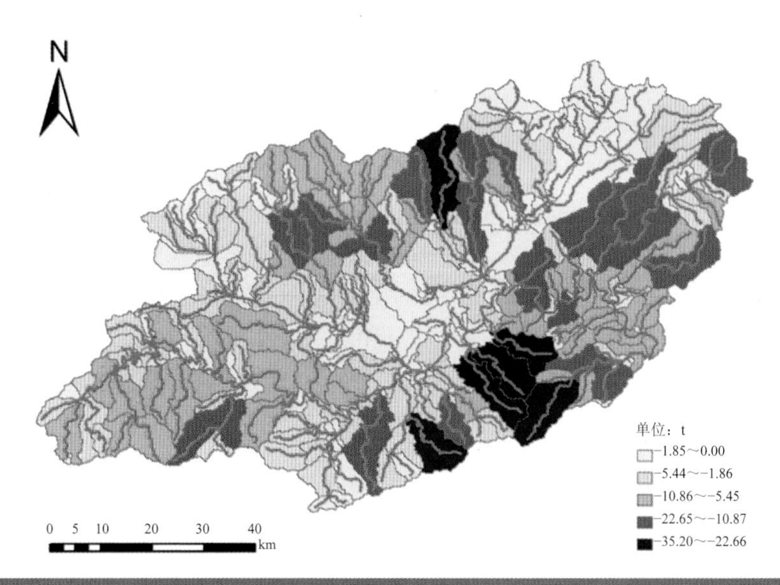

图 4-62 补偿措施实施后新安江流域总氮茶园污染负荷输出变化图

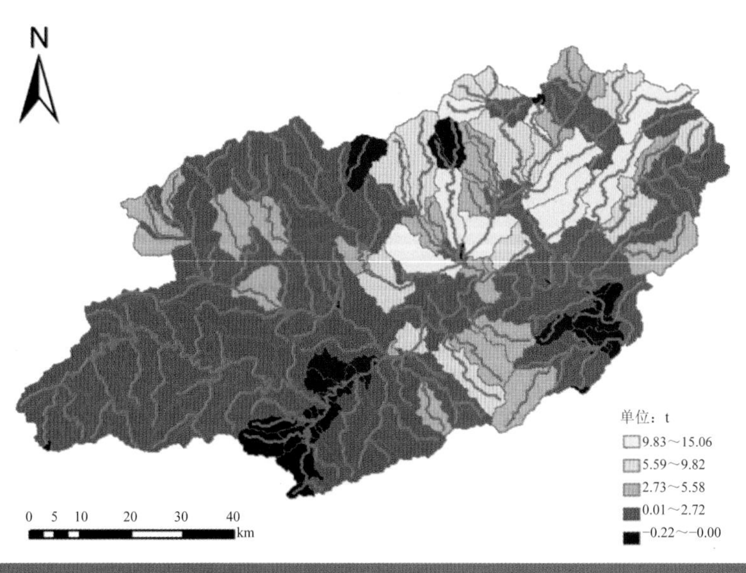

图 4-63 补偿措施实施后新安江流域总氮生活源污染负荷输出变化图

新安江流域经过几年的污染专项治理，流域内的总氮排放量整体呈现下降趋势，如图 4-64 所示，仅绩溪和歙县个别子流域有所例外，不排除因数据缺失等原因造成的模拟误差。耕地和茶园所占比例较大的子流域相较其他区域减少量更为显著，体现出一定的治理效果。

新安江流域内总氮质量浓度呈现明显好转，90%以上的河段总氮质量浓度有所降低，如图 4-65 所示，大部分河段可达Ⅲ类水质标准，为下游千岛湖水库的调水质量提供了保障。

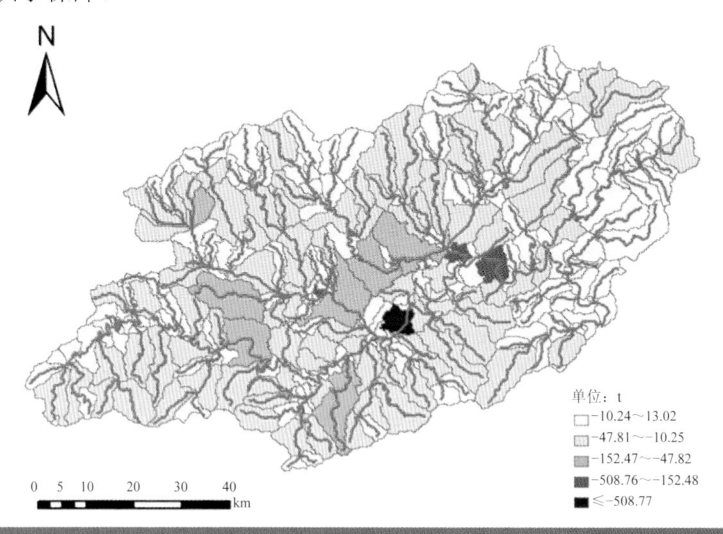

图 4-64　补偿措施实施后新安江流域总氮污染负荷输出变化图

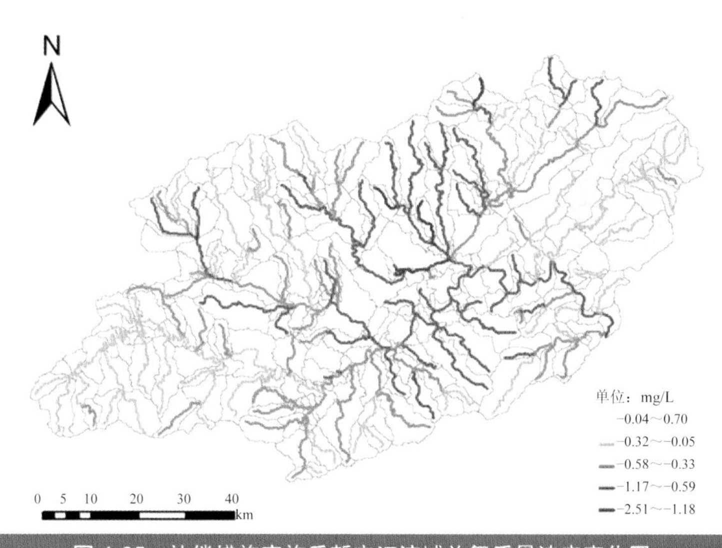

图 4-65　补偿措施实施后新安江流域总氮质量浓度变化图

4.5.2 新安江流域 TP 污染负荷解析及比较

4.5.2.1 SPARROW 模型 TP 模拟结果

利用 2010 年和 2014 年的 TP 监测数据分别建立模型，2010 年的模拟结果 R^2 达到 0.93（图 4-66），2014 年的模拟结果 R^2 达到 0.92（图 4-67）。

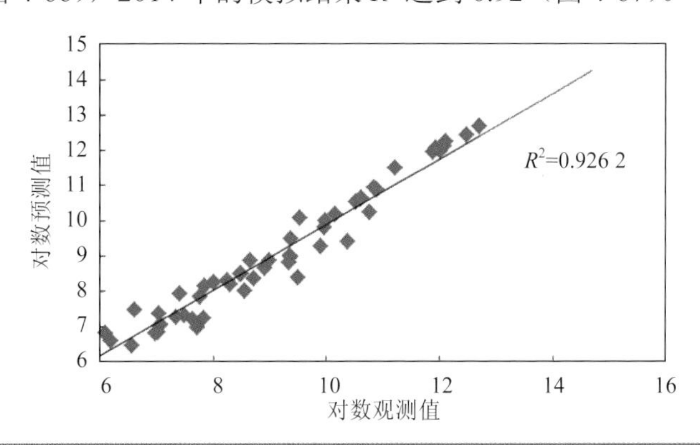

图 4-66 2010 年 TP 模拟结果

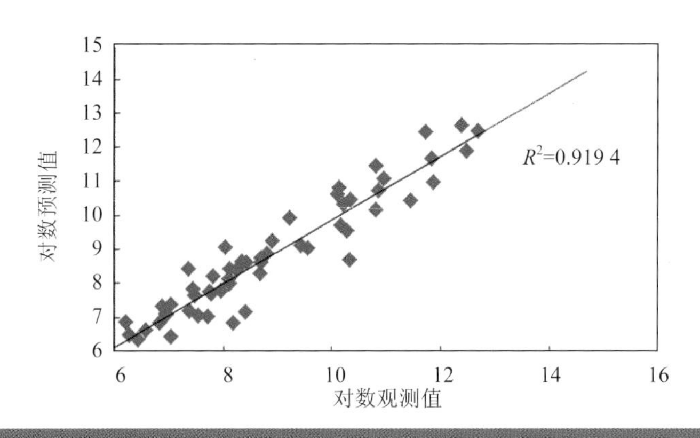

图 4-67 2014 年 TP 模拟结果

4.5.2.2 TP 污染源构成比例及输出系数变化量

新安江流域的 TP 模拟同样选择点源、耕地、林地、茶园作为污染源，由于人口数据经过模拟后发现结果并不理想，因此最终确定以城镇用地面积代替人口表示生活源排放量。

分别比较两年的污染源构成比例（图 4-68）发现，点源贡献占流域内的 TP 污染比例不高，补偿措施实施后几乎无明显贡献。此外，相较 2010 年，2014 年点源、农业源、茶园、生活源 TP 贡献量分别减少 120.49 t、45.73 t、3.25 t、188.54 t；林地 TP 贡献量增加了 0.41 t。

计算面源污染时，与 TN 污染负荷计算一样，考虑到当年径流量对输出系数的影响，经过处理后计算得到（图 4-69），若不采取减排措施 2014 年输出系数分别为耕地 0.7 kg/（hm^2·a），林地 0.2 kg/（hm^2·a），茶园 0.05 kg/（hm^2·a），城镇用地 12.9 kg/（hm^2·a）。实际模拟得到的 2014 年输出系数为耕地 0.4 kg/（hm^2·a），林地 0.2 kg/（hm^2·a），茶园 0 kg/（hm^2·a），城镇用地 9.8 kg/（hm^2·a）。结果发现 2014 年耕地、茶园及城镇用地的 TP 输出系数减小，林地输出无显著变化，考虑其他土水传输参数及河流衰减系数的影响，最终造成污染源构成比例发生一定的变化。

（a）2010 年

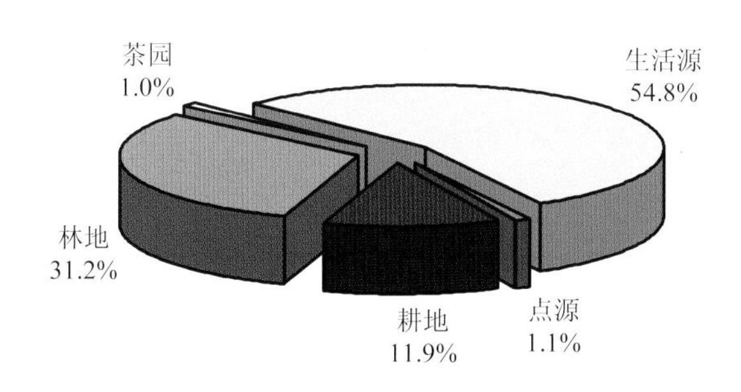

（b）2014 年

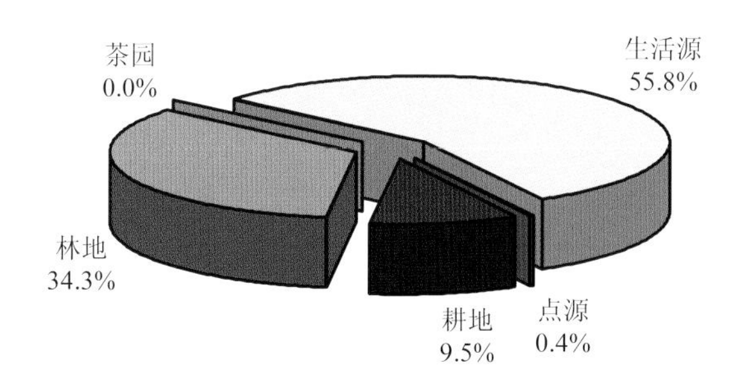

图 4-68　2010 年和 2014 年新安江流域 TP 污染负荷源解析

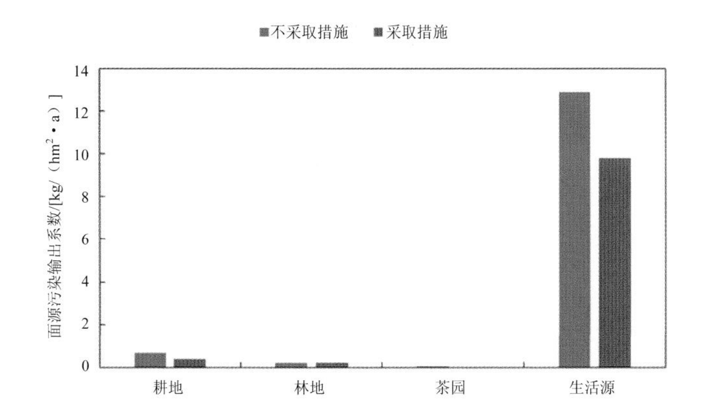

图 4-69 采取措施前后耕地、林地、茶园和生活源（城镇用地）TP 输出系数变化

4.5.2.3 新安江流域不同污染源 TP 贡献变化量

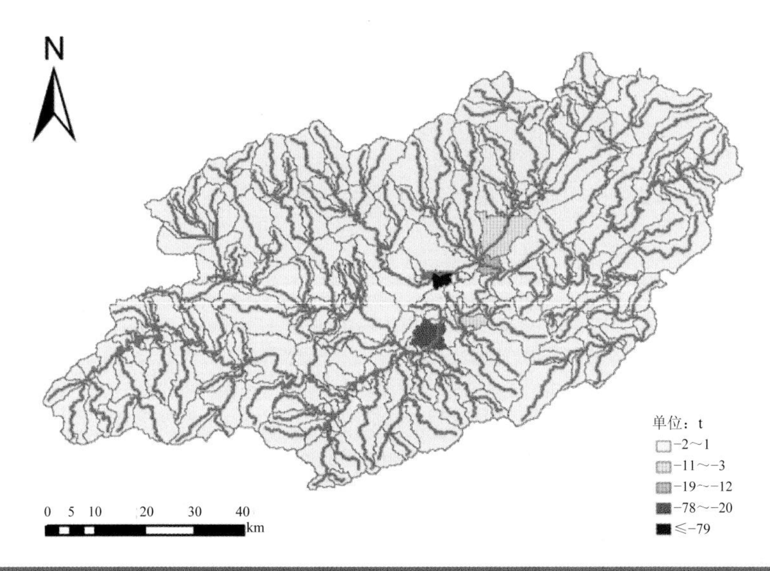

图 4-70 补偿措施实施后新安江流域 TP 点源污染负荷变化图

新安江流域 TP 点源污染贡献量空间变化情况如图 4-70 所示。新安江流域内的工厂得到关停和治理，污水处理厂投资增加，治理技术得到革新，因此目前流域内的点源分布仅集中于 7 家污水处理厂附近，其他地区的点源污染已经得到明显控制，点源污染贡献比例从 2%下降到了 0.4%。

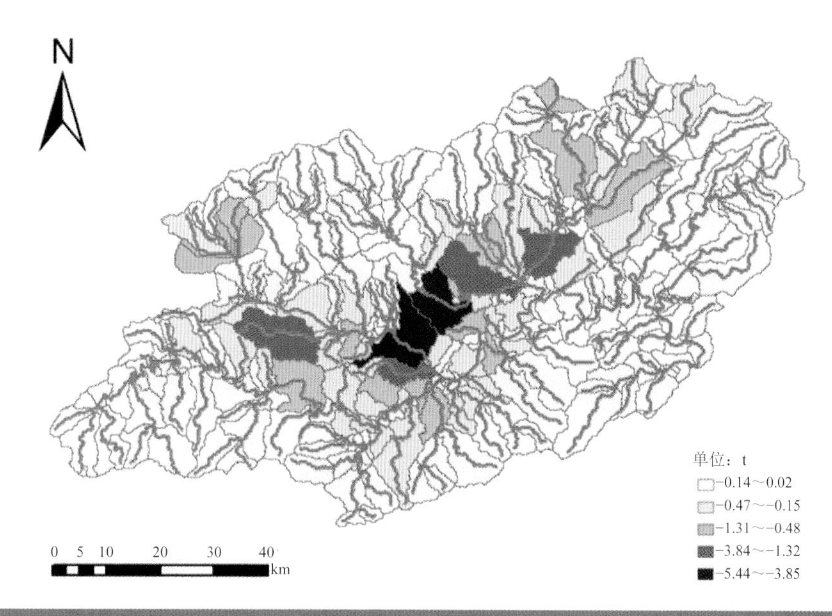

图 4-71　补偿措施实施后新安江流域 TP 耕地污染负荷输出变化图

新安江流域各子流域的 TP 耕地污染负荷输出变化量如图 4-71 所示。从图中可以看出，各子流域的耕地 TP 排放量整体呈现下降趋势，尤其沿着干流方向减少量逐渐增加，其中休宁县东北部、歙县西北部和屯溪区等区域的耕地 TP 排放量较其他地区有明显减少。虽然流域内的营养盐治理重点目前集中在 TN 治理方面，但是通过对畜禽养殖业的集中管理同时有效控制了 TP 的排放，收到了比较好的治理效果，进入河流的 TP 污染物有所减少。

新安江流域各子流域的 TP 林地污染负荷输出变化量如图 4-72 所示。来自林地的 TP 由于只考虑有林地与灌木林的排放量，因此同 TN 一样，认为输出的磷全部来自大气沉降及森林中沉积物的冲刷作用。大气降尘是天然水体磷的主要来源之一。目前国内大多数城市的大气降尘量相当可观，内蒙古草原上的呼伦湖每年大气沉降带来的总磷为 86.2kg/km^2 湖面积。而目前我国城市中的降尘量通常远远大于呼伦湖的降尘量，对很多湖泊来说，呼伦湖的降尘量将使总磷浓度增加约亿分之三，足以使湖泊处于富营养化状态。新安江流域森林覆盖率高，空气质量较工业发达、污染严重的城市好很多，无论干、湿沉降量都不是很大，但尽管如此，仍然可以实施一些大气降尘的措施，包括工业除尘，保持城市街道清洁卫生，做好地面绿化工作等。我国近年来城市大气环境有了很大改善，但是距离发达国家的空气质量还有一定距离，因此，降低流域大气降尘量，是预防河流湖泊富营养化的重要方面之一。实施补偿措施以来，林地输出系数并没有明显变化，随着其他污染源排放量的减少，沉降作用逐渐凸显，需要在今后的管理中加强治理。

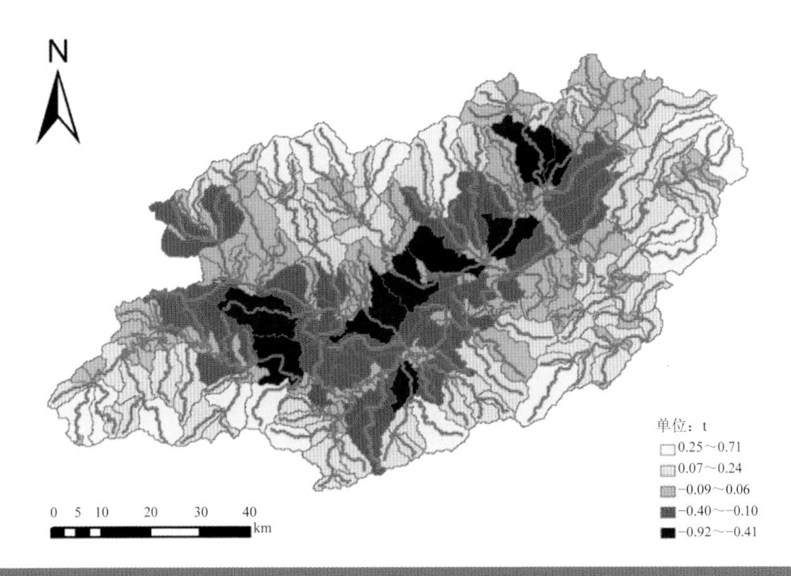

图 4-72 补偿措施实施后新安江流域 TP 林地污染负荷变化图

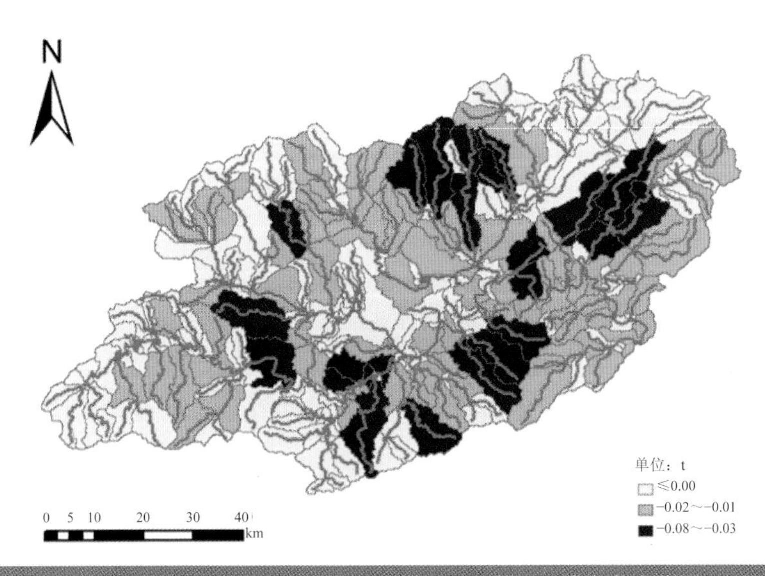

图 4-73 补偿措施实施后新安江流域 TP 茶园污染负荷变化图

新安江流域各子流域的 TP 茶园污染负荷输出变化量如图 4-73 所示。茶园虽然是 TN 污染的重要来源之一，但是在 TP 污染分析过程中发现，茶园贡献量并不十分显著，可能与施肥种类、所处位置和植物特性等多种因素有关，2010 年有 1% 的 TP 贡献，2014 年未能得到有效结果，几乎认为无贡献量。流域内的 TP 生活源污染量以单位面积的城镇用地排放量计算得到，2010 年的城镇用地输出系数大于 2014 年的输出系数，城镇用地较为集中的屯溪区等地 TP 排放减少量较其他地区更为明显，可以认为治理农村面源污染的投资收到一些效果，流域内的生活源 TP 污染排放量有一定程度的减少。

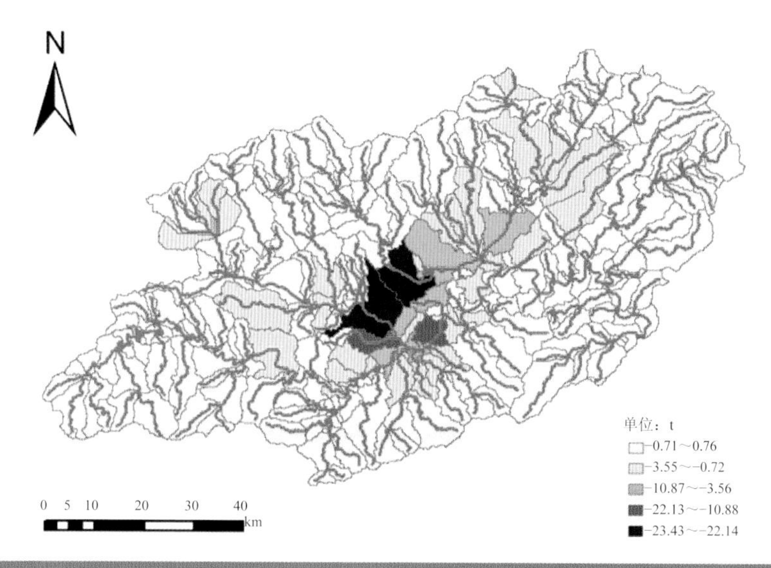

图 4-74　补偿措施实施后新安江流域 TP 生活源污染负荷输出变化图

面源污染中，采取补偿措施后新安江流域 TP 生活源污染负荷输出变化量如图 4-74 所示。流域内的 TP 生活源污染量基本上全面减少，少数子流域有所增加且增量不大。

新安江流域几年来投入大量资金进行河流水质的改善，以及点源和面源的污染控制，流域内的 TP 排放量整体呈现下降趋势，如图 4-75 所示，尤其屯溪区在生活源污染排放量减少的情况下，污染下降趋势比较显著。流域内的耕地、茶园及城镇用地的 TP 污染排放量均有一定程度的减少，各项治理措施初见成效。流域内 TP 质量浓度呈现好转趋势，一般以上的河段 TP 质量浓度有所降低，如图 4-76 所示，大部分河段可达Ⅲ类及以上水质标准。

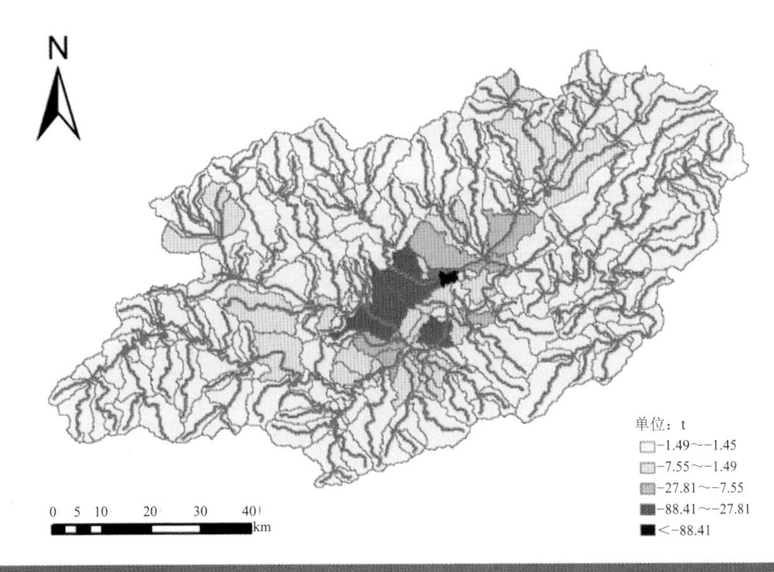

图 4-75 新安江流域 TP 污染变化图

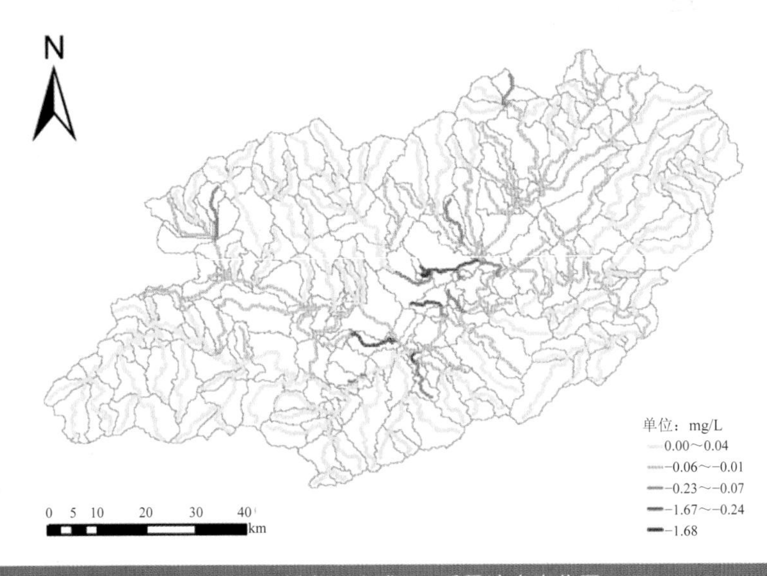

图 4-76 新安江流域 TP 质量浓度变化图

4.5.3　新安江流域 COD 污染负荷解析及比较

4.5.3.1　SPARROW 模型 COD 模拟结果

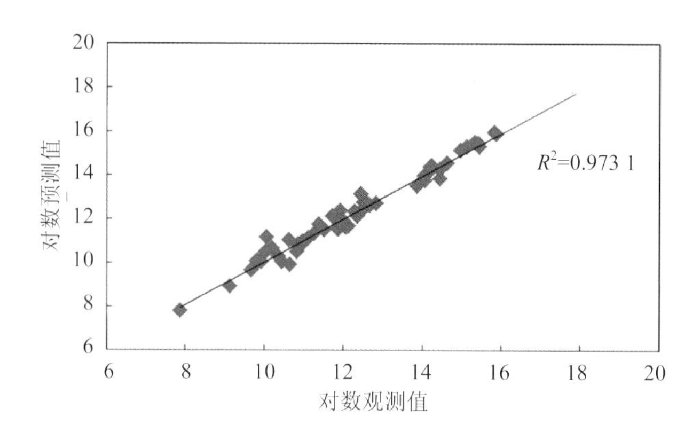

图 4-77　2010 年 COD 模拟结果

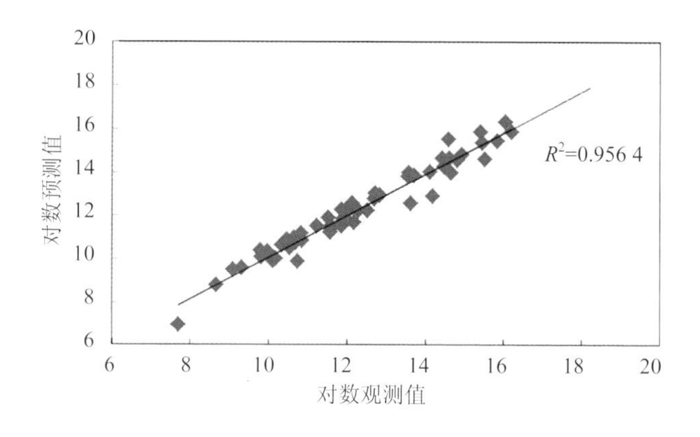

图 4-78　2014 年 COD 模拟结果

由于 2014 年的统计数据中并未给出 COD_{Mn} 的排放量，为了避免换算过程中可能引入的巨大误差，因此新安江流域的 COD 模拟选择了耕地、林地、茶园、人口 4 个面源污染源，并未考虑点源贡献。运用 SPARROW 模型，2010 年的 COD 模拟结果 R^2 达到 0.97，如图 4-77 所示；2014 年的模拟结果 R^2 达到 0.96，如图 4-78 所示。

4.5.3.2 COD 污染源构成比例及输出系数变化量

分别比较两年的污染源构成比例（图 4-79）发现，2010 年污染源贡献比例为农业源∶林地∶茶园∶生活源 =36∶32∶12∶20，2014 年污染源贡献比例为农业源∶林地∶茶园∶生活源 = 29∶38∶8∶25。耕地及茶园贡献比例下降，生活源（人口）和林地污染贡献比例略有提升。考虑到当年径流量对输出系数的影响，经过处理后计算得到，若不采取减排措施 2014 年 COD 输出系数分别为耕地 48.8 kg/（$hm^2 \cdot a$），林地 4.2 kg/（$hm^2 \cdot a$），茶园 10.2 kg/（$hm^2 \cdot a$），生活源 1.4 kg/（人·a）。实际模拟得到的 2014 年输出系数为耕地 45.3 kg/（$hm^2 \cdot a$），林地 6.1 kg/（$hm^2 \cdot a$），茶园 7.9 kg/（$hm^2 \cdot a$），生活源 2.3 kg/（人·a）（图 4-80）。结果发现耕地和茶园的 COD 输出系数有所减小，林地及人口的输出系数有一定增加，同时考虑土水传输参数及河流衰减系数的影响，造成两年的污染源构成比例发生了一定的变化。

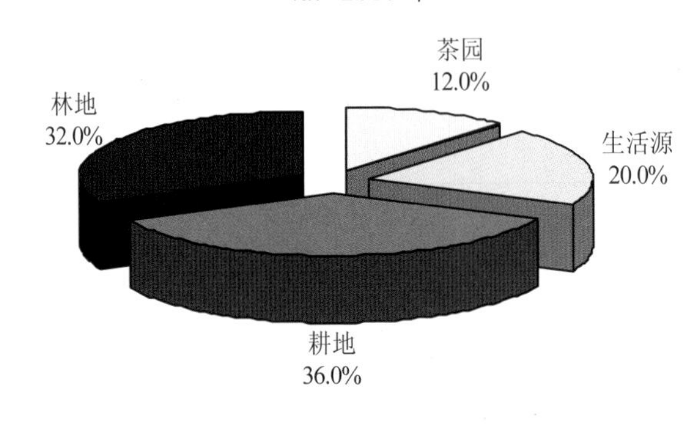

（b）2014 年

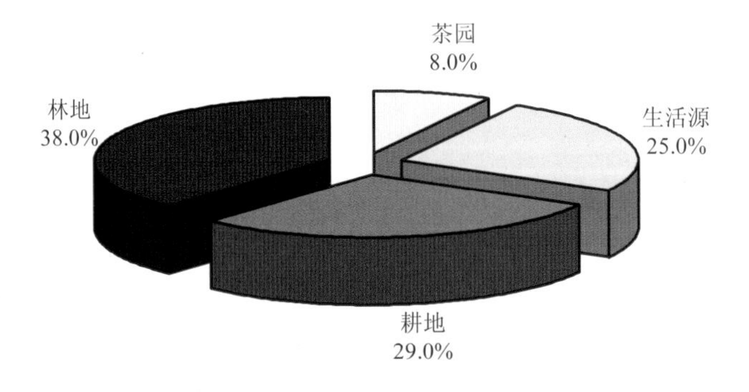

图 4-79 2010 年和 2014 年新安江流域 COD 污染负荷源解析

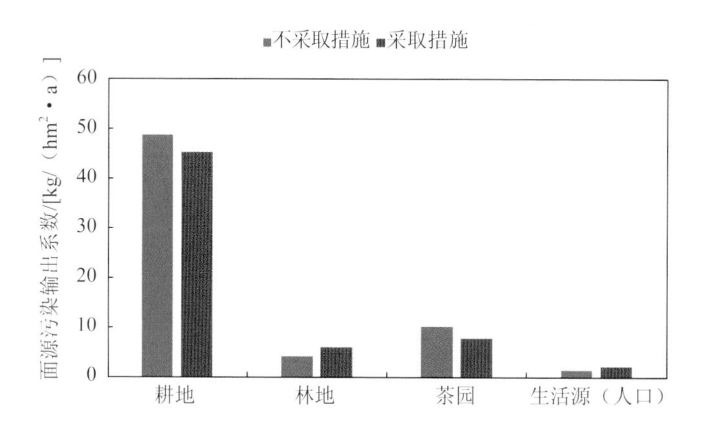

图 4-80　采取措施前后耕地、林地、茶园和生活源（人口）COD 输出系数变化

4.5.3.3　新安江流域不同污染源 COD 贡献变化量

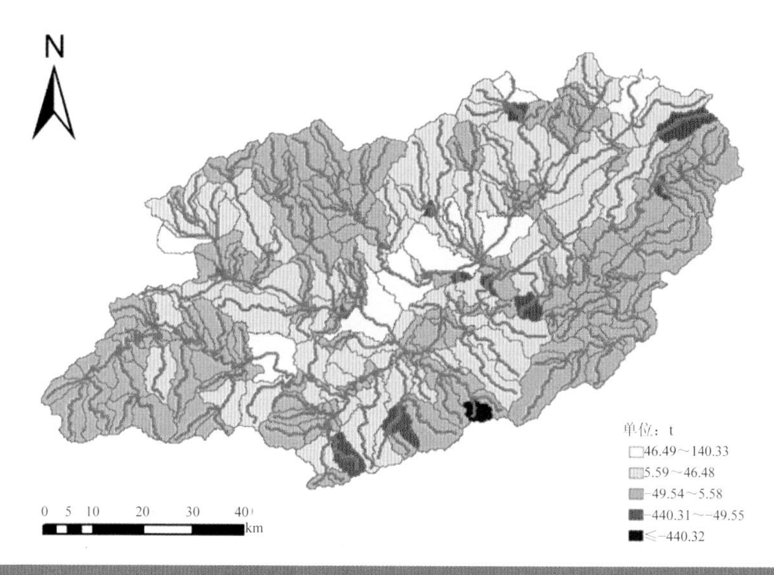

图 4-81　补偿措施实施后新安江流域 COD 耕地污染负荷输出变化图

新安江流域各子流域的 COD 耕地污染负荷输出变化量如图 4-81 所示。2010 年的 COD 耕地输出系数与 2014 年相比变化不大，仅略有减小，整个流域内的耕地 COD 排放量几乎变化不大，可能与目前的污染物治理重点并不在 COD 有关。

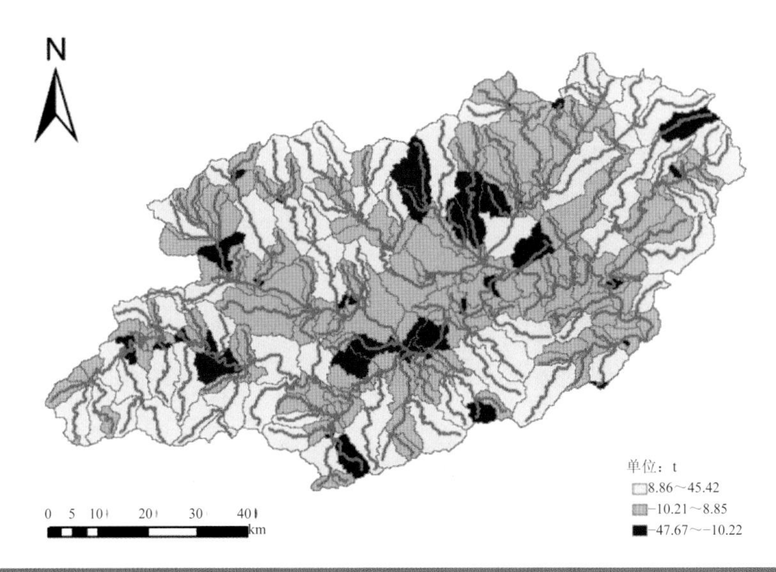

图 4-82 补偿措施实施后新安江流域 COD 林地污染负荷输出变化图

补偿措施实施后新安江流域 COD 林地污染负荷输出变化量如图 4-82 所示。从学者研究我国其他流域，如汤旺河流域土壤与沉积物中水溶性有机物的含量与吸收系数和河水水溶性腐殖酸类物质内源释放模型的研究可以看出，林地上的有机物排放量主要来自于流域内丰富的天然水溶性有机物，由于开采流域内的自然资源，使裸露的山体和剥离的植被面积增加，从而导致天然的水溶性有机物大量进入水体，增加水体中有机物的含量。降水形成的地表漫流和侧向淋溶将流域土壤表层的水溶性有机物携入河道，增加了河流中 COD 的输入量。这种影响取决于表层植被的裸露情况，特别是在流域土壤有机质含量较高的地区以及发生间歇性降水的情况下，影响程度明显加强，导致 COD 含量与流量呈现正相关的关系。新安江流域森林覆盖面积大，有机物含量丰富，随雨水冲刷作用大量有机物进入河流中，输出系数变化不明显，可以认为来自林地的 COD 排放量几乎稳定。

补偿措施实施后新安江流域 COD 茶园污染负荷输出变化如图 4-83 所示。COD 茶园污染负荷总体上有所下降，但趋势不明显，个别子流域还有所增加。

补偿措施实施后新安江流域 COD 生活源污染负荷输出变化如图 4-84 所示。COD 生活源污染负荷总体略有增加，少数子流域有所下降。污染负荷增加的趋势与人口的变化趋势有一定关系。

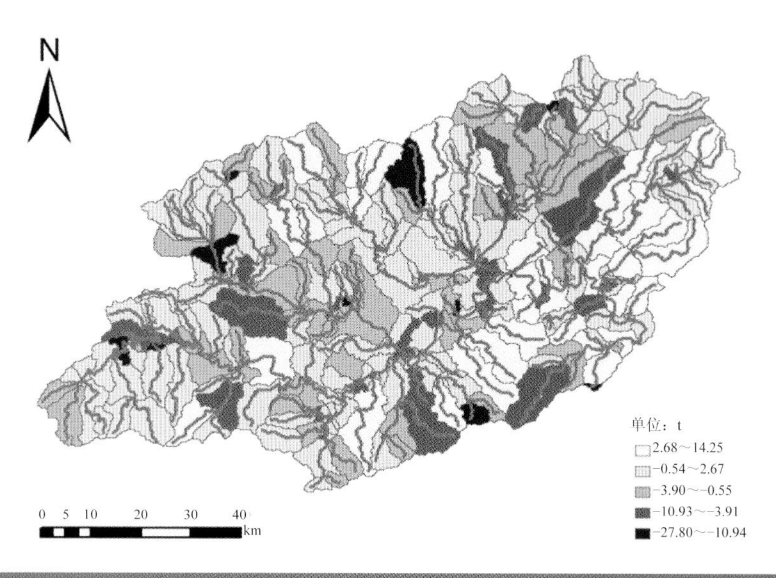

图 4-83　补偿措施实施后新安江流域 COD 茶园污染负荷输出变化图

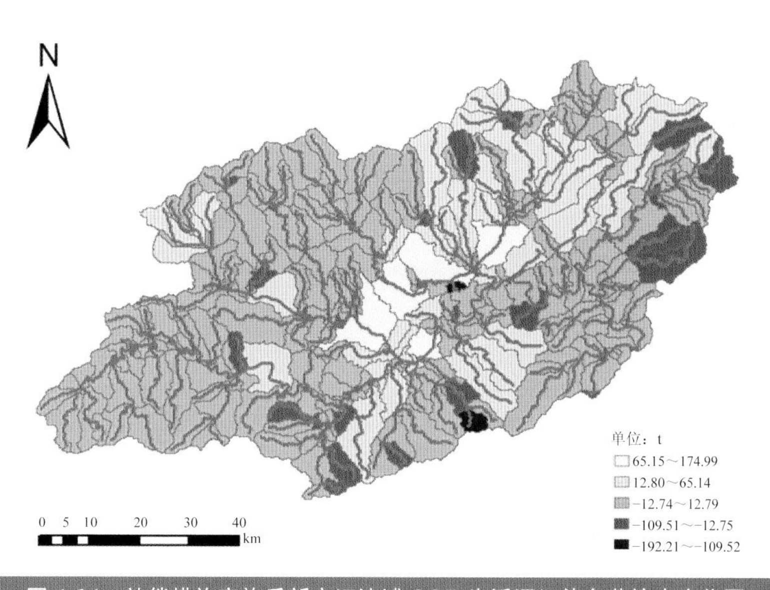

图 4-84　补偿措施实施后新安江流域 COD 生活源污染负荷输出变化图

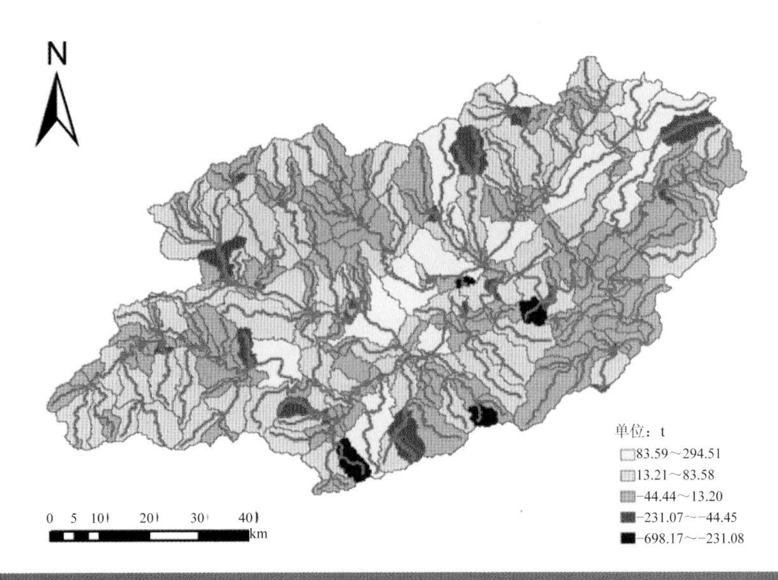

图 4-85 新安江流域 COD 污染变化图

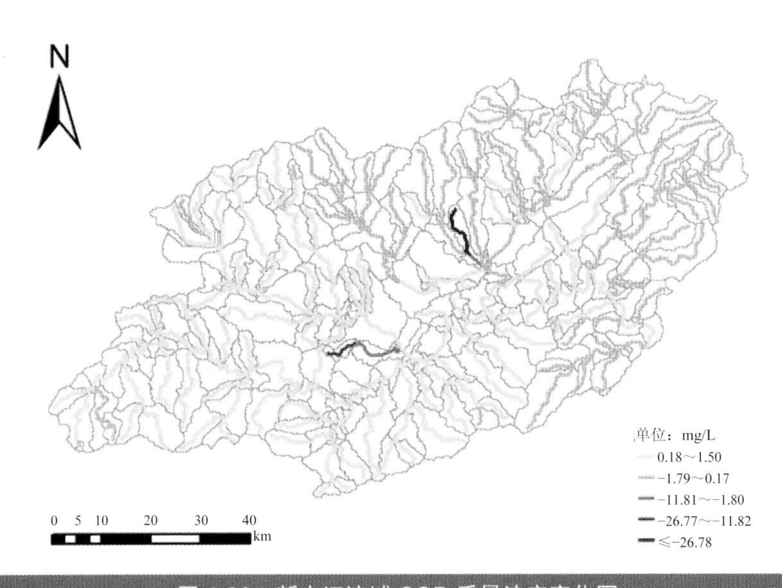

图 4-86 新安江流域 COD 质量浓度变化图

新安江流域的 COD 污染排放量未见明显的处理效果，且某些子流域的年排放量略有增加，治理措施中针对 COD 的专项治理不多，可能是成效不显著的原因之一（图 4-85）。河流的 COD 质量浓度整体幅度变化不大（图 4-86），作为衡量水中有机物质含量多少的重要指标，COD 应作为治理重点之一，进一步加大治理力度。

4.5.4　基于行政区污染负荷分析

利用 NANI 模型技术，通过将落入行政区的子流域比例核算行政区面源污染负荷量。表 4-5 为不同行政区不同污染源 TN、TP、COD 实施补偿措施后的变化量，标绿色的负荷有所削减，标红色的负荷有所增加。

表 4-5　不同行政区实施补偿措施后各污染源污染负荷变化量　　单位：t

	黄山区	徽州区	绩溪县	祁门县	屯溪区	歙县	休宁县	黟县
TN 点源	0.00	−80.15	0.00	0.00	−490.42	−550.18	−158.12	−46.35
TN 农业	−3.32	−177.92	−225.60	−31.28	−86.81	−412.32	−647.87	−207.69
TN 林地	4.05	6.06	73.33	−14.71	−6.73	119.25	−192.32	−6.79
TN 茶园	−18.83	−94.70	−22.42	−23.45	−22.12	−644.29	−376.36	−49.79
TN 生活	2.68	33.14	124.03	1.32	21.51	214.97	47.93	27.83
TP 点源	0.00	−46.86	0.00	0.00	−19.42	−57.65	0.98	0.00
TP 农业	0.00	−8.22	−3.35	−0.51	−4.02	−10.11	−15.33	−4.69
TP 林地	0.66	−0.46	0.02	−0.53	−1.38	2.90	−1.14	−0.10
TP 茶园	−0.03	−0.21	−0.08	−0.07	−0.12	−1.67	−0.92	−0.15
TP 生活	0.25	−45.12	−4.82	−1.00	−63.82	−25.27	−44.46	−7.58
COD 农业	−59.81	−32.84	−378.27	−381.11	−451.74	−3 501.55	−2 099.27	−242.29
COD 林地	30.06	46.53	−29.90	−119.76	−176.34	−1 004.38	−425.69	−40.15
COD 茶园	−11.00	−73.60	−248.87	−118.27	−226.25	−699.94	−644.84	−138.57
COD 生活	1.64	319.99	271.61	−24.35	358.21	558.49	404.13	124.65

*0.00 指这些区县的点源统计数据在补偿措施实施前后没有变化。

点源污染中，TN、TP 污染负荷量全面减少，只有休宁县 TP 点源负荷略微有所增加；农业源污染中，TN、TP、COD 污染负荷量均有所降低，TN 和 TP 污染负荷量休宁县下降幅度最大，COD 污染负荷量中歙县下降幅度最大；林地对 TN、TP、COD 负荷的削减量并不明显，有部分地区还有所增加，这可能跟林地贡献的 TN、TP 有较大部分来自大气沉降有关；茶园对污染负荷的贡献全部地区均有所削减，其中歙县和休宁县削减幅度较大；生活源污染贡献总体上是有所增加，这跟生活源在输入模型时考虑人口及城镇用地面积有关，生活源对 TP 大部分均有削减，对 COD 只有祁门县有所削减。

对表 4-5 重新整合，将污染源来自不同源的 TN、TP、COD 合并（表 4-6），将对 TN、TP、COD 贡献的不同源合并（表 4-7），标绿色的负荷有所削减，标红色的负荷有所增加。

表 4-6 不同行政区实施补偿措施后污染负荷变化量 单位：t

	黄山区	徽州区	绩溪县	祁门县	屯溪区	歙县	休宁县	黟县
TN	−15.43	−313.56	−50.67	−68.11	−584.57	−1272.57	−1326.74	−282.79
TP	0.88	−100.87	−8.23	−2.11	−88.77	−91.80	−60.87	−12.52
COD	−39.12	260.09	−385.43	−643.50	−496.12	−4647.37	−2765.67	−296.35

表 4-7 不同行政区实施补偿措施后不同源污染负荷变化量 单位：t

	黄山区	徽州区	绩溪县	祁门县	屯溪区	歙县	休宁县	黟县
点源	0.00	−127.01	0.00	0.00	−509.85	−607.83	−157.13	−46.35
农业源	−63.14	−218.97	−607.23	−412.90	−542.58	−3923.98	−2762.46	−454.66
林地	34.76	52.13	43.45	−135.00	−184.45	−882.24	−619.15	−47.03
茶园	−29.87	−168.51	−271.37	−141.79	−248.50	−1345.89	−1022.12	−188.51
生活源	4.57	308.01	390.82	−24.03	315.91	748.19	407.60	144.90

通过表 4-6 及表 4-7 可以看出，实施补偿措施后，绝大部分地区 TN、TP、COD 均有所降低，各区县单位面积污染负荷变化量如图 4-87 所示；点源、农业源和茶园污染负荷在所有地区均有不同程度的削减。林地部分地区污染负荷有所增加，可能与大气沉降有关；生活源只有祁门县污染负荷有所削减，其余地区均在增加，可能与人口增长、城镇用地变化有关系。

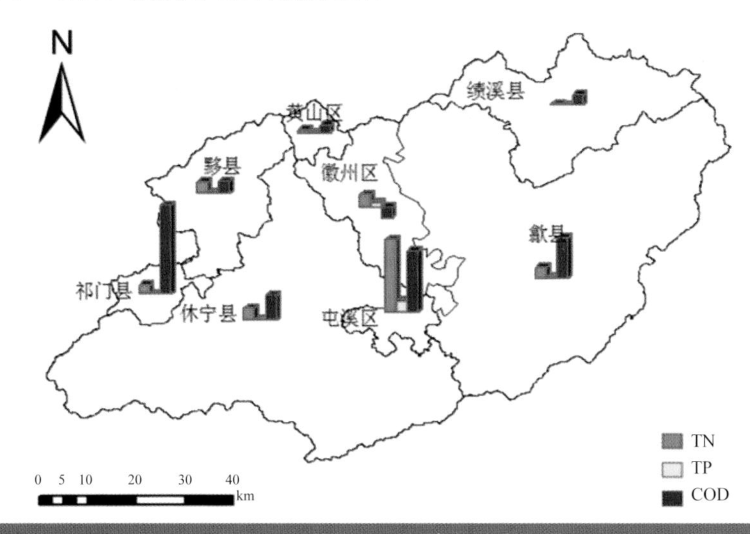

图 4-87 单位面积污染负荷变化量

第 5 章　一维稳态河道水质模型：QUAL2Kw

5.1　QUAL 系列模型简介

20 世纪 70 年代，美国环保局先后推出 QUAL-Ⅰ模型和 QUAL-Ⅱ模型，在此之后 QUAL 系列模型经过不断增强与修正，由此出现 QUAL2E、QUAL2E-UNCAS、QUAL2K 以及 QUAL2Kw 等版本（图 5-1），目前最新的版本为 QUAL2Kw 6.0。QUAL 系列模型具有所需数据少、模拟指标精度高等特点，适用于水文状况较为稳定的河流进行模拟。

第一代的 QUAL 模型（QUAL-Ⅰ）仅仅考虑 BOD 和 DO 之间的相互关系，除可以模拟 BOD 和 DO 之外，还可以简单地模拟温度、保守性物质以及粪大肠杆菌等物质在水体之中的变化规律。1973 年发布的 QUAL-Ⅱ模型相较于 QUAL-Ⅰ模型有了较大的进步，QUAL-Ⅱ模型是一个通用的河流水质模型，它最多可以模拟 13 种物质以及 13 种物质中任意的组合。这 13 种物质包括：溶解氧、BOD、温度、叶绿素 a、氨氮、亚硝态氮、硝态氮、磷酸盐、粪大肠杆菌、任意的非保守性物质、3 种保守性物质。QUAL-Ⅱ适用于有支流且混合完全的河流，该模型假定河流主要的传输机制、扩散和弥散主要发生在水流的主方向上（河流的纵向），允许多点废水的排入以及取水、支流和增加的内流，同时也具备计算指定溶解氧水平所需要的增加流，但 QUAL-Ⅱ模型仅限于模拟水量和输入负荷比较稳定的时期。此外，QUAL-Ⅱ模型可以按照稳态模型或者动态模型进行操作，其中动态模型可以被用于研究水质状况（主要是溶解氧和温度）随日照发生的变化。

QUAL2E 是美国环保局于 1985 年推出的水质模型，它是 QUAL-Ⅱ/SEMCOG 的一个改动版本。相比于 QUAL-Ⅱ，QUAL2E 模型进一步增强了水体中各个要素之间的相互关系，具体体现在以下 8 个方面。

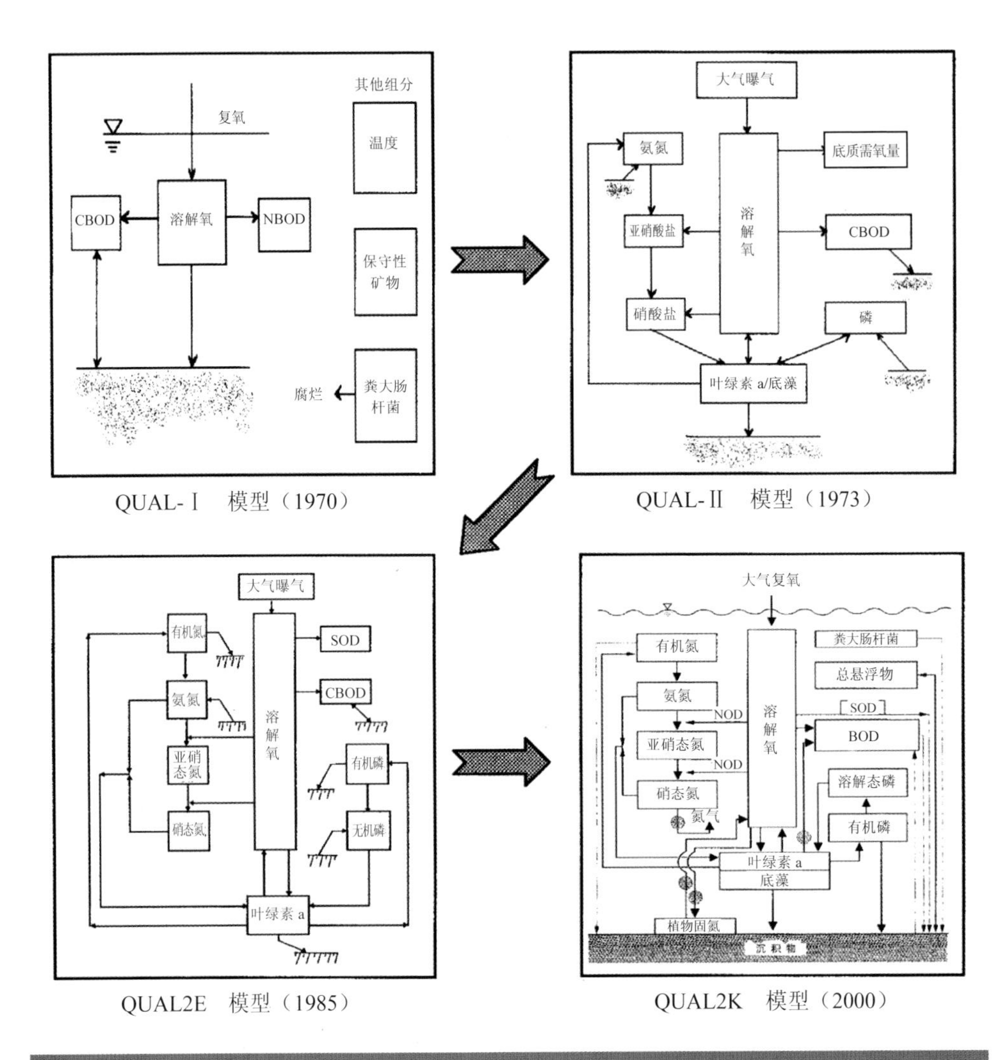

图 5-1 QUAL 系列模型的发展历程

（1）增加底藻、氮、磷和溶解氧之间的相互关系，增加对有机氮、有机磷的模拟，增加在低溶解氧水平下的硝化抑制模拟，增加底藻的氨偏好系数。

（2）增加底藻的生长系数，底藻的生长系数依赖于氨和硝酸盐的浓度。

（3）增加底藻生长与光线强度的关系，增加默认的温度校正因子。

（4）采用最新的溶解氧计算方程，增加大坝对溶解氧复氧的影响。

（5）增加一阶衰减、沉积和再悬浮对任一非保守性物质的影响。

（6）水动力学方面增加对弥散的输入因子。

（7）增加对下游边界水质模拟的选项。

（8）调整输入与输出；增加对水力运算的结果输出，并采用新的编码形式；增加本地气象数据的输出，采用增强的稳态收敛函数。

QUAL2K 模型是在 QUAL2E 模型的基础上进行开发的。QUAL2K 模型的基本原理与 QUAL2E 相同，只是在 QUAL2E 模型的基础上新增了一些要素之间的相互作用，以弥补 QUAL2E 模型的不足，如死亡藻类到 BOD 的转化、河流底泥 BOD 上浮成为悬浮物以及由特定植物引起的 DO 变化。

QUAL2K 是一种灵活的河流水质模型，被广泛应用于北美、欧洲、亚洲等流域污染物总量控制和水质管理。

QUAL2K 和 QUAL2E 模型相似点有如下几个方面：一维且假定河道水质在垂向和侧向完全混合均匀；基于稳定水力学特征的，非均一的、稳定流量的模拟；热量平衡和温度计算根据一个气象方程在日尺度上被模拟；所有的水质指标均可在日尺度上动态地模拟；全面考虑点源、面源以及出流对河道水质在热量和物质方面的影响。

相较于 QUAL2E 模型，QUAL2K 又包含如下新的特性：

（1）QUAL2K 是在微软的 Windows 平台下开发的，采用 Windows 宏语言 VBA（visual basic for application）开发，Excel 作为其图形用户界面。

（2）QUAL2K 采用两种形式的 BOD 表征有机碳；一种是惰性氧化形式，另一种是活性氧化形式。

（3）在氧气含量较低的情况下，QUAL2K 通过将氧化反应降低至 0 来模拟厌氧环境。与此同时，在溶解氧含量较低的情况下，反硝化作用被模拟成一个一阶衰减反应。

（4）沉积物-水体之间的相互关系：沉积物和水体之间的溶解氧和营养盐通量可以通过模型内在模拟而非指明。

（5）底藻：模型明确地可以模拟附着在河底的底藻，底藻在模型中具有可变的化学计量数。

（6）光削减：光削减按照与底藻、腐殖质和无机悬浮物相关的函数进行计算。

（7）pH：碱度和无机碳均会被模拟，pH 根据碱度和无机碳进行计算。

（8）病原体：病原体的归趋是一个与温度、光线以及沉积相关的函数。

（9）基于河段的动态参数，QUAL2K 允许针对每一个河段输入特定的参数。

（10）河坝与瀑布：河坝与瀑布被明确地考虑进复氧与河流水力学计算当中。

5.2 QUAL2Kw 模型概述

QUAL2Kw 是 2005 年美国华盛顿生态局的 Gregory Pelletier 与塔夫斯大学的 Steven Chapra、Hua Tao 在 QUAL2K[32]的基础上开发的。QUAL2K 采用 Excel 作为其图形用户界面，数值计算单元采用经 Fortran 90 编译的可执行文件，而 QUAL2Kw 的计算单元除了经 Fortran 95 编译的可执行文件外，还包括采用 Excel VBA 编写完全可见的代码而形成的计算模块。QUAL2Kw 与 QUAL2K 相比，在模拟算法上并没有太大的改变，QUAL2Kw 只模拟干流水质，并不具体模拟支流水质，只是将支流作为支流点源进行模拟；QUAL2K 将完整的流域划分成若干长度不等的河段，每个河段再划分成若干长度相同的元素，不同河段下的元素长度可以不同，元素是 QUAL2K 的基本计算单元，而 QUAL2Kw 仅仅将干流划分成若干长度不等的河段，河段作为其最小计算单元。

QUAL2Kw 还增加了对潜流水质和孔隙水的模拟，通过基于水相、潜流孔隙水层、沉积物相以及水面外界各相间物质反应的机理（图 5-2 和图 5-3），并采用有限差分法求解其数值解，模拟出河段在特定状态下的水质情况。此外，QUAL2Kw 包含了采用遗传算法的校准模块，可以对参数进行全局优化。

QUAL2Kw 模型相比于 QUAL2K 模型的改进概括为如下几个方面：

在 QUAL2Kw 中，河段下不再包含元素，河段即是模型运算的基本单元；而 QUAL2K 依然像 QUAL2E[33]一样，将待研究的河流划分为河段，每个河段再划分若干相同的元素。元素是 QUAL2K 的基本运算单元；潜流代谢、潜流交换以及沉积物多孔水质在 QUAL2Kw 中得到了模拟；校准、遗传算法被引入模型中用于确定模型的最优参数集[34]；QUAL2K 仅模拟干流水质，而 QUAL2Kw 可以模拟包含支流的河流，并将河流的支流视作点源进行处理。

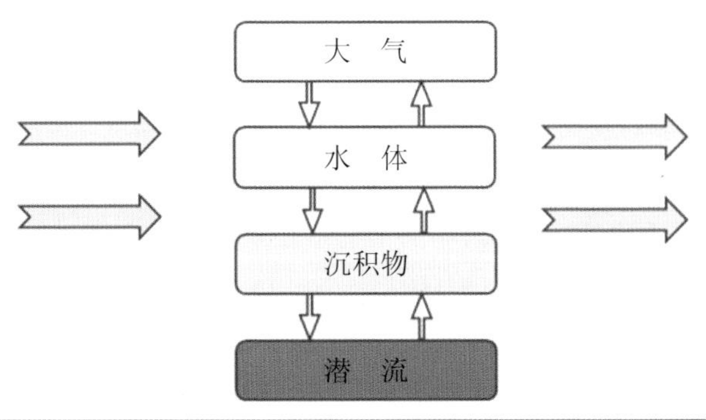

图 5-2 大气、水体、沉积物、潜流交互过程示意图

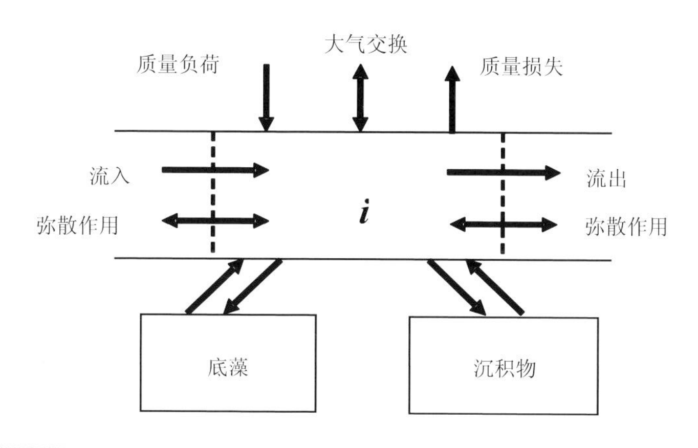

图 5-3　QUAL2Kw 河段 *i* 的物质平衡

5.2.1　河段的分段与水力学特征

QUAL2Kw 模型使用多个河段来表征现实河流，每个河段认为拥有同样的水文特征，污染物通过支流、点源或面源进入具体河段之后随水流迁移转化（图 5-4）。

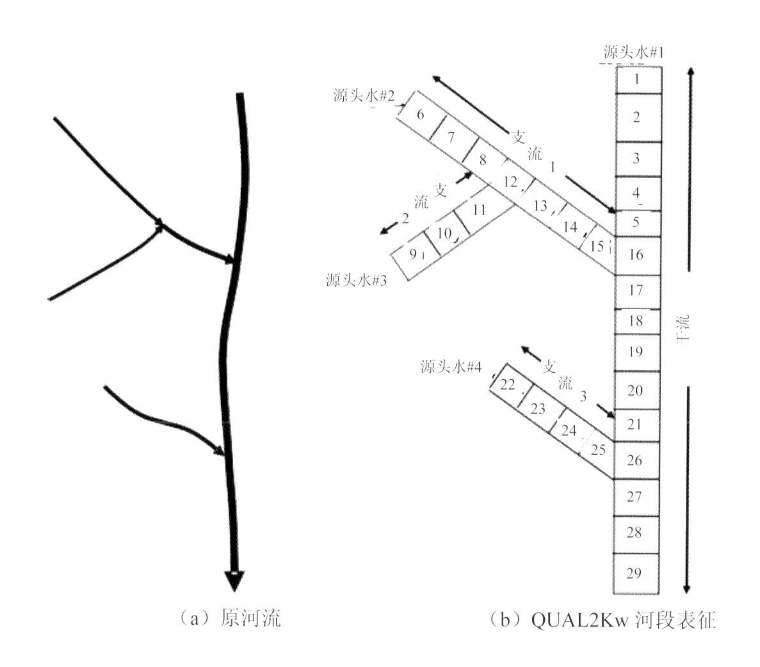

（a）原河流　　（b）QUAL2Kw 河段表征

图 5-4　QUAL2Kw 模型河段处理方式图

如图 5-4 所示，QUAL2Kw 模型不同于之前版本的 QUAL 系列模型直接将支流考虑进来，而是将支流作为点源输入模型中进行计算。QUAL2Kw 模型从整体框架上考虑研究范围内（源头水边界至下游边界之间）点源和面源的入流和出流影响。

5.2.1.1 流量计算方法

QUAL2Kw 模型中，任意一个河段 i 的流量按照下式进行计算：

$$Q_i = Q_{i-1} + Q_{\mathrm{in},i} - Q_{\mathrm{ab},i} \tag{5-1}$$

式中：Q_i——从河段 i 流往河段 i+1 的流量，m^3/d；

Q_{i-1}——上游河段 i−1 的流量，m^3/d；

$Q_{\mathrm{in},i}$——来自点源和面源的总的流量，m^3/d；

$Q_{\mathrm{ab},i}$——从干流河道流往点源和面源的流量，m^3/d。

具体如图 5-5 所示。

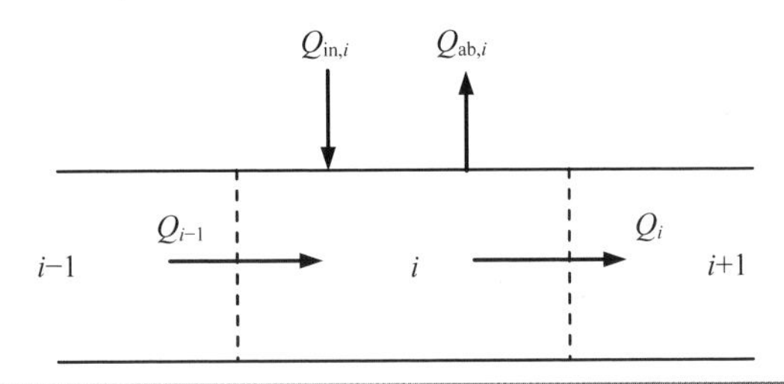

图 5-5 河段 i 流量平衡

河段 i 总输入负荷（包括点源和面源）计算如下：

$$Q_{\mathrm{in},i} = \sum_{j=1}^{ps_i} Q_{ps,i,j} + \sum_{j=1}^{nps_i} Q_{nps,i,j} \tag{5-2}$$

式中：$Q_{ps,i,j}$——流入第 i 个河段的第 j 个点源的流量，m^3/d；

ps_i——流入河段 i 的点源的个数；

$Q_{nps,i,j}$——流入河段 i 的第 j 个面源的流量，m^3/d；

nps_i——流入河段 i 的面源的个数。

$$Q_{ab,\mathrm{i}} = \sum_{j=1}^{pa_i} Q_{pa,i,j} + \sum_{j=1}^{npa_i} Q_{npa,i,j} \tag{5-3}$$

式中：$Q_{pa,i,j}$——从河段 i 取水的第 j 个点源的流量，m^3/d；

pa_i——从河段 i 取水的所有点源的个数；

$Q_{npa,i,j}$——从河段 i 取水的第 j 个面源的流量，m^3/d；

npa_i——从河段 i 取水的所有面源的个数。

面源被当成线性源进行模拟计算，QUAL2Kw 模型假定面源从其起始位置到终止位置均匀地输入（输出）到河段干流之中，具体如图 5-6 所示。

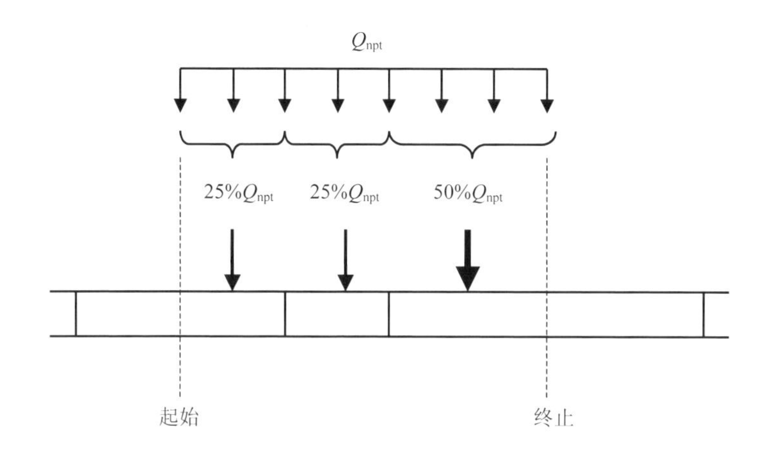

图 5-6　面源负荷（Q_{npt}）分配到河段 i 的方式

5.2.1.2　水力学特征

（1）深度和流速计算

一旦每个河段的流量被计算出来后，每个河段的深度和流速按照如下 3 种方式计算：①河坝（Weirs）；②Rating Curves；③曼宁公式（Manning Equations）。QUAL2Kw 模型按照如下规则决定具体采用何种方式进行水利计算。

①如果输入河坝高数值，则选①河坝；

②如果坝高为 0，将粗糙系数 n 输入模型，则选③曼宁公式；

③如果上述两者都没有满足条件，则用②Rating Curves。

1）河坝

若输入了河坝的高度，那么基于河坝的水力学计算方式将被采用。

如图 5-7 所示，H_i 表示河坝上游部分河段的深度（m），H_{i+1} 表示河坝下游部分河段的深度（m），$elev2_i$ 表示河坝上游末端的海拔高度（m），$elev1_{i+1}$ 表示河坝下游上端的海拔高度（m），H_w 表示河坝高出 $elev2_i$ 的高度（m），H_d 表示河段 i 河表面与河段 i+1 河表面的高度差（m），H_h 表示上游河段高出河坝的高度（m），

B_i表示河段 i 的宽度（m）。

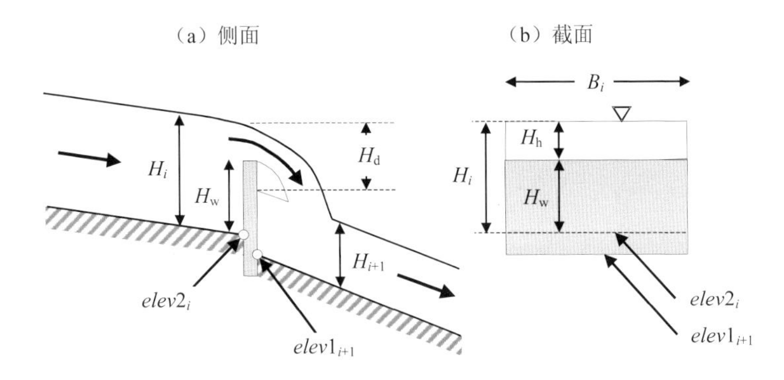

图 5-7　在 QUAL2Kw 模型中基于河坝的水力学描述

如果坝的 $H_h/H_w<0.4$，流量按照如下公式进行计算：

$$Q_i = 1.83 B_i H_h^{3/2} \tag{5-4}$$

式中：Q_i——坝上游河段的出流量，m^3/s；

H_h——可以按照以下公式计算：

$$H_h = \left(\frac{Q_i}{1.83 B_i}\right)^{2/3} \tag{5-5}$$

该结果可用于计算河段 i 的深度：

$$H_i = H_w + H_h \tag{5-6}$$

同样还可以计算出河坝上下游两个河段的落差：

$$H_d = elev2_i + H_i - elev1_{i+1} - H_{i+1} \tag{5-7}$$

流速（U_i）和河段 i 的截面积（$A_{c,i}$）可以按照下式进行计算：

$$A_{c,i} = B_i H_i \tag{5-8}$$

$$U_i = \frac{Q_i}{A_{c,i}} \tag{5-9}$$

河段中瀑布可以认为是一种特殊形式的河坝，计算瀑布对于河流的水力学影响时，瀑布上游河段末端表面与瀑布下游河段上端表面的高度差是必需的。其水力学示意图如图 5-8 所示，计算的具体过程同河坝的计算过程。

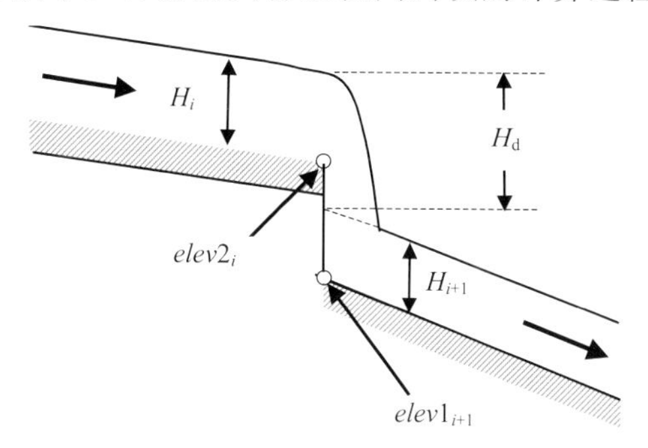

图 5-8　瀑布的水力学特征

2）曼宁公式

如果该河段河坝的高度为 0 并且输入了曼宁粗糙系数，那么曼宁公式的方式将被采用。在 QUAL2Kw 中，每一个河段均被概化成一个梯形通道（图 5-9）。在稳定流量的前提下，曼宁公式可被用于表征流量和深度的关系，其基本表达式为：

$$v = \frac{k}{n} R_h^{2/3} \cdot S^{1/2} \tag{5-10}$$

式中：v——速度，m/s；

k——转换常数；

R_h——水力半径，m；

S——洪水的比降，0～1；

n——曼宁粗糙系数，$m^{1/3} \cdot s$，其是综合反映管渠壁面粗糙情况对水流影响的一个系数，其值一般由实验数据测得，使用时可查表选用。

曼宁公式中用来计算流量的公式如下：

$$Q = \frac{S_0^{1/2}}{n} \times \frac{A_c^{5/3}}{R_h^{2/3}} \tag{5-11}$$

式中：Q——流量，m^3/s；

S_0——底部倾斜率，m/m；

A_c——横截面积，m^2。

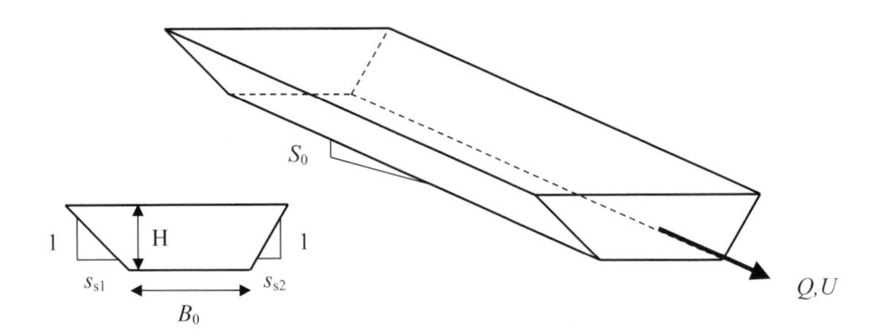

图 5-9 梯形通道

水力半径可以按照下式进行计算：

$$R_h = B_0 + H\sqrt{s_{s1}^2+1} + H\sqrt{s_{s2}^2+1} \tag{5-12}$$

梯形通道的截面积可按下式计算：

$$A_c = \left[B_0 + 0.5(s_{s1}+s_{s2})H\right]H \tag{5-13}$$

式中：B_0——河底宽度，m；

s_{s1}，s_{s2}——分别表示梯形两个斜边的斜率，m/m；

H——河段深度，m。

计算出河段横截面积以及水力半径之后，可以迭代地计算出每一个河段的河深：

$$H_k = \frac{(Q_n)^{3/5}\left(B_0 + H_{k-1}\sqrt{s_{s1}^2+1} + H_{k-1}\sqrt{s_{s2}^2+1}\right)^{2/5}}{S^{3/10}\left[B_0 + 0.5(s_{s1}+s_{s2})H_{k-1}\right]} \tag{5-14}$$

式中：k=1,2,⋯,n，n 表示迭代次数。初始的 H_0 被认为是 0。当前后两次迭代误差低于 0.001%时，计算终止。计算误差按照下式进行计算：

$$\varepsilon_a = \left|\frac{H_{k+1}-H_k}{H_{k+1}}\right| \times 100\% \tag{5-15}$$

流速（U）和河宽（B）可以按照下面公式进行计算：

$$U = \frac{Q}{A_c} \tag{5-16}$$

$$B=\frac{A_c}{H} \tag{5-17}$$

3）Rating Curves

如果上述两种情况均不符合，那么模型采用 Rating Curves 方式进行计算。河深、流量和流速之间的相互关系可以按照下面的幂指函数进行表示：

$$U=aQ^b \tag{5-18}$$

$$H=\alpha Q^{\beta} \tag{5-19}$$

式（5-18）和式（5-19）中，a，b，α 和 β 分别是决定流速和河深的经验系数，计算出流速和河深之后可以按照下述公式计算截面积以及河宽：

$$A_c=\frac{Q}{U} \tag{5-20}$$

幂指数 b 和 β 可以按照表 5-1 取值，需要注意的是 b 和 β 的和应该小于等于 1。如果两者之和大于 1，那么河道宽度将随流量的增加而变窄。

表 5-1　Rating Curves 中幂指数所取的典型值以及取值范围

公式	系数	典型值	取值区间
$U=aQ^b$	b	0.43	0.4～0.6
$H=\alpha Q^{\beta}$	β	0.45	0.3～0.5

（2）弥散

弥散在 QUAL2Kw 模型的水力学特征中被认为是十分重要的，模型提供了两种计算弥散的方法：一种是将估算后的弥散系数直接输入到模型中；另外一种是模型根据输入的水文学特征参数内在地计算弥散，计算公式如下：

$$E_{p,i}=0.011\frac{U_i^2 B_i^2}{H_i U_i^*} \tag{5-21}$$

$$U_i^*=\sqrt{gH_i S_i} \tag{5-22}$$

式中：$E_{p,i}$——河段 i 和河段 i+1 之间的弥散系数，m^2/s；

U_i——流速，m/s；

B_i——河宽，m；

H_i——平均深度，m；

U_i^*——切向速度，m/s；

g——重力加速度，9.81 m/s^2；

S_i——河道斜率。

通过指定或者模型内在计算 $E_{p,i}$ 之后，模型内部的弥散系数（$E_{n,i}$）可以按照下式计算：

$$E_{n,i}=\frac{U_i\Delta x_i}{2} \tag{5-23}$$

式中：Δx_i——河段 i 的长度，m。假如 $E_{n,i}\leqslant E_{p,i}$，则模型内部的弥散系数等于 $E_{p,i}-E_{n,i}$。假如 $E_{n,i}>E_{p,i}$，则模型内在的弥散系数等于 0。

5.2.2 QUAL2Kw 的热量模型

QUAL2Kw 的热量模型充分考虑热量在河段、污染负荷、大气和沉积物之间的传输（图 5-10）。河段 i 的热量平衡方程可以表示如下：

$$\frac{\mathrm{d}T_i}{\mathrm{d}t}=\frac{Q_{i-1}}{V_i}T_{i-1}-\frac{Q_i}{V_i}T_i-\frac{Q_{ab,i}}{V_i}T_i+\frac{E'_{i-1}}{V_i}\left(T_{i-1}-T_i\right)+\frac{E'_i}{V_i}\left(T_{i+1}-T_i\right)+\frac{W_{h,i}}{\rho_w C_{pw} V_i}\left(\frac{\mathrm{m}^3}{10^6\ \mathrm{cm}^3}\right)+\frac{J_{h,i}}{\rho_w C_{pw} H_i}\left(\frac{\mathrm{m}}{100\ \mathrm{cm}}\right)+\frac{J_{s,i}}{\rho_w C_{pw} H_i}\left(\frac{\mathrm{m}}{100\ \mathrm{cm}}\right) \tag{5-24}$$

式中：T_i——河段 i 的温度，℃；

t——时间，s；

V_i——河段 i 的体积，m^3；

E'_{i-1}——河段 i-1 和河段 i 之间的弥散系数，m^3/d；

E'_i——河段 i 和河段 i+1 之间的弥散系数，m^3/d；

$W_{h,i}$——从点源和面源输入河段 i 的热量负荷，cal①；

ρ_w——水体的密度，g/cm^3；

C_{pw}——水的比热容，cal/（g·℃）；

$J_{h,i}$——空气和水体之间的热传导，cal/（cm^2·d）；

$J_{s,i}$——沉积物和水体之间的热量传递，cal/（cm^2·d）。

① 1cal=4.184J。

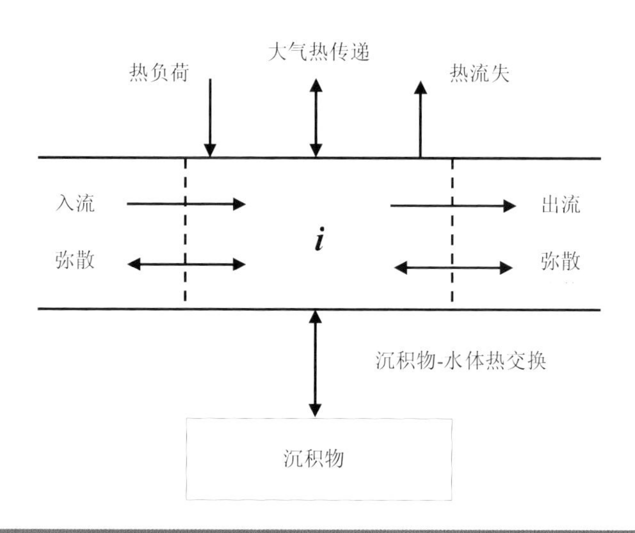

图 5-10　河段 i 的热平衡

模型的弥散系数是按照下式进行计算的：

$$E_i' = \frac{E_i A_{c,i}}{\left(\Delta x_i + \Delta x_{i+1}\right)/2} \tag{5-25}$$

式中，E_i——弥散系数，m^2/d；

Δx_i，Δx_{i+1}——分别为河段 i 和河段 $i+1$ 的长度，m；

$A_{c,i}$——河段 i 的横截面积，m^2。

从各个点源以及面源传入的热量（$W_{h,i}$）可以按照下式进行计算：

$$W_{h,i} = \rho c_p \left[\sum_{j=1}^{ps_i} Q_{ps,i,j} T_{ps,i,j} + \sum_{j=1}^{nps_i} Q_{nps,i,j} T_{nps,i,j} \right] \tag{5-26}$$

式中：$T_{ps,i,j}$——流入河段 i 的第 j 个点源的温度，℃；

$T_{nps,i,j}$——流入河段 i 的第 j 个面源的温度，℃；

ρ——水的密度，g/cm^3；

c_p——水的比热容，cal/（g·℃）

每一个河段的表面热量交换（J_h）按照下式进行模拟：

$$J_h = I(0) + J_{an} - J_{br} - J_c - J_e \tag{5-27}$$

式中：I（0）——辐射到水体表面的太阳短波辐射，cal/（cm^2·d）；

J_{an}——大气的长波辐射，cal/（$cm^2 \cdot d$）；

J_{br}——从水体中反射出去的大气长波辐射，cal/（$cm^2 \cdot d$）；

J_c——水体的传导热量，cal/（$cm^2 \cdot d$）；

J_e——蒸发热量，cal/（$cm^2 \cdot d$）。

热量的传递与转化如图 5-11 所示。

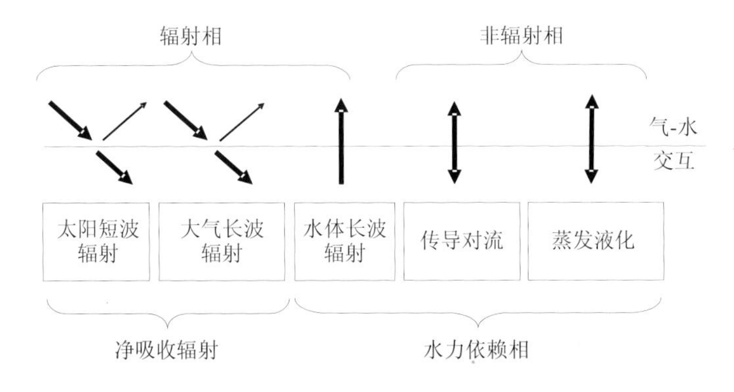

图 5-11　气-水热量传导图

可以按照下式进行计算：

$$\frac{dT_{2,i}}{dt} = -\frac{J_{s,i} + J_{hyp,i}}{\rho_s c_{ps} H_{2,i}} \tag{5-28}$$

式中：$T_{2,i}$——河段 i 的底泥沉积物的温度，℃；

$J_{s,i}$——沉积物和水体之间的热传导通量，cal/（cm^2 d）；

$J_{hyp,i}$——潜流交换导致的沉积物和水体之间的热量交换；

ρ_s——沉积物的密度，g/cm^3；

c_{ps}——沉积物的比热容，cal/（g·℃）；

$H_{2,i}$——沉积物的有效厚度，cm；

$\rho_s c_{ps}$——大小可以通过 κ_s/α_s 估计出来，κ_s 是热传导系数[cal/（s·cm·℃）]，α_s 是热量扩散系数（cm^2/s）。

从沉积物传输到水体中的热通量可以按照下述公式进行计算：

$$J_{s,i} = \frac{86\,400\kappa_s}{H_{2,i}/2}\left(T_{2,i} - T_{1,i}\right) \tag{5-29}$$

式中：$T_{1,i}$——河段 i 的水体温度，℃；

其他参数含义同上。

5.2.3　QUAL2Kw 的物质模型

QUAL 系列模型在近 40 多年的发展历程中，所能够模拟的物质并没有增加很多，但是其所能够模拟的物质之间的相互关系却被逐渐细化以及丰富。在 40 多年的发展过程中，QUAL 系列模型的物质模型逐步构成了一个完善复杂的体系，在这一体系中，各个物质之间都存在直接或者间接的相互关系。正因为这样一个体系的存在，QUAL2Kw 所能模拟物质的精确程度得到保障，但同时 QUAL2Kw 所要求输入的污染物指标也必须完整精确，否则模型模拟的精度将大受影响。QUAL2Kw 能够模拟的状态变量如表 5-2 所示。

表 5-2　QUAL2Kw 模型的状态变量

变量名称	符号	单位
电导率	γ_1，γ_2	μS/cm
无机悬浮物质量浓度	$m_{i,1}$，$m_{i,2}$	mgD/L
溶解氧质量浓度	o_1，o_2	mgO_2/L
惰性 BOD	$c_{s,1}$，$c_{s,2}$	mgO_2/L
活性 BOD	$c_{f,1}$，$c_{f,2}$	mgO_2/L
有机氮质量浓度	$n_{o,1}$，$n_{o,2}$	μgN/L
氨氮质量浓度	$n_{a,1}$，$n_{a,2}$	μgN/L
硝态氮质量浓度	$n_{n,1}$，$n_{n,2}$	μgN/L
有机磷质量浓度	$p_{o,1}$，$p_{o,2}$	μgP/L
无机磷质量浓度	$p_{i,1}$，$p_{i,2}$	μgP/L
浮游植物质量浓度	$a_{p,1}$，$a_{p,2}$	μgA/L
腐殖质质量浓度	$m_{o,1}$，$m_{o,2}$	mgD/L
病原体	x_1，x_2	cfu/100 mL
COD	gen_1，gen_2	用户自定义
碱度	Alk_1，Alk_2	$mgCaCO_3/L$
总无机碳质量浓度	$c_{T,1}$，$c_{T,2}$	mol/L
底藻含量	a_b，a_h	gD/m^2
底藻氮含量	IN_b	mgN/m^2
底藻磷含量	IP_b	mgP/m^2

注：单位中 D 指干重，A 指叶绿素 a。

在 QUAL2Kw 模型中，对于潜流层的模拟有如下三种形式：

（1）无潜流模拟。选择该选项标志着水体和潜流多孔水之间的物质传输以及潜流层的水质动态变化将不会被模拟。

（2）Level 1 模式。选择该模式，标志着在潜流层发生的零阶或者一阶活性 BOD 氧化导致的 BOD 和溶解氧的减少将被模拟。

（3）Level 2 模式。选择该模式标志着在潜流层中，异养微生物的生长，呼吸以及 BOD、溶解氧和营养盐增加导致的死亡将会被模拟。

在 QUAL2Kw 模型中，针对除底藻之外的所有状态变量，水体中每一个河段内，一个一般意义的物质守恒方程可表示如下：

$$\frac{\mathrm{d}C_i}{\mathrm{d}t}=\frac{Q_{i-1}}{V_i}C_{i-1}-\frac{Q_i}{V_i}C_i-\frac{Q_{\mathrm{AB},i}}{V_i}C_i+\frac{E'_{i-1}}{V_i}\left(C_{i-1}-C_i\right)+\frac{E'_i}{V_i}\left(C_{i+1}-C_i\right)+\frac{W_i}{V_i}+S_i+\frac{E'_{\mathrm{HYP},i}}{V_i}\left(C_{2,i}-C_i\right) \tag{5-30}$$

式中：$Q_{\mathrm{AB},i}$——河段 i 的取水量，$\mathrm{m^3/s}$；

C_i，C_{i-1}——分别为 i 和 $i-1$ 河段的物质组分质量浓度，mg/L；

Q_{i-1}——河段 i 的流入流量，$\mathrm{m^3/s}$；

Q_i——河段 i 的流出流量，$\mathrm{m^3/s}$；

V_i——河段 i 的体积，L；

E'_i，E'_{i-1}——河段间的弥散系数，L/d；

W_i——河段 i 的外源负荷量，mg/d；

S_i——化学反应或物质交换的负荷量，mg/（L·d）；

$E'_{\mathrm{HYP},i}$——河段 i 的底质交换系数，L/d；

t——时间，s；

$C_{2,\mathrm{i}}$——第 i 河段潜水层的物质质量浓度，mg/L。

河段 i 与大气、水体、潜流、底泥之间的物质传输平衡关系见图 5-12。

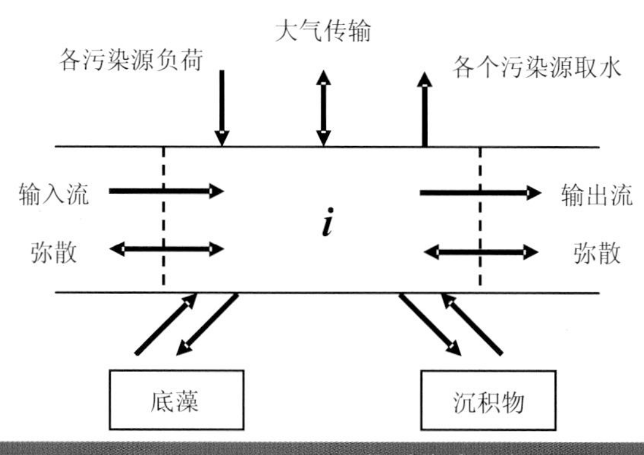

图 5-12 河段 i 的物质传输平衡

化学反应或物质交换的负荷主要是由于污染物在河段中发生生物、物理、化学反应而增加或减少，模型动力学和物质传输转化过程如图 5-13 所示。

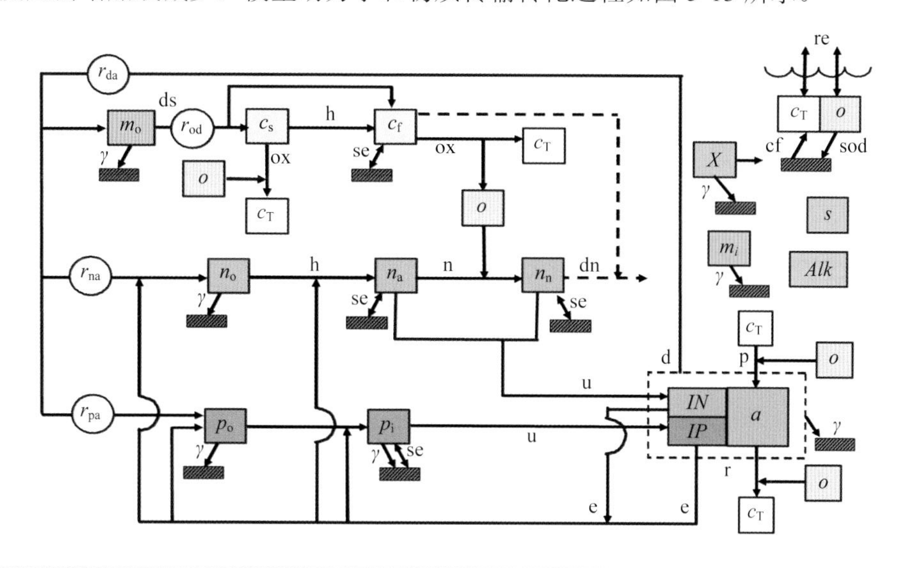

图 5-13　QUAL2Kw 模型动力学和物质传输转化过程

图 5-13 中，ds 代表溶解，h 为水解，ox 为氧化，n 为硝化，dn 为反硝化，p 为光合作用，r 为呼吸作用，e 为分泌，d 为死亡，u 为消耗，在物质转移中，re 代表曝气，s 为沉降，sod 为底质需氧，se 为沉积物交换，cf 为沉积物无机碳流，a 代表浮游植物和藻类，*IN* 和 *IP* 分别为 *a* 中物质的 *N* 和 *P* 组分。其他物质参数见表 5-3。

表 5-3　QUAL2Kw 模型参数

指标	符号	单位
电导率	γ	μS/cm
无机悬浮物质量浓度	m_i	mgD/L
溶解氧质量浓度	o	mgO_2/L
惰性 BOD	c_s	mgO_2/L
活性 BOD	c_f	mgO_2/L
有机氮质量浓度	n_o	gN/L
氨氮质量浓度	n_a	gN/L
硝态氮质量浓度	n_n	gN/L

指标	符号	单位
有机磷质量浓度	p_o	gP/L
无机磷质量浓度	p_i	gP/L
浮游植物质量浓度	a_p	gA/L
浮游植物氮质量浓度	IN_p	gN/L
浮游植物磷质量浓度	IP_p	gP/L
腐殖质质量浓度	m_o	mgD/L
细菌	X	cfu/100 mL
碱度	Alk	$mgCaCO_3/L$
总无机碳含量	c_T	mol/L
底藻含量	a_b	mgA/m^2
底藻氮含量	IN_b	mgN/m^2
底藻磷含量	IP_b	mgP/m^2

5.2.4 QUAL2Kw 的校准模块

QUAL2Kw 所采用的遗传算法是 Carbonneau 和 Knapp 于 1995 年开发的 PIKAIA 模块。PIKAIA 模块根据模拟值和实测值的匹配度去寻找最优的参数集，其目标函数如下式所述：

$$f(x)=\left[\sum_{i=1}^{q}W_i\right]\left[\sum_{i=1}^{q}\frac{1}{W_i}\left[\frac{\frac{\sum_{j=1}^{m}O_{i,j}}{m}}{\left[\frac{\sum_{j=1}^{m}(P_{i,j}-O_{i,j})^2}{m}\right]^{1/2}}\right]\right] \tag{5-31}$$

式中：$O_{i,j}$—— 观测值；

$P_{i,j}$—— 预测值；

m—— 预测值-观测值对的个数；

W_i—— 每一种指标的权重因子；

q—— 不同的状态变量的个数。

通过函数 $f(x)$ 可以得出模型模拟预测的适应度。在校准的过程中，PIKAIA 模块根据每一次迭代的适应度去动态地调整突变概率，进而使得校准的最后参数集更加接近全局最优参数集。

遗传算法是一种效仿生物进化演变的搜索寻优方法，它根据“优胜劣汰，适者生存”的生态学原则，借助复制、交换、突变等处理技术，使要求解的优化问题逐步逼近最优解，因此，遗传算法又被称为进化计算。

概括地讲，遗传算法主要执行的算法过程如下：

（1）随机建立由字符串组成的初始群体；

（2）根据适应度函数，计算各个个体的适应度；

（3）根据所设定的遗传规律，利用下面操作产生新的群体：

①复制，将已有的优良个体复制后直接添加到新群体中，删除不良个体。

②交换，通过一定的方法，选出两个个体进行局部交换，将所产生的新个体添入到下一代群体中。

③突变，通过一定的办法，选出一部分新个体，随机地改变某一个体的字符后添加到新群体中。

（4）反复循环执行（2）、（3）后，一旦达到设定的终止条件，那么选择最优的个体作为遗传算法的寻优结果。

遗传算法流程如图 5-14 所示。

遗传算法在寻优的过程中，并不关注待求解问题本身的数学特性，它本质上是一个具有定向制导特性的随机搜索方法。由于遗传算法并不关注问题本身的数学特性，所以对于多极值问题，它具有较好的全局寻优能力。但是其局部寻找最优参数集的能力较差，是否能够在局部最优参数集中找到该局部的最优参数是随机的。

5.3　河道水质模型的应用案例

5.3.1　研究区域

本案例选定新安江流域的率水大桥（29°42′14″N，118°17′28″E）作为模型模拟上游边界，街口（29°43′34″N，118°42′50″E）作为下游边界（图 5-15）。采样点位的具体说明如表 5-4 所示。

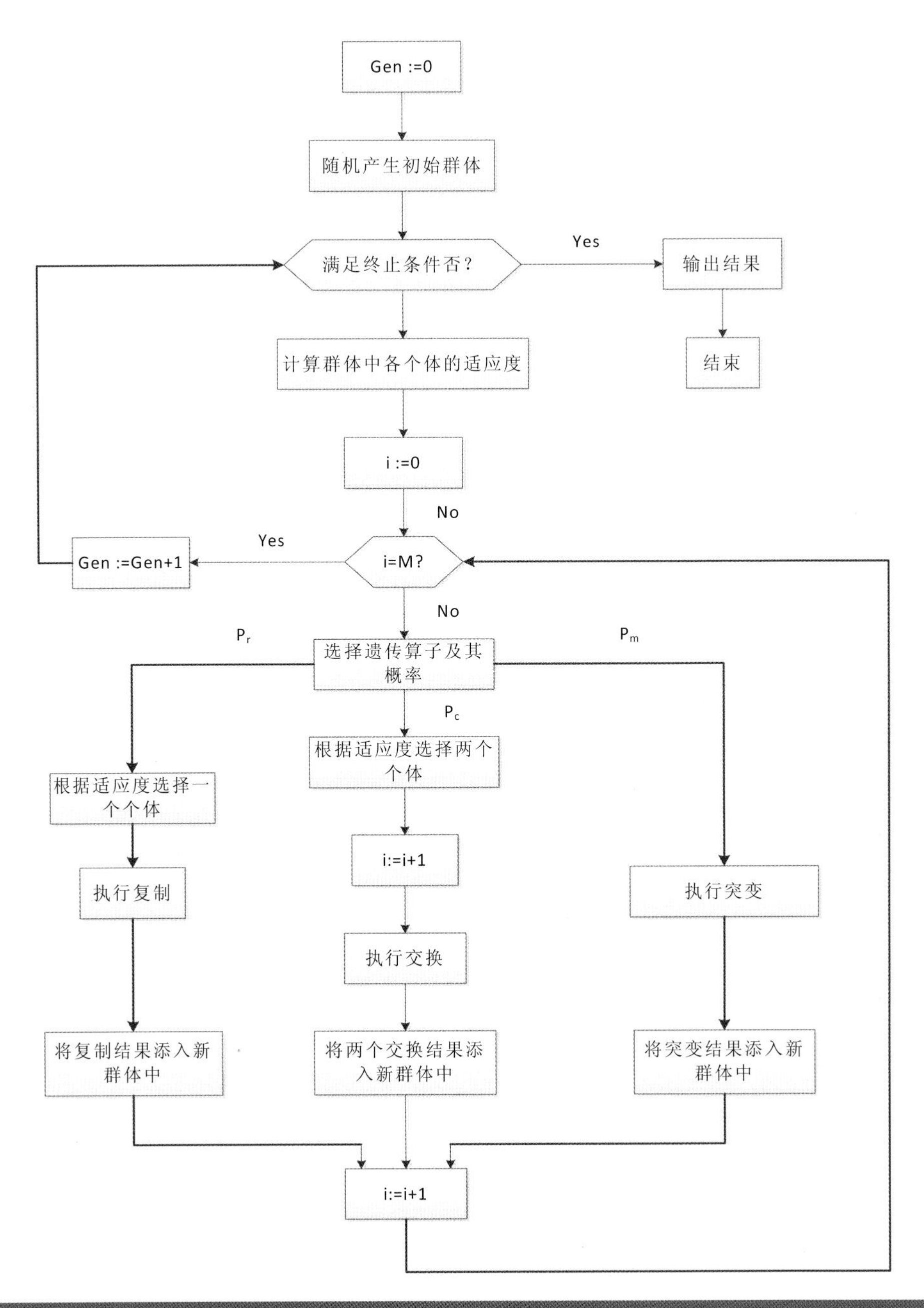

图 5-14　遗传算法的一般流程

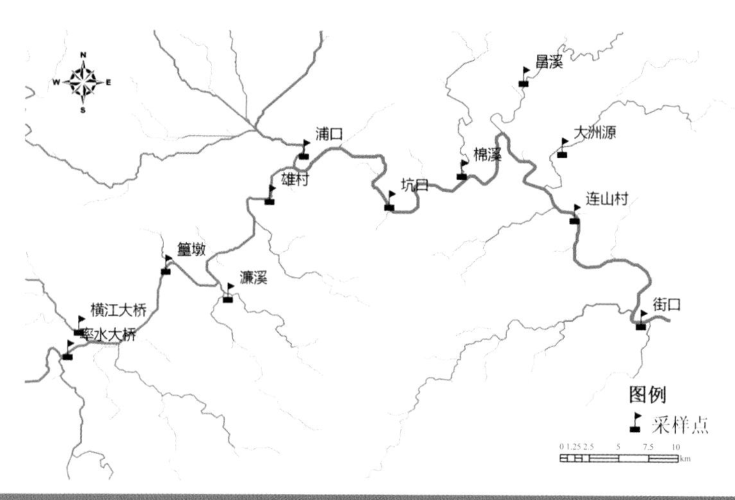

图 5-15　采样点分布图

表 5-4　监测站点具体说明

类型	监测站点名称	距离/km	位置
源头水	率水大桥	85.59	率水大桥附近
干流点位	篁墩	74.1	棉溪上游 500 m
	雄村	57.48	饮用水水源地附近
	坑口	41.5	省控监测断面
	连山村	14.56	大洲源下游 3 000 m
	街口	0	国控断面
支流点源	大洲源	18.11	大洲源上游 1 000 m
	昌溪	25.59	昌溪上游 2 000 m
	棉溪	32.34	棉溪上游 500 m
	浦口	54.04	省控断面
	濂溪	69.16	濂溪上游 200 m
	横江	84.34	横江大桥附近
工厂点源	化工厂 1	28.16	歙县
	化工厂 2	70.67	歙县
	污水处理厂	80.47	屯溪区

5.3.2　模型输入数据的构建

本模型使用 2012 年 7 月 8—10 日，2012 年 9 月 23—26 日所得的河道水质浓度监测数据。其中 2012 年 7 月 8—10 日数据用作模型参数率定，2012 年 9 月 23—26 日数据用作模型验证。

5.3.2.1 河段划分

河段是 QUAL2Kw 的基本运算单元，在本案例中，依据水文条件的一致性将新安江干流全长 85.59 km 划分为 43 个河段。

5.3.2.2 水文、气象数据的获取

QUAL2Kw 模型需要的水文、气象数据包括：河段的位置、海拔、Rating Curves 经验系数、气温、露点温度、风速、云覆盖率、阴影率。

河段的位置、海拔通过 ArcGIS 得到，Rating Curves 经验系数根据河道宽度和流量确定，气温根据气象站监测数据平均气温经正弦曲线拟合后逐时给出，风速和云覆盖率根据气象站监测数据推导得出，阴影率根据监测时天气状况设定为 5.0%，露点温度根据马格拉斯公式推导得出：

$$T_{\mathrm{d}}=\frac{b\times\log\left(\frac{p}{p_0}\right)}{a-\log\left(\frac{p}{p_0}\right)} \tag{5-32}$$

式中：T_d —— 露点温度，℃；

p —— 实际蒸汽压，kPa，根据 Goff-Grattch 饱和水汽压公式推导得出；

p_0 —— 0℃的饱和水汽压，kPa；

a —— 系数，取 7.69；

b —— 系数，取 243.92。

5.3.2.3 水质数据的构建

源头水和支流点源需要监测的指标包括流量、水温、pH、碱度、TSS、VSS、电导率、DO、COD、BOD_5、氨氮、硝态氮、有机氮、总磷、无机磷、叶绿素 a。干流中除了需要监测源头水中提到的指标外，还可以选测总氮、底藻、TOC 等。如果条件允许的话，整个河段还可以配合水文部门监测底藻干重（选测）、河底坡度、曼宁粗糙系数、河底宽和河岸坡度。每一种监测指标的监测方法如下：

（1）水温：温度电极法。

（2）pH：玻璃电极法。

（3）碱度：尽量用自动监测装置测定，否则使用滴定法，依据标准为《化学试剂酸度和碱度测定通用方法》（GB/T 9736—2008）。

（4）电导率：电导率仪。

（5）DO：电化学探头法。

（6）TSS：过滤干燥法。

（7）VSS：燃烧法。

（8）COD：重铬酸钾法。

（9）BOD_5：稀释与接种法。

（10）氨氮：水杨酸分光光度法。

（11）硝态氮：紫外分光光度法。

（12）有机氮：凯氏氮测量方法。

（13）总氮：碱性过硫酸钾消解紫外分光光度法。

（14）总磷：钼酸铵分光光度法。

（15）叶绿素 a：分光光度计法，依据标准为《油菜籽叶绿素含量测定分光光度计法》（GB/T 22182—2008）。

在采样监测的过程中，采集水样时需要遵循等时混合水样的原则。所有的样品在采集和运送的过程中需要遵循国家标准《水样采集，样品的保存和管理技术规定》（HJ 493—2009）。通过通用流域负荷模型（GWLF）对新安江流域进行模拟，得到各个河段的面源氮磷数据。

其中，源头水数据需要逐时给出，源头水指标中的水温、溶解氧、有机氮、有机磷和 pH 按照正弦曲线拟合，逐时给出。点源数据需要给出每个指标的平均值、变化范围以及最大值出现时间，模型按照正弦曲线拟合进行模拟。

5.3.2.4　模型校准

模型采用遗传算法作为其校准模块，为了得到参数的全局最优解，同时保证率定效率与遍历性，遗传算法参数设定如下：遗传代数 200，每代 100 个个体，个体交叉概率 0.85，采用浮动变异算子以防止模型早熟，适应度函数则由下式给出：

$$f(x)=\sum_{i=1}^{n}W_i \Bigg/ \left[\left(\sum_{i=1}^{n}W_i\right)\left[\frac{\left[\sum\left(O_{ij}-P_{ij}\right)^2/m\right]^{1/2}}{\sum\left(O_{ij}+P_{ij}\right)/m}\right]\right] \tag{5-33}$$

式中：W_i—— 指标权重；

O_{ij}—— 观测值；

P_{ij}—— 模拟值；

m—— 观测值数量。

以率定期的篁墩、雄村饮用水水源地取水口、坑口、大洲源入新安江后3 000 m、街口处的干流站点数据作为校准数据集，并借鉴相关文献选取合理的参数取值范围，使用遗传算法进行模型校准，得出与实测数据最佳拟合的模型参数。其中温度校正反映的是相应速率随温度变化而变化的程度；CBOD 指的是碳质BOD，而活性 CBOD 指所有能被分解氧化的有机碳，惰性 CBOD 指的是总有机碳减去活性 CBOD。所得新安江干流模型校准参数集见表 5-5。

表 5-5　新安江干流 QUAL2K 模型校准参数集

参数		数值	单位
化学系数	碳	40	gC
	氮	7.2	gN
	磷	1	gP
	干重	100	gD
	叶绿素 a	1	gA
无机悬浮物	沉降速率	1.829 26	m/d
溶解氧	单位碳耗氧	2.69	gO_2/gC
	单位氨耗氧	4.57	gO_2/gN
	BOD 氧化氧气限制系数	0.6	L/mgO_2
	硝化氧限制系数	0.6	L/mgO_2
	反硝化氧提升系数	0.6	L/mgO_2
	浮游植物呼吸氧限制系数	0.6	L/mgO_2
	底藻呼吸氧提升系数	0.6	L/mgO_2
惰性 CBOD	水解速率	2.508 7	d^{-1}
	温度校正	1.047	
	氧化速率	0.027 75	d^{-1}
	温度校正	1.047	
活性 CBOD	氧化速率	0.007 6	d^{-1}
	温度校正	1.047	
有机氮	水解速率	4.437 15	d^{-1}
	温度校正	1.07	
	沉降速率	0.416 46	m/d
氨氮	硝化速率	0.267 4	d^{-1}
	温度校正	1.07	

参数		数值	单位
硝态氮	反硝化速率	0.922 04	d^{-1}
	温度校正	1.07	
	底质反硝化转换系数	0.094 89	m/d
	温度校正	1.07	
有机磷	水解速率	2.237 8	d^{-1}
	温度校正	1.07	
	沉降速率	1.029 34	m/d
无机磷	沉降速率	0.058 34	m/d
	底质磷氧限制半饱和常数	1.523 36	mgO_2/L
浮游植物	最大生长率	2.438 355	d^{-1}
	温度校正	1.07	
	呼吸速率	0.064 8	d^{-1}
	温度校正	1.07	
	死亡速率	0.256 06	d^{-1}
	温度校正	1.07	
	氮半饱和常数	15	μgN/L
	磷半饱和常数	2	μgP/L
	无机碳半饱和常数	0.000 013	mol/L
	光常数	57.6*	ly/d
	氨氮偏好	25	μgN/L
	沉降速率	0.15	m/d
底部植物	最大生长率	52.612	gD/（$m^2 \cdot d$）或 d^{-1}
	温度校正	1.07	
	一阶模型荷载能力	100	gD/m^2
	基本呼吸速率	0.484 34	d^{-1}
	光和呼吸速率系数	0.389	量纲为一
	温度校正	1.07	
	分泌速率	0.082 175	d^{-1}
	温度校正	1.07	
	死亡速率	0.187 235	d^{-1}
	温度校正	1.07	
	外部氮半饱和常数	264.903	μgN/L

参数		数值	单位
底部植物	外部磷半饱和常数	6.276	μgP/L
	无机碳半饱和常数	5.98096×10^{-5}	mol/L
	光常数	4.892 68	ly/d
	氨氮偏好	94.534 21	μgN/L
	氮配额	7.605 738 72	mgN/gD
	磷配额	5.965 438 6	mgP/gD
	氮最大吸收速率	812.495 5	mgN/（gD·d）
	磷最大吸收速率	123.176	mgP/（gD·d）
	内部氮半饱合比例	1.744 844 5	—
	内部磷半饱合比例	4.839 432 5	—
	氮吸收水体比例	1	—
	磷吸收水体比例	1	—
腐殖质	溶解速率	3.591 8	d^{-1}
	溶解速率温度校正	1.07	
	沉降速率	2.042 75	m/d
孔隙水代谢	生物膜最大生长率	5	gO_2/（m^2·d）或 d^{-1}
	温度校正	1.047	
	FBOD 半饱和常数	0.5	mgO_2/L
	氧限制参数	0.6	L/mgO_2
	呼吸速率	0.2	d^{-1}
	温度校正	1.07	
	死亡速率	0.05	d^{-1}
	温度校正	1.07	
	外部氮半饱和常数	15	μgN/L
	外部磷半饱和常数	2	μgP/L
	氨氮偏好	25	μgN/L
	一阶模型荷载能力	100	gD/m^2
通用组分	降解速率	0.8	d^{-1}
	温度校正	1.07	
	沉降速率	1	m/d

*：浮游植物光常数在半饱和模型中为半饱和系数。

5.3.3　模型结果

5.3.3.1　模型校准

QUAL2Kw 模型模拟的参数包括水温、pH、电导率、碱度、悬浮性颗粒物、溶解氧、腐殖质、活性 CBOD 和惰性 CBOD、有机氮、硝态氮、氨氮、有机磷、无机磷、浮游植物、底藻、病原体等参数。模型校准后的模拟效果如图 5-16～图 5-19 所示，包括模拟的流量（实际监测获得）、溶解氧、总氮和总磷指标。其中，总氮的决定系数（R^2）为 0.931 7，纳氏系数为 0.767 0；总磷决定系数（R^2）为 0.658 7，纳氏系数为 0.556 2，可以得出模型模拟结果能较好地反映河道实际情况。

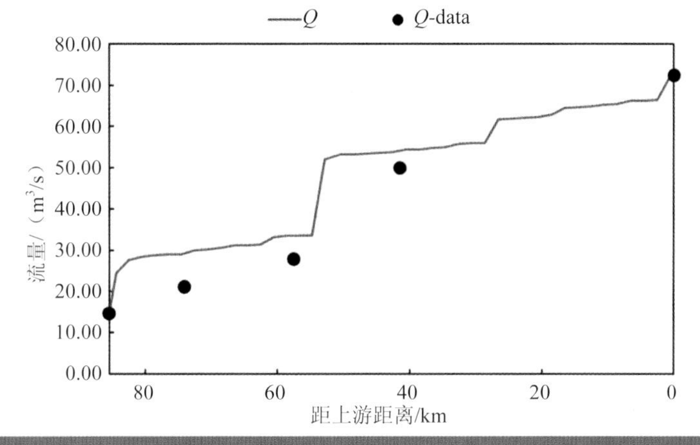

图 5-16　QUAL2Kw 模型流量模拟结果（校准后）

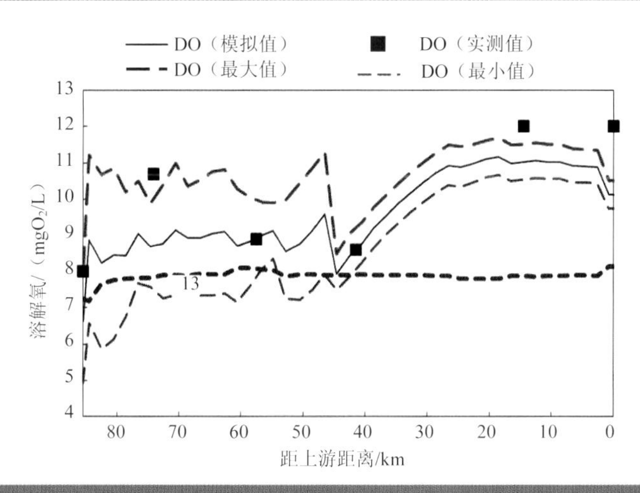

图 5-17　QUAL2Kw 模型溶解氧模拟结果（校准后）

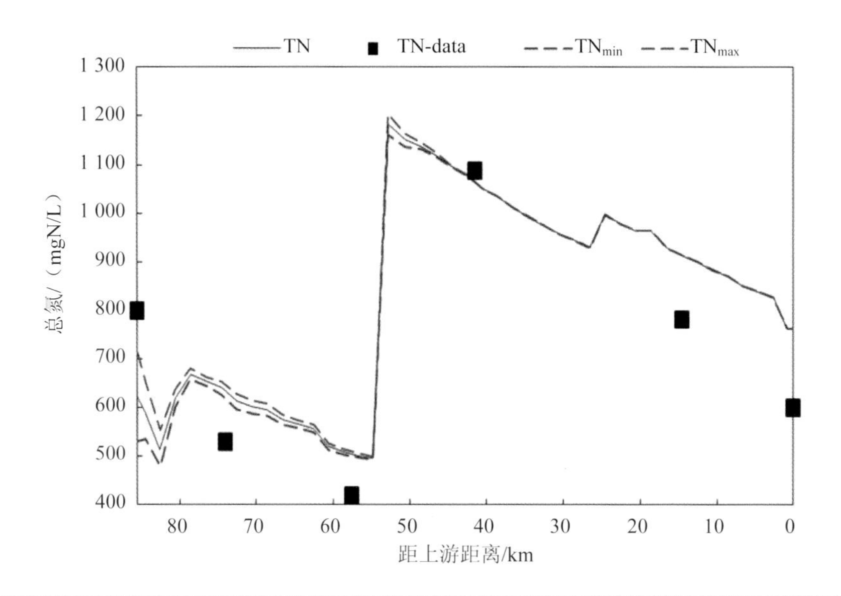

图 5-18 QUAL2Kw 模型总氮模拟结果（校准后）

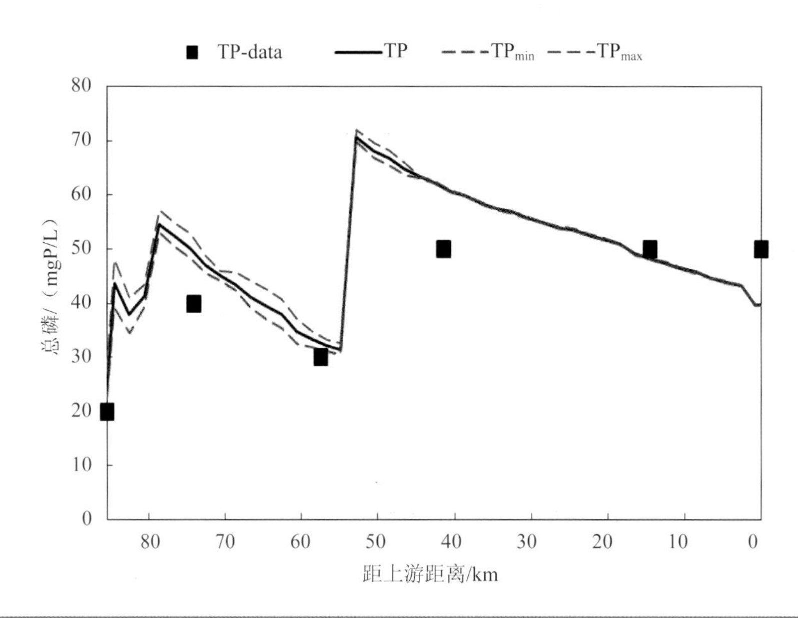

图 5-19 QUAL2Kw 模型总磷模拟结果（校准后）

5.3.3.2　模型验证

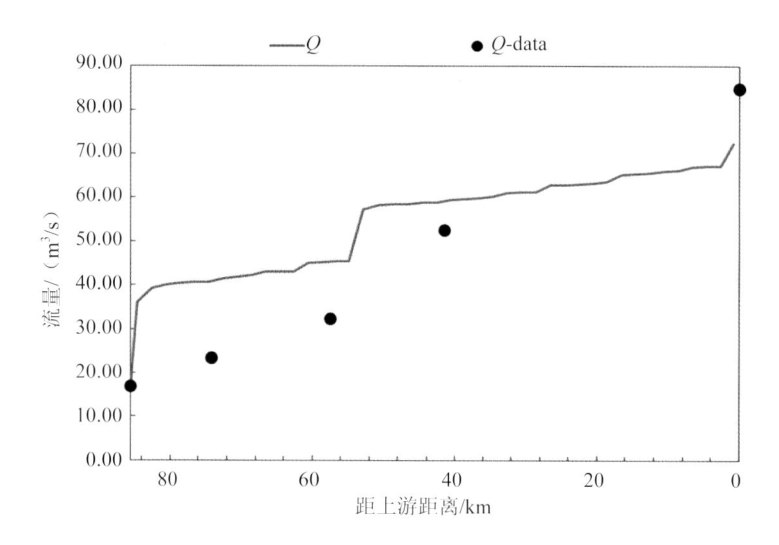

图 5-20　QUAL2Kw 模型流量模拟验证结果

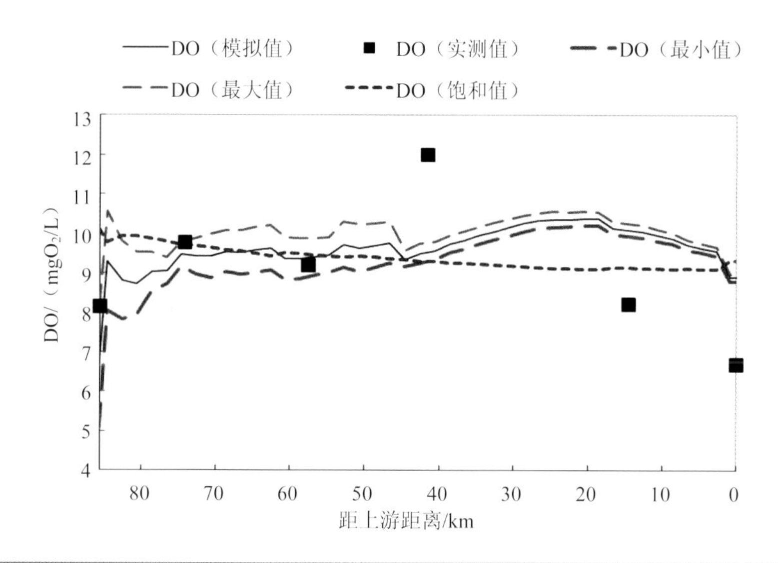

图 5-21　QUAL2Kw 模型溶解氧模拟验证结果

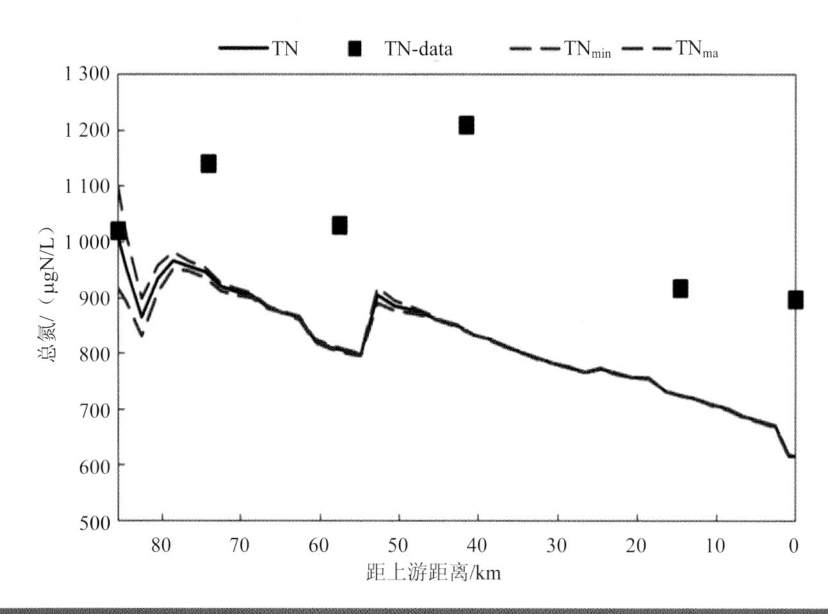

图 5-22 QUAL2Kw 模型总氮模拟验证结果

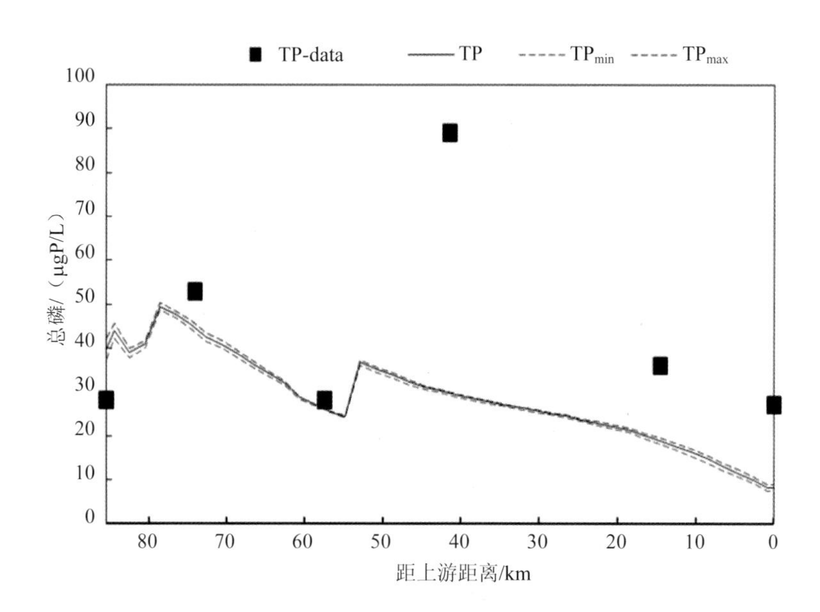

图 5-23 QUAL2Kw 模型总磷模拟验证结果

经过参数率定之后，将 2012 年 9 月 23—26 日所测数据输入模型，进行模型验证。所得部分模拟结果如图 5-20～图 5-23 所示，依次为流量、溶解氧、总氮、总磷。

从图中可看出，总氮、总磷模拟结果整体偏低，推测其主要原因：一方面，在数据监测上，可能存在一定的偏差；另一方面，不同月份，环境状况会有所不同，进而表征环境特征的特定参数会有所差别，由此导致模型验证结果偏差较大。但是总体说来 QUAL2Kw 模型能够较好地模拟出河道的水质状况。

5.3.3.3 QUAL2Kw 模型应用的建议与展望

相比于其他水质模型，QUAL2Kw 模型所需数据量较少，且可模拟出表征河流水质状况的十几种指标，能够描述各个污染物质在河道中的空间变化状况，应用 QUAL2Kw 模型模拟河流水质状况，有利于相关水环境管理部门提高河道水质管理水平。

研究人员于 2012 年 7 月、9 月应用 QUAL2Kw 模型对新安江干流水质进行了模拟，尽管模拟的结果能够整体上反映河道实际水质状况，但是模型模拟值与实测值仍然存在一定的偏差，分析大致存在以下几点原因：

（1）QUAL2Kw 模型整体上是适合于模拟一个处于稳定状态的河流，在应用 QUAL2Kw 模型模拟新安江干流水质状况的研究中，进行一次采样监测，仅仅能够模拟出与采样期水文环境、气候条件一致的时期内的水质状况，并不能模拟出水文条件以及气候条件发生变化后的水质状况。

（2）QUAL2Kw 模型是机理性水质模型，用于描述水体中各组分之间的物理、化学、生物和生态等方面的变化规律及相互作用，各个物质之间存在紧密的联系。该模型对监测数据比较敏感，在存在数据缺失或是数据不准确的前提下，将会导致模型模拟结果失真。

综上所述，QUAL2Kw 模型能够对河流的一个特定状态进行水质模拟，能够模拟出该状态下河道的水质状况，且无须重新进行河道水质数据的监测，这有利于降低监测数据成本以及提高河道水质管理效率。目前，国内存在已有数据无法满足模型需求、监测数据不准确等问题，应用 QUAL2Kw 模型模拟河道水质的模拟精度有待提高，但该精度尚能够满足目前我国河道水质管理的需求。随着水质数据准确度不断提高以及水质数据的不断完善，QUAL2Kw 模型将会实现更加准确地模拟河道水质状况，且应用将越来越广泛。

第 6 章 分布式水文模型：SWAT

本书使用德国农工大学官网下载的 ArcSWAT2009、SWAT-Editor 以及 SWAT-CUP 等一系列软件构建屯溪流域 SWAT 模型数据库，进行屯溪流域的面源模拟研究。首先利用 ArcSWAT2009 空间分析工具将流域数字化，提取出各种流域参数到数据库中，然后使用 SWAT-Editor（模型自带的 SCE-UA 校准算法）和 SWAT-CUP（SUFI-2 算法）对参数进行敏感性分析、校准和不确定性分析，对模型适用性进行评价。最后再使用 ArcSWAT 对模拟结果进行空间展示，并对流域关键面源污染源区进行识别，有针对性地设计管理情景，为流域水环境管理提供参考。

6.1 SWAT 模型结构及主要原理

SWAT 模型是一个连续时间、半分布式、基于过程的流域模型，能够用于较大的流域和复杂的下垫面条件，各种土壤、土地利用类型及农业管理措施的组合，评价对流域产流、产沙及农业化学物质迁移、转化的影响。SWAT 模型最初是由美国农业部农业研究所（USDA—ARS）支持开发的，到目前已经有 30 余年的发展历史和研究经验。本书使用的 SWAT 2009 版本的模型和代码吸收了诸多早期面源模型的核心组件，并且不断改进其内部子模型，如图 6-1 所示。SWAT 模型与现代数学、计算机技术和“3S”技术相结合，形成集空间信息处理、数据库技术、数学计算、可视化表达、友好的输入输出界面等功能于一身的大型专业软件，如 ArcSWAT，AVSWAT 等诸多版本。

SWAT 模型分为子流域模拟和汇流演算两大模块。模型首先将目标流域划分为多个子流域，然后根据土地利用方式、土壤类型和地形等特征细分成若干具有上述相同属性的水文响应单元（HRU），每个 HRU 独立模拟产流、产沙和污染物后汇总到子流域出口。子流域模拟模块包括八大组件：水文组件、泥沙组件、营养物组件、农业管理组件、气象组件、土壤温度组件、作物生长组件、杀虫剂组件。子流域模拟结束后就要在河网和水库/湿地中进行汇流演算，其中河道演算可能用到的模型有：变动存储系数模型或 Muskingum 方法、修正的 Bagnold 水流动力方程、QUAL2E 河道内动力学方程等。模型的运行步长以日为单位，可以模拟和预测较长的时间尺度、较大空间尺度的复杂流域的水文、泥沙和农业化学物质产量情况，其结果可以年、月、日的单位进行结果输出。

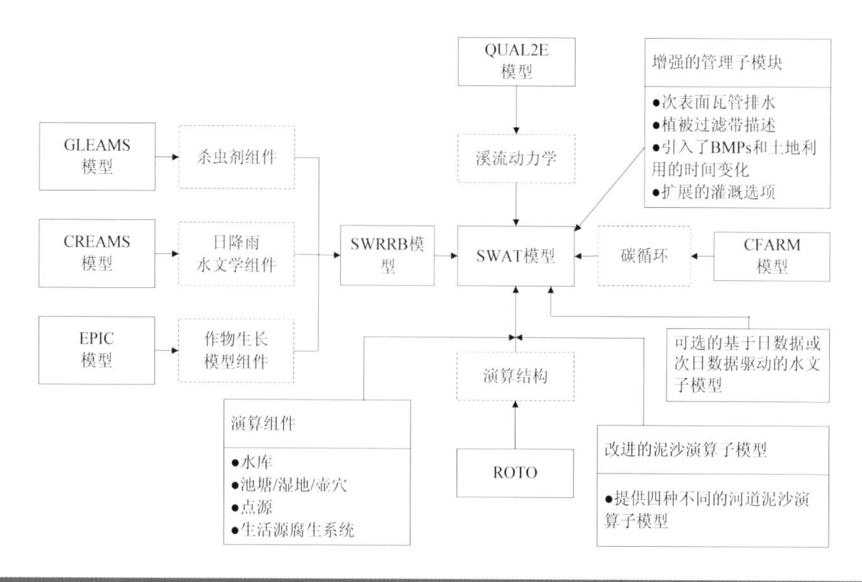

图 6-1　SWAT 模型的主要发展历程[35, 36]

SWAT 模型包括水文过程子模型、土壤侵蚀过程子模型和污染物负荷子模型，每个子模型又分为陆域模块和河道/水库模块两个部分，其基本原理介绍如下。

6.1.1　水文过程模拟

SWAT 模型水循环是流域内泥沙、营养物的产生与迁移的基础。其水循环路径示意图见图 6-2，主要包括大气水、土壤水、地表水、地下水四大水文过程。

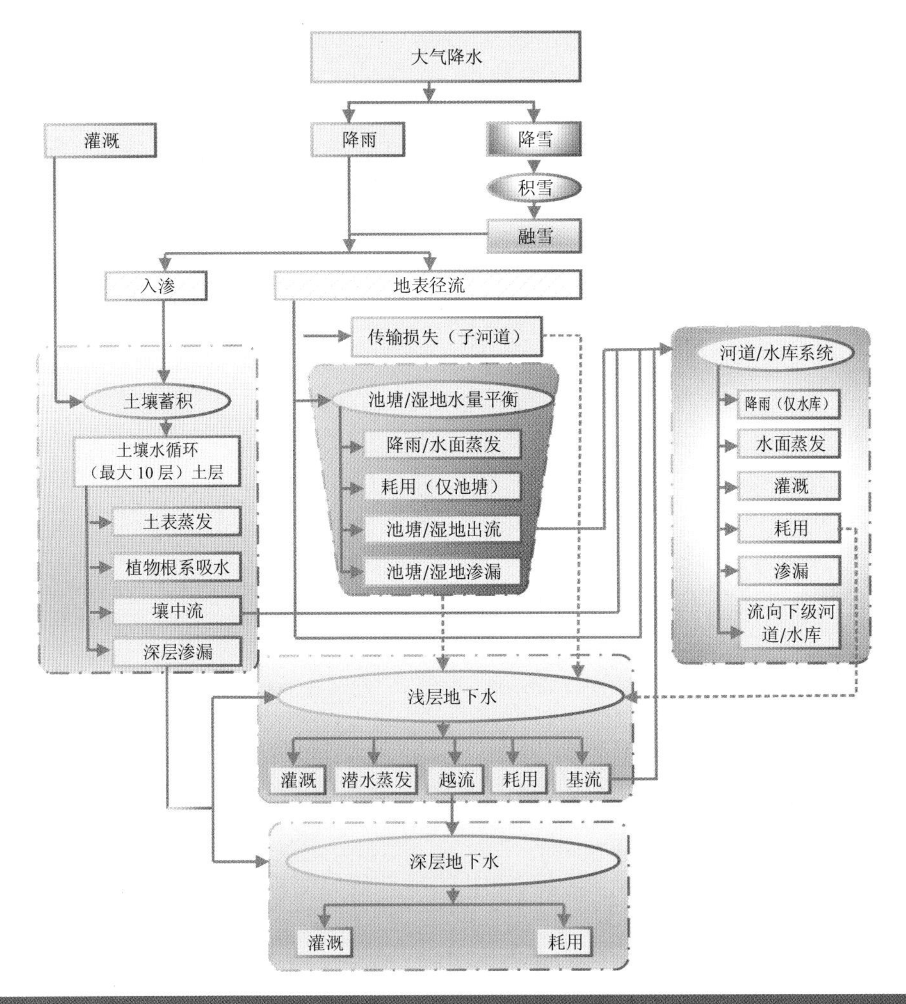

图 6-2　SWAT 水循环路径示意图

6.1.1.1　大气水过程

SWAT 模型流域水文循环是由气候驱动并提供了湿度和能量输入，主要气候变量有：日降水、最高/最低温度、太阳辐射、风速和相对湿度，这些因素控制着水量平衡。模型可以直接读取特定格式的实测数据，也可以通过天气发生器模拟生成。SWAT 模型根据日平均气温将降水分为雨或雪，同时考虑冠层截留（仅 Green-Ampt 选项使用）、积雪（水量平衡法）、融雪（度日因子法）和积雪升华等过程。

6.1.1.2　土壤水过程

SWAT 模型可最多将土壤分为 10 层，其土壤水过程主要有入渗、土表蒸发、植被蒸腾[①]、壤中流、灌溉和深层渗漏等。其土壤平衡方程为：

$$W'_{\mathrm{Sol}} = W_{\mathrm{Sol}} + \mathrm{Irri} + \mathrm{Filt} - E_{\mathrm{Sol}} - E_{\mathrm{Plant}} - E_{\mathrm{Lat}} - E_{\mathrm{Seep}} \tag{6-1}$$

式中：W'_{Sol}——当天的土壤水蓄积量，mm；

W_{Sol}——前天的土壤水蓄积量，mm；

Irri——灌溉补水量，mm；

Filt——入渗水量，mm；

E_{Sol}——土表蒸发量，mm；

E_{Plant}——植被蒸腾量，mm；

E_{Lat}——壤中流，mm；

E_{Seep}——深层渗漏量，mm。

（1）入渗量计算

两种方法可选：SCS 曲线法（日尺度，原理同 GWLF 模型）和 Green-Ampt 方法（半小时或小时雨量，迭代计算）。入渗量等于降雨量减去产流量：

$$\mathrm{Filt}=R_{\mathrm{day}} - Q_{\mathrm{surf}} \tag{6-2}$$

式中：R_{day}——降雨量，mm；

Q_{surf}——产流量，mm。

（2）土表蒸发量计算

首先计算土壤潜在蒸发量：

$$E_s=E_o\,\mathrm{cov}_{\mathrm{Sol}} \tag{6-3}$$

式中：$E\mathrm{s}$——土壤潜在蒸发量，$\mathrm{mmH_2O}$；

E_o——考虑冠层自由水分蒸发调整后的潜在蒸发量，$\mathrm{mmH_2O}$；

$\mathrm{cov_{sol}}$——土被指数。

土被指数由下式得到：

$$\mathrm{cov_{Sol}}= \exp(-5.0 \times 10^{-5} \times \mathrm{CV}) \tag{6-4}$$

式中：CV——地表生物量和残余物，$\mathrm{kg/hm^2}$。

① 图 6-2 缺失此项。

然后再利用土壤潜在蒸发—埋深关系曲线对各个土层进行潜在蒸发分配：

$$E_{soil,z}=E_{s}\times\frac{z}{z+\exp(2.374-0.00713\times z)} \quad (6\text{-}5)$$

$$E_{soil,ly}=E_{soil,zl}-E_{soil,zu}\times esco \quad (6\text{-}6)$$

最后，根据各层土壤含水率与田间含水量比较计算实际蒸发量：

$$E'_{soil,ly}=\begin{cases}E_{soil,ly}\times\exp\left(\dfrac{2.5\left(SW_{ly}-FC_{ly}\right)}{FC_{ly}-WP_{ly}}\right), & 当SW_{ly}<FC_{ly}时\\ E_{soil,ly}, & 当SW_{ly}\geqslant FC_{ly}时\end{cases} \quad (6\text{-}7)$$

式中：z——土壤深度，mm；

$E_{soil,z}$——土壤深度 z 的含水量，mmH$_2$O；

$E_{soil,ly}$——土层 1 年的含水量，mmH$_2$O；

$E_{soil,zl}$ 和 $E_{soil,zu}$——分别为土壤层底部和顶部的含水量，mmH$_2$O；

esco——土壤蒸发补偿系数；

$E'_{soil,ly}$——土壤层 1 年的实际蒸发量，mm；

FC_{ly}、SW_{ly}、WP_{ly}——分别为土壤层 1 年的田间持水量、土壤水含量和凋萎点水量，mmH$_2$O。

（3）植被蒸腾量计算

和土壤蒸发量计算类似，模型首先计算植物根系潜在蒸腾量，模型提供了 Penman-Monteith（需要太阳辐射、空气温度、相对湿度和风速数据）、Priestley-Taylor（需要太阳辐射、空气温度和相对湿度数据）和 Hargreaves（仅需要空气温度数据）3 种计算潜在蒸散发能力的方法。然后对各个土层进行潜在蒸腾分配（引入植物吸收补偿系数 epco），最后根据土壤含水率情况计算实际蒸腾量。

（4）壤中流计算

使用动力蓄水模型的方法：

$$E_{lat}=0.024\times\left(\frac{2\times SW_{ly,excess}\times K_{sat}\times slp}{\phi_{d}\times L_{hill}}\right) \quad (6\text{-}8)$$

式中：E_{lat}——壤中流量，mmH$_2$O；

$SW_{ly,excess}$——重力水，mm H$_2$O；

K_{sat}——饱和水力传导度，mm/h；

slp——坡度（与地面夹角的正切值）；

ϕ_d——土壤可排水的孔隙度，mm/mm；

L_{hill}——坡长，m。

（5）深层渗漏量计算

上层重力水向下层的渗漏用一种储量方法计算：

$$w_{prec,ly} = SW_{ly,excess} \times (1 - \exp\left[\frac{-\Delta t}{TT_{prec}}\right]) \tag{6-9}$$

式中：$w_{prec,ly}$——分层下渗量，mmH_2O；

$SW_{ly,excess}$——土层的重水含水量，mmH_2O；

Δt——计算时段，d；

TT_{prec}——参考下渗时间，d。

6.1.1.3　地下水过程

SWAT 模型在概念上将地下水分为浅层地下水和深层地下水，而子流域之间的地下水相对独立，不考虑侧向流动。

（1）浅层地下水过程

包括入渗补给、基流输出、潜水蒸发、补给深层地下水、灌溉耗用等，平衡方程为：

$$aq_{sh,i} = aq_{sh,i-1} + w_{rchrg,sh} - Q_{gw} - w_{revap} - w_{pump,sh} \tag{6-10}$$

式中：$aq_{sh,i}$ 和 $aq_{sh,i-1}$——分别为当天和前一天浅层地下水储存量，mmH_2O；

$w_{rchrg,sh}$——浅层入渗补给量，mmH_2O；

Q_{gw}——基流产生量，mmH_2O；

w_{revap}——潜水蒸发量，mmH_2O；

$w_{pump,sh}$——浅层地下水灌溉耗用量，mmH_2O。

入渗补给主要来自土壤深层渗漏，还有部分渗漏量来自池塘、湿地、河道等。土壤入渗补给方程采用指数衰减函数法：

$$w_{rchrg,i} = \left(1 - \exp\left[-1/\delta_{gw}\right]\right) w_{seep} + \exp\left[-1/\delta_{gw}\right] w_{rchrg,i-1} \tag{6-11}$$

$$w_{seep} = w_{prec,ly=n} + w_{crk,btm}$$

式中：$w_{\mathrm{rchrg},i}$——某一天的含水层补给量，$\mathrm{mmH_2O}$；

δ_{gw}——地质组分的延迟时间，d，不能直接测量，但是可以通过比较实测水位和由不同δ_{gw}模拟得到的水位来确定；

w_{seep}——第 i 天由浅层含水层渗漏进入深层含水层的水量，$\mathrm{mmH_2O}$；

$w_{\mathrm{rchrg},i-1}$——在第 i-1 天由浅层含水层渗漏进入深层含水层的水量，$\mathrm{mmH_2O}$；

$w_{\mathrm{prec},ly=n}$——土壤剖面最底层渗漏的水量，$\mathrm{mmH_2O}$；

n——土壤层数；

$w_{\mathrm{crk,btm}}$——以旁通流方式流出土壤剖面最底层的水量，$\mathrm{mmH_2O}$。

用系数法将部分入渗量补给深层地下水：

$$w_{\mathrm{deep}} = \beta_{\mathrm{deep}} \times w_{\mathrm{rchrg}} \tag{6-12}$$

则浅层地下水补给量为：

$$w_{\mathrm{rchrg,sh}} = w_{\mathrm{rchrg}} - w_{\mathrm{deep}} \tag{6-13}$$

式中：δ_{gw}——补给延迟因子；

w_{deep}——补给深层地下水量，$\mathrm{mmH_2O}$；

w_{rchrg}——含水层补给量，$\mathrm{mmH_2O}$；

β_{deep}——深层地下水补给比例。

基流产生量计算时 SWAT 模型的一个特色是：当浅层含水层的储水量超过一个阈值 $aq_{\mathrm{shthr,q}}$ 时，基流产生并进入河段中，否则为 0：

$$Q_{\mathrm{gw},i}=\begin{cases} Q_{\mathrm{gw},i-1}\exp\left[-\alpha_{\mathrm{gw}}\Delta t\right]+w_{\mathrm{rchrg,sh}}\left(1-\exp\left[-\alpha_{\mathrm{gw}}\Delta t\right]\right), & \text{当}aq_{\mathrm{sh}}>aq_{\mathrm{shthr,q}}\text{时} \\ 0, & \text{当}aq_{\mathrm{sh}}\leqslant aq_{\mathrm{shthr,q}}\text{时} \end{cases} \tag{6-14}$$

式中：α_{gw}——基流退水系数。

（2）深层地下水过程

包括浅层地下水补给和灌溉耗用，其平衡方程为：

$$aq_{\mathrm{dp},i} = aq_{\mathrm{dp},i-1} + w_{\mathrm{deep}} - w_{\mathrm{pump,dp}} \tag{6-15}$$

式中：$aq_{\mathrm{dp},i}$ 和 $aq_{\mathrm{dp},i-1}$——分别为当天和前一天深层地下水储存量，$\mathrm{mmH_2O}$；

$w_{\mathrm{pump,dp}}$——深层地下水灌溉耗用量，$\mathrm{mmH_2O}$。

6.1.1.4　地表水过程

地表水总的来源包括 HRUs 的地表产流和壤中流，以及子流域浅层地下水产生的基流。其水量平衡方程如下：

$$\mathrm{SW_t} = \mathrm{SW_0} + \sum_{i=0}^{t}(R_{\mathrm{day},i} - Q_{\mathrm{surf},i} - E_{a,i} - W_{\mathrm{seep},i} - Q_{\mathrm{gw},i}) \tag{6-16}$$

式中：$\mathrm{SW_t}$——土壤的最终含水量，$\mathrm{mmH_2O}$；

$\mathrm{SW_0}$——土壤前期含水量，$\mathrm{mmH_2O}$；

t——时间步长；

$R_{\mathrm{day},i}$——第 i 天的降水量，$\mathrm{mmH_2O}$；

$Q_{\mathrm{surf},i}$——第 i 天的地表径流，$\mathrm{mmH_2O}$；

$E_{a,i}$——第 i 天的蒸发量，$\mathrm{mmH_2O}$；

$W_{\mathrm{seep},i}$——第 i 天存在于土壤剖面地层的渗透量及侧流量，$\mathrm{mmH_2O}$；

$Q_{\mathrm{gw},i}$——第 i 天的地下水含量，$\mathrm{mmH_2O}$。

地表水过程包括子河道传输过程、水库/池塘等的蓄滞过程、主河道水流演进过程。对于地表径流的计算，可采用 SCS 径流曲线数法或者 Green-Ampt 下渗法。主河道水流演算多采用河槽蓄量法或马斯京根法（Muskingum routing method）。

6.1.2　土壤侵蚀过程模拟

土壤侵蚀模型包括陆面过程及河道过程。

6.1.2.1　土壤侵蚀的陆面过程

采用修正的通用土壤流失方程（MUSLE）来模拟每个 HRU 的水土流失和泥沙产生，公式如下：

$$M_{\mathrm{sed}} = 11.8 \times (Q_{\mathrm{surf}} \times q_{\mathrm{peak}} \times A_{\mathrm{HRU}})^{0.56} \times K_{\mathrm{USLE}} \times C_{\mathrm{USLE}} \times P_{\mathrm{USLE}} \times \mathrm{LS_{USLE}} \times \mathrm{CFRG} \tag{6-17}$$

式中：M_{sed}——土壤侵蚀量，1 000 kg；

Q_{surf}——地表径流，$\mathrm{mm\ H_2O/hm^2}$；

q_{peak}——洪峰径流，$\mathrm{m^3/s}$；

A_{HRU}——水文响应单元（HRU）的面积，$\mathrm{hm^2}$。

K_{USLE}——土壤侵蚀因子，反映了不同类型土壤抵抗侵蚀的能力；它与土壤物理性质有关，如有机质含量、机械组成、土壤结构等；

C_{USLE}——植被覆盖与管理因子，表示植物覆盖和作物栽培措施对防止土壤侵蚀的综合效益；其含义是在地形、土壤、降水条件相同的条件下，种植作物与连续休耕地土壤流失量之比；

P_{USLE}——有保持措施的地表土壤流失与不采取任何措施的地表土壤流失的比值，这里的保持措施包括等高耕作、带状种植和梯田等；

LS_{USLE}——区域内不同的地表形状对土壤侵蚀量的影响，最主要的因素是坡长及坡度等指标。

CFRG 因子通过公式计算可得：

$$\mathrm{CFRG} = \exp\left(-0.053 \times \mathrm{rock}\right) \tag{6-18}$$

式中：rock——第一层土壤中砾石的占比。

K_{USLE}因子，C_{USLE}因子，P_{USLE}因子以及 LS_{USLE}因子是模型中泥沙演算中最重要的参数之一，对模型的模拟有着至关重要的作用。

MUSLE 方程与 USLE 方程的区别在于，USLE 使用降雨量作为侵蚀能量的指标，而 MUSLE 采用径流量来模拟侵蚀和泥沙产量，更能够估算单次暴雨的泥沙产量；且能够很好地与水文模型结合，利用 SWAT 水文模块提供的产流量和洪峰流量进行水土流失的模拟计算，从而提高预报的精度。

6.1.2.2 模型的河道过程

SWAT 2009 版本提供了 4 种可选的河道泥沙输移演算方法，常用的是修正的简单 Bagnold 水流挟沙能力方程计算渠道泥沙的输移，公式如下：

$$\mathrm{conc}_{\mathrm{sed.ch.mx}} = c_{\mathrm{sp}} v_{\mathrm{ch.pk}}^{\ \mathrm{spexp}} \tag{6-19}$$

式中：$\mathrm{conc}_{\mathrm{sed.ch.mx}}$——可以传输到水中的最大泥沙质量浓度，kg/L；

c_{sp}——方程的系数；

$v_{\mathrm{ch.pk}}$——洪峰河道速率，m/s；

spexp——一个用户自定义的参数（1.0～2.0，模型默认为 1.5）。

除此之外，模型还模拟河岸侵蚀，引入了河道可蚀性因子（CH_COV1）和河道植被覆盖因子（CH_COV2）。

6.1.3 污染物负荷模拟

SWAT 模型污染物负荷模拟需要建立土壤化学属性库，能够模拟几种不同形式的氮、磷的迁移与转化：首先土壤中的氮、磷等营养物质通过地表径流、壤中流进入主河道，然后在河道中再进行迁移和转化过程，进入下一个河段。

氮可以通过施肥（化肥和有机肥）、植物残茬、固氮作用和降水进入土壤，通过植物吸收、挥发、反硝化等方式离开土壤。土壤氮可分为两大类：无机氮和有机氮；分为 5 个氮库：铵氮、硝氮、腐殖质（活跃态）、腐殖质（稳定态）和新鲜有机物。

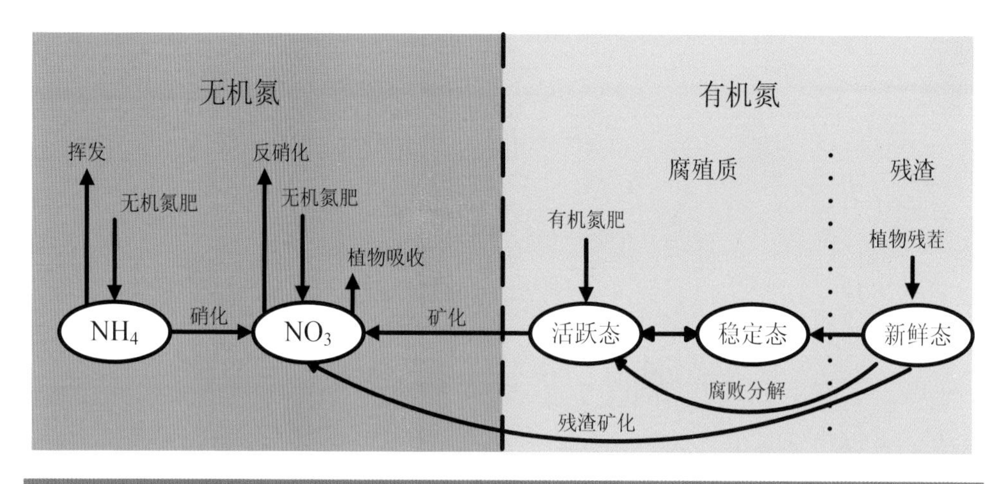

图 6-3　氮库及氮循环简图

磷主要通过施用化肥、粪肥、植物残茬等方式添加到土壤中，通过植物吸收和侵蚀从土壤中移除。如图 6-4 所示，土壤磷库可分为有机磷和无机磷两大类、6 个磷库。

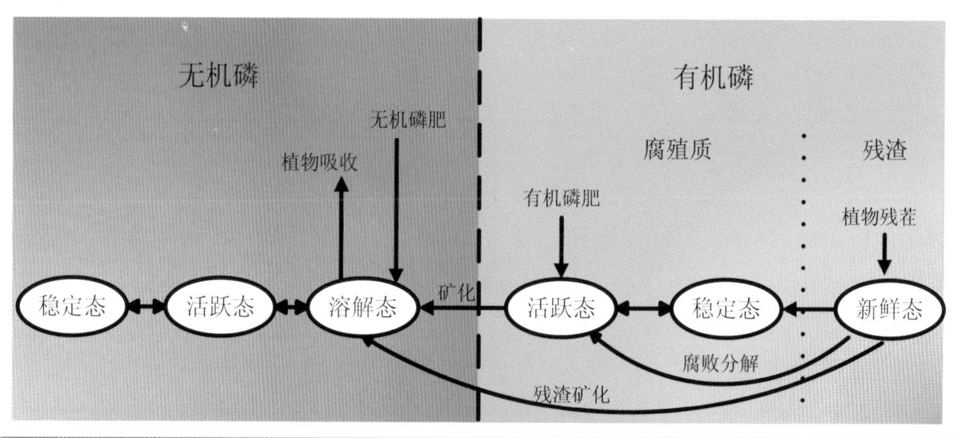

图 6-4　磷库及磷循环简图

6.1.3.1 地表径流中氮、磷的迁移转化过程

（1）硝态氮

SWAT 模型主要以硝态氮作为反映可溶性氮含量的指标进行模拟，地表径流中的硝态氮浓度计算方法如下：

$$\mathrm{con}_{\mathrm{NO_3,mobile}}=\frac{\mathrm{NO}_{3\,\mathrm{ly}}^{-}\times\left(1-\exp\left[\dfrac{-w_{\mathrm{mobile}}}{(1-\theta_{\mathrm{e}})\mathrm{SAT_{ly}}}\right]\right)}{w_{\mathrm{mobile}}} \tag{6-20}$$

式中：$\mathrm{con}_{\mathrm{NO_3,mobile}}$——地表径流中 NO_3^- 离子的质量浓度，kg/mm^3；

$\mathrm{NO}_{3\,\mathrm{ly}}^{-}$——表层土壤中 NO_3^- 离子的含量，kg/hm^2；

w_{mobile}——日地表径流量，mmH_2O；

θ_{e}——阴离子被排斥的孔隙所占百分比；

$\mathrm{SAT_{ly}}$——土壤层饱和水容量，mmH_2O。

（2）有机氮

吸附于土壤颗粒的有机氮可随地表径流输运进入河道，方程为：

$$\mathrm{orgN}=0.078\times\frac{\mathrm{orgN_{ly}}}{\rho_{\mathrm{b}}\times\mathrm{dep}}\times\frac{\mathrm{sed}}{\mathrm{area}}\left(\frac{\mathrm{sed}}{10\times\mathrm{area}\times Q}\right)^{-0.246\,8} \tag{6-21}$$

式中：orgN——地表径流中有机氮含量，kg/hm^2；

$\mathrm{orgN_{ly}}$——表层土壤中有机氮含量，kg/hm^2；

ρ_{b}——土壤密度，mg/m^3；

dep——土壤表层深度，10mm；

sed——泥沙日产量，t；

area——水文响应单元面积，hm^2；

Q——日地表径流量，mm。

（3）可溶性磷

模型中地表径流仅与土壤表层 10 mm 的可溶性磷有相互作用，地表径流中输运的可溶性 P 含量计算方法如下：

$$P_{\mathrm{surf}} = \frac{P_{\mathrm{ly}} \times Q}{\rho_{\mathrm{b}} \times \mathrm{dep} \times k} \tag{6-22}$$

式中：P_{surf}——地表径流中可溶性 P 的含量，kg/hm^2；

P_{ly}——表层土壤中溶解的 P 量，kg/hm^2；

Q——日地表径流量，mm；

ρ_{b}——土壤密度，mg/m^3；

dep——土壤表层深度，10 mm；

k——磷的土壤分离系数，m^3/mg。

（4）颗粒态磷

模型以有机磷、矿质磷为代表来模拟颗粒态 P 在土壤和径流之间的迁移过程，方程如下：

$$\mathrm{sedP} = 0.078 \times \frac{\left(\min \mathrm{P}_{\mathrm{ly}} + \mathrm{orgP}_{\mathrm{ly}}\right)}{\rho_{\mathrm{b}} \times \mathrm{dep}} \times \frac{\mathrm{sed}}{\mathrm{area}} \left(\frac{\mathrm{sed}}{10 \times \mathrm{area} \times Q} \right)^{-0.2468} \tag{6-23}$$

式中：sedP——地表径流中随沉积输移的 P 含量，kg/hm^2；

$\min \mathrm{P}_{\mathrm{ly}}$——表层土壤中的矿质磷含量，kg/hm^2；

$\mathrm{orgP}_{\mathrm{ly}}$——表层土壤中的有机磷含量，kg/hm^2；

ρ_{b}——土壤密度，mg/m^3；

dep——土壤表层深度，10 mm；

sed——泥沙日产量，t；

area——水文响应单元面积，hm^2；

Q——日地表径流量，mm。

6.1.3.2　河道中氮、磷污染物间的转化过程

SWAT 模型采用 QUAL2E 模型模拟河道中的氮磷转化过程。在有氧气的环境下，氮的转化过程主要是有机氮→氨氮→亚硝态氮→硝态氮，磷的转化主要是有机磷通过矿化作用转化成无机磷。此外，有机氮和有机磷都可以通过泥沙沉降去除。

（1）有机氮

藻类生物中的氮可以转化为有机氮，使河道中的有机氮增加；而一部分有机氮随泥沙沉降从而使河道中的有机氮减少。一日内河道中有机氮的改变量计算公式为：

$$\Delta \mathrm{orgN} = \left(\alpha_1 \rho_{\mathrm{a}} \mathrm{a\,lg\,ae} - \beta_{\mathrm{N},3} \mathrm{orgN} - \sigma_4 \mathrm{orgN}\right) \mathrm{TT} \tag{6-24}$$

式中：$\Delta \mathrm{orgN}$——有机氮质量浓度的变化量，mgN/L；

α_1——藻类生物中的氮含量，mg N/mg alg biomass；

ρ_{a}——当地藻类的死亡速度，d^{-1}；

algae——一天中开始时藻类生物量的含量，mg alg/L；

$\beta_{\mathrm{N},3}$——有机氮转化为氨氮的速度常数，d^{-1}；

orgN——一天中开始时有机氮的含量，mg N/L；

σ_4——有机氮的沉淀系数，d^{-1}；

TT——在 QUAL2E 模型划分的河段中侧向流的运动时间，d。

（2）氨氮

河道中的氨氮会因为有机氮的矿化和河床泥沙中氨氮的扩散而增加，同时会因为氨氮转化为亚硝态氮和氨氮被藻类吸收而减少，一日内河道中氨氮的改变量计算公式为：

$$\Delta \rho_{\mathrm{NH}_4^+} = \left[\beta_{\mathrm{N},3} \times \rho_{\mathrm{orgN}} - \beta_{\mathrm{N},1} \rho_{\mathrm{NH}_4^+} + \frac{\sigma_3}{1\,000 \times d} - fr_{\mathrm{NH}_4^+} \times \alpha_1 \times \mu_{\mathrm{a}} \times \mathrm{algae}\right] \mathrm{TT} \tag{6-25}$$

式中：$\Delta \rho_{\mathrm{NH}_4^+}$——氨氮的变化量，mg N/L；

ρ_{orgN}——一天中开始时有机氮的含量，mg N/L；

β_1——氨氮的氧化速度常数，d^{-1}；

$\rho_{\mathrm{NH}_4^+}$——一天开始时氨氮的含量，mg N/L；

σ_3——沉积物的氨氮释放速度，mg N/（$\mathrm{m}^2 \cdot \mathrm{d}$）；

d——河道中的水深，m；

$fr_{\mathrm{NH}_4^+}$——藻类的氨氮吸收系数；

α_1——藻类生物中的氮含量，mg N/mg alg biomass；

μ_{a}——藻类的生长速度，d^{-1}。

（3）亚硝态氮

河道中的亚硝态氮会因为氨氮的亚硝化作用而增加，也会因为亚硝态氮的硝化作用而减少，由于硝化作用速度比亚硝化作用速度快的多，因而河道中的亚硝态氮含量极小。一日内河道中亚硝态氮的改变量计算公式为：

$$\Delta\rho_{NO_2^-}=\left(\beta_{N,1}\rho_{NH_4^+}-\beta_{N,2}\rho_{NO_2^-}\right)TT \tag{6-26}$$

式中：$\Delta\rho_{NO_2^-}$——亚硝态氮的变化量，mg N/L；
$\beta_{N,1}$——氨氮的氧化速度常数，d^{-1}；
$\rho_{NH_4^+}$——一天开始时氨氮的含量，mg N/L；
$\beta_{N,2}$——由亚硝态氮到硝态氮的氧化速度常数，d^{-1}；
$\rho_{NO_2^-}$——一天开始时亚硝态氮的含量，mg N/L。

（4）硝态氮

河道中的硝态氮会因为亚硝态氮的硝化作用而增加，也会因为藻类吸收硝态氮而减少。一日内河道中硝态氮的改变量计算公式为：

$$\Delta\rho_{NO_3^-}=\left[\beta_{N,2}\rho_{NO_2^-}-\left(1-fr_{NH_4^+}\right)\alpha_1\mu_a \text{algae}\right]TT \tag{6-27}$$

式中：$\Delta\rho_{NO_3^-}$——硝态氮的改变量，mg N/L；
$\beta_{N,2}$——由亚硝态氮到硝态氮的氧化速度常数，d^{-1}；
$\rho_{NO_2^-}$——一天开始时亚硝态氮的含量，mg N/L；
$fr_{NH_4^+}$——藻类的氨氮吸收系数；
α_1——藻类生物中的氮含量，mg N/mg alg biomass；
μ_a——藻类的生长速度，d^{-1}。

（5）有机磷

河道中的有机磷会因为藻类的生物磷转化为有机磷而增加，同时会因为有机磷转化为无机磷和沉淀而减少。一日内河道中有机磷的改变量计算公式为：

$$\Delta\rho_{orgP}=\left(\alpha_2\rho_a \text{algae}-\beta_{P,4}\rho_{orgP}-\sigma_5\rho_{orgP}\right)TT \tag{6-28}$$

式中：$\Delta\rho_{orgP}$——有机磷的改变量，mg P/L；
α_2——藻类生物中的磷含量，mg P/mg alg biomass；
$\beta_{P,4}$——有机磷矿化为无机磷的速度常数，d^{-1}；
ρ_{orgP}——一天中开始时有机磷的含量，mg P/L；
σ_5——有机磷的沉淀系数，d^{-1}。

（6）无机磷

河道中的无机磷会因为有机磷的矿化和河床泥沙中无机磷的扩散而增多，也会因为藻类吸收无机磷而减少。一日内河道中无机磷的改变量计算公式为：

$$\Delta\rho_{\text{solP}} = \left(\beta_{\text{P},4}\rho_{\text{orgP}} + \frac{\sigma_3}{1\,000\,d} - \alpha_2\mu_{\text{a}}\text{algae}\right)\text{TT} \tag{6-29}$$

式中：$\Delta\rho_{\text{solP}}$——无机磷的改变量，mg P/L；

$\beta_{\text{P},4}$——有机磷矿化为无机磷的速度常数，d^{-1}；

ρ_{orgP}——一天中开始时有机磷的含量，mg P/L；

σ_3——沉积物的无机磷释放速度，mg N/（$\text{m}^2\cdot\text{d}$）；

α_2——藻类生物中的磷含量，mg P/mg alg biomass；

algae——一天中开始时藻类生物量的含量，mg alg/L。

6.2 SWAT 模型的参数敏感性分析、校准和不确定性分析

SWAT 模型结构较为复杂，由 700 多个方程和上千个模型参数组成。模型用户可以根据经验判断或者敏感性分析确定要调整哪些参数。敏感性分析的目的就是通过合理的抽样多次试算并统计，将各个参数对结果的影响等级进行评价、排序，使用户清楚地知道影响模型模拟结果的主要参数，从而有利于进一步的模型调试工作。敏感性分析有两种类型：局部敏感性分析和全局敏感性分析。前者每次只改变一个参数值（one-at-a-time，OAT），而后者同时改变多个参数值进行计算。OAT 分析方法的问题在于其他不改变的参数的真实值是不知道的；而全局敏感性分析的问题是计算时间太长。SWAT2009 自带的敏感性分析工具采用的是拉丁超立方—局部敏感性（latin-hypercube-one-factor-at-a-time，LH-OAT）分析的方法。LH 是一种随机采样方法，将每个模型参数按其取值范围等分为 *n* 个区间，每次模拟时该参数按平均概率随机采样，然后，所有被抽取的参数随机组合，运算 *n* 次，对结果进行多元线性回归分析参数的灵敏性。Morris 将 LH-OAT 相结合，在采用 LH 抽样法时对每一抽样点进行 OAT 灵敏度分析，以确保所有参数在其取值范围内均被采样[37]。

参数校准的目的就是在模型各参数可行的取值范围内寻找一组确定的参数，使得模拟值与实测值的整体差别最小，以减少预测结果的不确定性。参数校准方法可分为手动调参（人工试错法）和自动率定两种。前者一般适用于经验丰富、具有一定水文学基础且对模型架构熟悉的用户，结合敏感性分析结果对模型关键

参数进行调整，其缺点就是耗时费力；后者通常采用一定的参数寻优算法，利用计算机技术快速多次采样，寻找最适合目标函数的一组参数，其缺点是可能会导致“异参同效”，虽然满足目标函数的要求，但是参数取值意义不合理。因此，在实际参数校准中，应尽量综合使用两种方法，首先根据研究区实际情况设定好关键参数的初始取值范围，然后再使用自动率定的方法率定参数。

在流域水文模型率定中常用的优化算法包括模拟退火法、遗传算法和SCE-UA 算法，SWAT 2009 自带的参数率定和不确定性分析方法就是 SCE-UA 法。该算法结合了单纯形法、受控随机搜索、生物竞争进化和种群交叉等方法的优点，可以进行全局寻优，其缺点是收敛速度不理想，导致自动参数率定需要大量运算时间。

SWAT-CUP 是瑞士联邦水质科学技术研究所（Eawag）Abbaspour 等人专门针对 SWAT 模型而开发的高效参数率定和验证的计算机程序，该程序将 GLUE、ParaSol、SUFI-2，MCMC、PSO 等处理过程与 SWAT 的输出结果关联起来，用于参数敏感性分析、参数率定、模型验证和不确定性分析。对于 SUFI-2 算法，考虑了所有不确定性的来源，包括模型框架、初始变量、参数及实测数据等引起的不确定性[38]。该算法不确定性的程度通过 *P*-factor 和 *R*-factor 来衡量，前者指的是包括在 95%预测不确定性内的监测数据的百分比（95PPU），后者是用 95PPU 带的平均厚度除以监测数据标准偏差。理论上，*P*-factor 的值在 0～1，而 *R*-factor 的值在 0～+∞，用 *P*-factor 接近 1 和 *R*-factor 接近 0 的程度来判断校准的效果，同时结合判定系数 R^2 和纳什系数 ENS 等统计指标进一步量化拟合效果。

如图 6-5 所示，SWAT 模型参数手动试错法率定参数一般是按照水文、泥沙、营养盐的顺序进行。同时，空间上先校准上游站点，再根据河网拓扑按顺序校准下游和出口各站点。

6.3 SWAT 模型在屯溪流域的构建

ArcSWAT 模型的运行需要大量的输入数据作为支撑，所需资料大致可以分为空间数据和属性数据两部分。空间数据库主要包括数字高程模型（DEM）、土地利用图和土壤类型图，均为 ESRI Grid 格式的栅格数据，并经过投影转换，统一使用北京 54 坐标系。属性数据库包括气象数据库、土地利用和土壤属性数据库，水文、水质资料和农田管理数据库等，其中气象站、雨量站与水文站等点状文件及其属性表均以.dbf 表文件的格式存储，天气发生器、土壤数据库等均导入swat.mdb 数据库中。

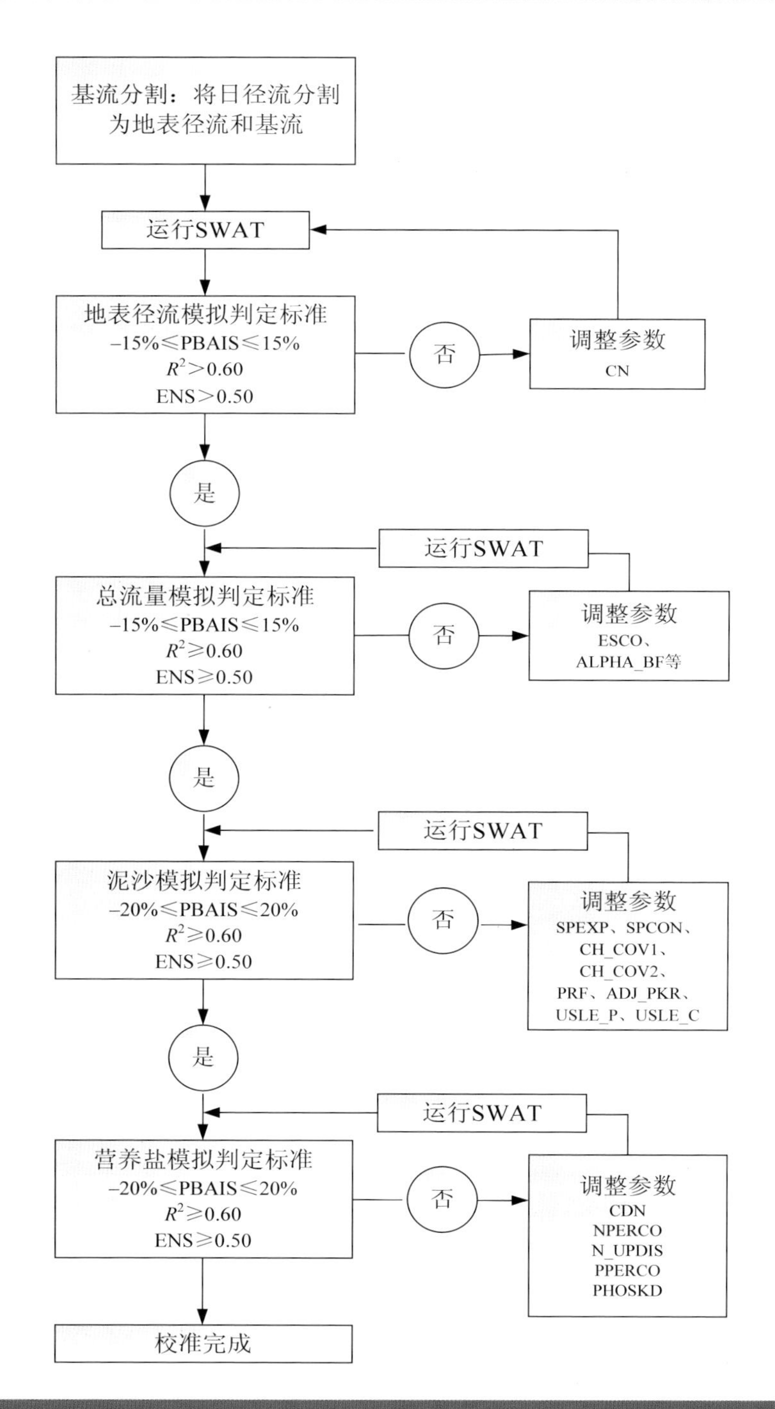

图 6-5　SWAT 模型手动校准的一般流程图

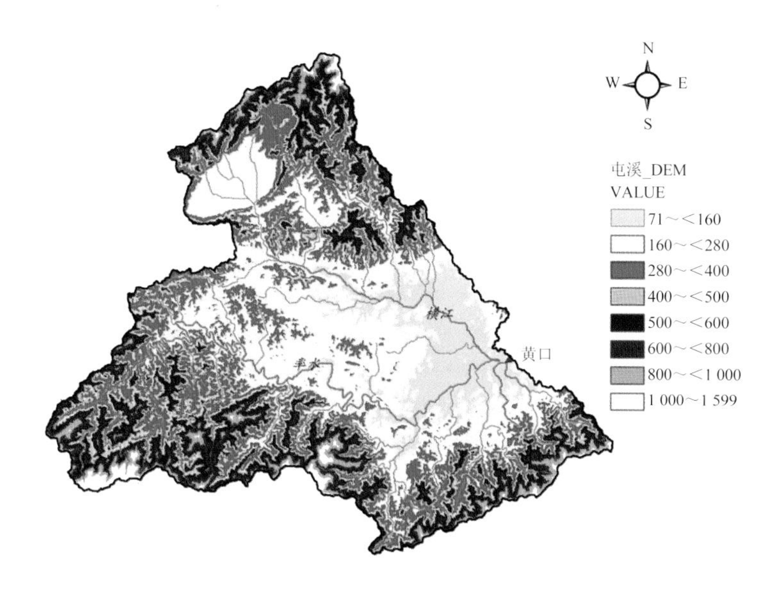

图 6-6　屯溪流域 DEM 图

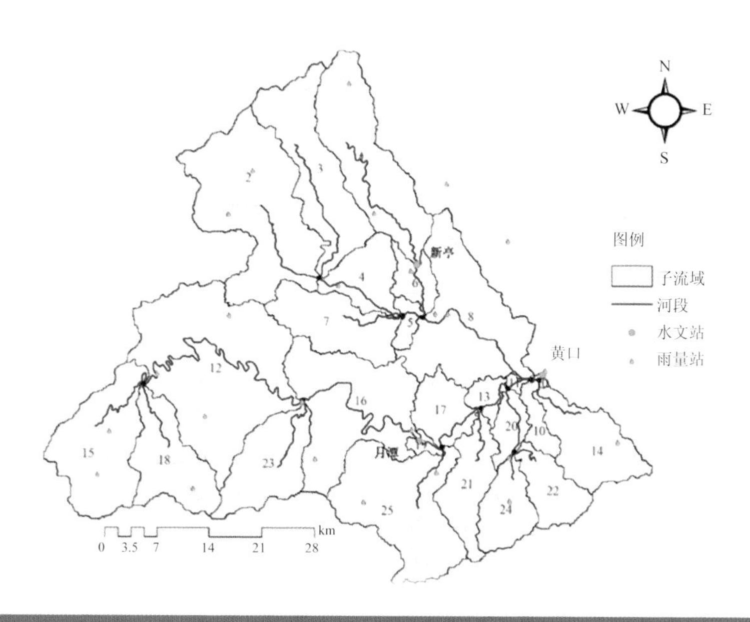

图 6-7　屯溪流域子流域划分结果

6.3.1 DEM 及子流域划分

DEM 图是 SWAT 模型进行水系生成、子流域划分和水文过程模拟的基础，通过 DEM 图可以提取出地形特征（高程、坡度和河道的坡长等）并导入 SWAT 数据库中。本书使用的 DEM 是“中国科学院计算机网络信息中心国际科学数据镜像网站”提供的 SRTM-90 m 数据，进行拼接裁剪后用于屯溪流域的子流域划分（图 6-6）。研究区内共有 3 个水文站点（新亭、月潭和黄口）、1 个水质站点（黄口），将它们的位置输入后，最终将屯溪流域划分为 25 个子流域（图 6-7）。流域面积为 0.11～346.5 km^2，其中流域总出口为 10#子流域；新亭站控制 1 个子流域（1#），出口为 1#子流域；月潭站控制 5 个子流域（12#、15#、16#、18#和 23#），出口为 16#子流域。

6.3.2 气象数据库建立

气象数据由黄山市气象局提供。首先将流域内及周边共计 26 个雨量站点的 2000—2010 年逐日降水数据整理成规范格式的.dbf 文件，并根据站点坐标建立索引表。之后建立天气发生器，用来模拟各站点缺失的数据：根据屯溪和黄山 2 个气象站点 1956—2010 年的气象数据，包括日降雨量、最大半小时降雨量（根据当地降雨特点，按照日降雨量的 1/6 计算）、最高和最低气温、风速、相对湿度、日照时数等，利用 SWAT 官网下载的 WGNmaker 软件生成天气发生器各个参数，用 SWAT-Editor 导入数据库中。

6.3.3 土壤数据库建立

原始土壤类型图来自中国科学院南京土壤研究所 2008 年第二次全国土壤普查，比例尺为 1∶100 万，包含土纲、土类、亚类 3 个级别，其制图单元为亚类。本书以土类为基本单元对原始土壤类型图进行重分类，并将其中面积占比小于 1%的土壤类型归入相邻的土壤中，结果见表 6-1 和图 6-8。

表 6-1　土壤类型统计表

土壤类型	面积/km^2	占流域面积比例/%	SWAT 代码
水稻土	414.20	15.49	SHDT
红壤	1 455.19	54.42	HONGR
黄壤	243.60	9.11	HUANGR
紫色土	262.85	9.83	ZST
粗骨土	297.88	11.14	CGT

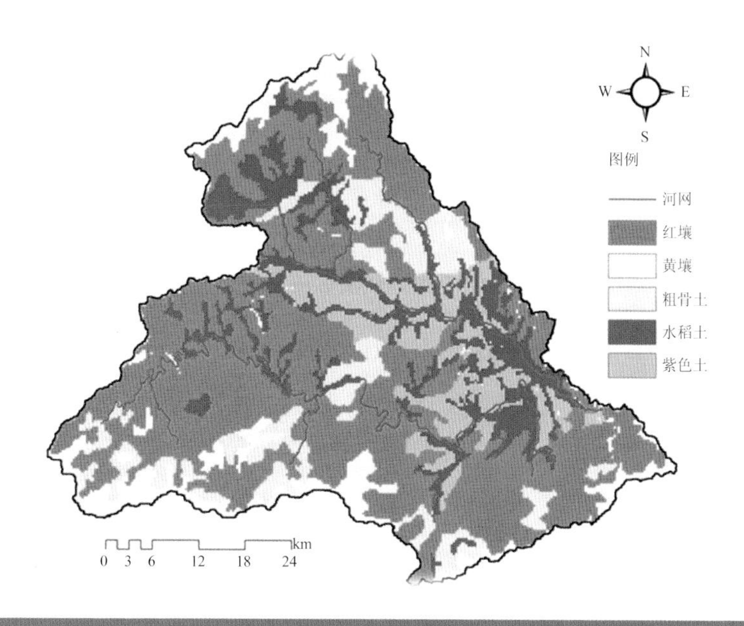

图 6-8　屯溪流域土壤类型图

土壤属性数据库包括物理属性（usersoil）和化学属性数据（.chm）两大类。土壤的物理属性决定土壤剖面中水和气的运动状况，对水文响应单元（HRU）中的水循环起重要作用；土壤的化学属性决定土壤的肥力及植物可利用性，对养分循环和面源污染模拟起重要作用[39]。土壤数据库建立的基础数据主要来源于中国土壤数据库网站。初始土壤类型图的制图单元为亚类，而每个亚类又有多个土种，选择的原则就是以面积最大的土种来代表整个亚类，最终在该网站获得了土壤的分层数，土层深度，国际制的粒径组成，有机质含量以及土壤全氮、全磷和溶解态磷含量等基础数据。

6.3.3.1　建立土壤物理属性库

土壤物理属性主要参数及获得方法见表 6-2。土壤物理属性库主要参数处理过程如下：

（1）土壤质地转换：我国第二次土壤普查数据的质地体系采用国际制，而 SWAT 模型使用的是 USDA 简化的美制标准，因此应用时需要进行土壤质地转换。土壤质地转换的插值方法有多种，如三次样条、二次样条、线性插值[40]等，本书根据获得的土壤颗粒分布特征和拟合效果，在 MATLAB 下合理使用双参数修正的经验逻辑生长模型[41]和线性插值法将国际制转化成美国制。

表 6-2　土壤数据库物理属性参数表

变量名称	模型定义	获得方法
SNAM	土壤名称	自定义
NLAYERS	土壤分层数	来自中国土壤数据库和黄山地方土土壤志
SOL_Z	各土壤层底层到土壤表层的深度/mm	
TEXTURE	土壤层结构	
SOL_ZMX	土壤剖面最大根系深度/mm	假定为土层最大深度
ANION_EXCL	阴离子交换孔隙度	模型默认值为 0.5
SOL_EC	土壤电导率（dS/m）	模型默认为 0
SOL_CRK	土壤最大可压缩量，以所占总土壤体积的分数表示	模型默认值为 0.5
ROCK	砾石含量，直径＞2.0 mm 的砾石组成	若没有，可默认为 0
CLAY	黏土含量，直径＜0.002 mm 的土壤颗粒组成	百分比，三者总和为 100%；原始值来自中国土壤数据库；经粒径转换得到美国制
SILT	壤土含量，由直径 0.002～0.05 mm 的土壤颗粒组成	
SAND	砂土含量，由直径 0.05～2.0 mm 的土壤颗粒组成	
HYDGRP	土壤水文学分组（A、B、C 或 D）	可经过计算得到，见表 2
SOL_BD	土壤湿密度（mg/m^3 或 g/cm^3）	使用 SPAW 软件计算
SOL_AWC	土壤层有效持水量（mm）	
SOL_K	饱和导水率/饱和水力传导系数（mm/h）	
SOL_CBN	土壤层中有机碳含量	一般由有机质含量乘 0.58
SOL_ALB	地表反射率（湿）	计算得到
USLE_K	USLE 方程中土壤侵蚀力因子	根据 EPIC 模型公式计算得到

（2）土壤水文学分组：采用美国自然资源保护局（NRCS）根据土壤渗透性—最小下渗率的方法，将各个土壤分为 A、B、C、D 四类（表 6-3），公式和分级标准如下[42]：

$$X=\left(20Y\right)^{1.8} \tag{6-30}$$

$$Y=\left(P_{\text{sand}}/10\right)\times 0.03+0.002 \tag{6-31}$$

式中：X——最小下渗率；

Y——土壤平均颗粒直径，mm；

P_{sand}——砂土含量，%。

表 6-3　土壤水文学分组

分组	水文性质	最小下渗率 X
A	渗透性强、潜在径流量很低的一类土壤，主要是一些具有良好透水性能的砂土或砾石土	7.26～11.34
B	渗透性较强的土壤，主要是一些砂壤土，或者在土壤剖面的一定深度存在一定的弱不透水层的粉砂壤土	3.81～7.26
C	中等透水性土壤，主要为沙质黏壤土	1.27～3.81
D	微弱透水性土壤，主要为黏土、盐渍土等	0～1.27

（3）使用美国华盛顿州立大学开发的土壤水特性软件 SPAW[43]，估算土壤湿密度 SOL_BD、有效持水量 SOL_AWC、饱和水力传导系数 SOL_K 等参数（图 6-9）。

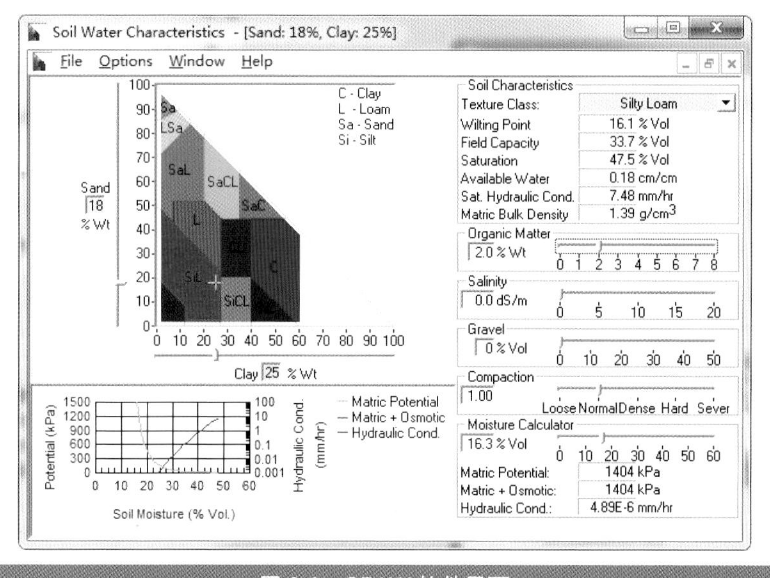

图 6-9　SPAW 软件界面

（4）土壤可蚀性因子 K 值：K_{USLE} 因子是控制土壤侵蚀的重要参数，K 值的大小与土壤颗粒组成、土壤有机质含量密切相关。采用 EPIC 模型[44]中的方法计算：

$$K_{\mathrm{USLE}} = f_{\mathrm{csand}} f_{\mathrm{cl-si}} f_{\mathrm{orgc}} f_{\mathrm{hisand}} \tag{6-32}$$

$$f_{\mathrm{csand}} = \left(0.2 + 0.3\exp\left[-0.0256 m_{\mathrm{s}}\left(1 - \frac{m_{\mathrm{silt}}}{100}\right)\right]\right) \tag{6-33}$$

$$f_{\text{cl-si}} = \left(\frac{w_{\text{silt}}}{w_{\text{c}} + w_{\text{silt}}}\right)^{0.3} \quad (6\text{-}34)$$

$$f_{\text{orgc}} = \left(1 - \frac{0.25\omega_{\text{orgC}}}{\text{orgC} + \exp\left[3.72 - 2.95\omega_{\text{orgC}}\right]}\right) \quad (6\text{-}35)$$

$$f_{\text{hisand}} = \left(1 - \frac{0.7\left(1 - \frac{w_{\text{s}}}{100}\right)}{\left(1 - \frac{w_{\text{s}}}{100}\right) + \exp\left[-5.51 + 22.9\left(1 - \frac{w_{\text{s}}}{100}\right)\right]}\right) \quad (6\text{-}36)$$

$$\omega_{\text{orgC}} = 0.58\omega_{\text{OMsoil}} \quad (6\text{-}37)$$

式中：f_{csand}、$f_{\text{cl-si}}$、f_{hisand}、f_{orgc}——分别为粗糙砂土质地、黏土—壤土质地、高沙土壤质地的侵蚀因子和土壤有机质因子；

w_{s}、w_{silt}、w_{c}、ω_{orgC}——分别为砂土含量（%）、壤土含量（%）、黏土含量（%）和土壤有机碳含量（%）；

ω_{OMsoil}——土壤有机质含量。

（5）土壤反射率[45]

$$Alb_{\text{soil}} = 0.227 \times \exp\left(-1.8267 \times OM_{\text{soil}}\right) \quad (6\text{-}38)$$

式中：Alb_{soil}——土壤反射率。

（6）其余参数使用默认值。

最终，获得屯溪流域表层土壤物理属性数据库主要参数（表 6-4）。

表 6-4　屯溪流域表层土壤物理属性数据库

土壤类型	土层深度/mm	水文分组	湿密度/(g/cm³)	有效持水量/(mm/mm)	饱和导水率/(mm/h)	有机碳/%	黏土/%	壤土/%	砂土/%	K 因子	反射率
水稻土 4 层	160	C	1.40	0.163	8.53	1.28	25.0	49.8	25.1	0.161	0.004
	230		1.42	0.173	6.43	0.93	25.1	56.0	18.9	0.197	0.011
	520		1.44	0.168	3.14	0.41	29.7	55.9	14.3	0.227	0.060
	1 000		1.43	0.182	3.34	0.46	28.0	62.9	9.10	0.290	0.050

土壤类型	土层深度/mm	水文分组	湿密度/(g/cm^3)	有效持水量/(mm/mm)	饱和导水率/(mm/h)	有机碳/%	黏土/%	壤土/%	砂土/%	*K* 因子	反射率
红壤3层	160	C	1.25	0.162	12.1	2.61	29.9	46.3	23.8	0.137	0.001
	450		1.42	0.148	4.20	0.89	31.7	42.1	26.2	0.164	0.013
	800		1.50	0.155	5.48	0.52	24.9	48.0	27.1	0.181	0.041
黄壤3层	180	C	1.14	0.191	27.1	3.19	22.1	57.0	20.8	0.157	0.001
	470		1.40	0.165	9.16	1.29	23.6	50.9	25.5	0.162	0.004
	660		1.55	0.128	10.8	0.49	19.8	36.7	43.5	0.174	0.046
紫色土3层	200	A	1.47	0.105	39.7	1.42	11.6	27.2	61.2	0.147	0.002
	640		1.56	0.109	24.1	0.59	14.1	30.4	55.5	0.175	0.034
	1 000		1.59	0.116	18.9	0.38	14.6	34.6	50.8	0.179	0.066
粗骨土2层	140	A	1.49	0.063	129.0	0.74	0.90	17.1	82.0	0.135	0.020
	350		1.55	0.052	97.1	0.28	4.50	10.7	84.7	0.112	0.091

6.3.3.2　建立土壤化学属性库

利用土壤全氮、全磷和有效磷含量的基础数据，参考 SWAT 理论手册的经验公式估算出硝酸盐氮、有机氮和有机磷含量。

$$\omega_{NO_{3\,conc,z}^-} = 7 \times \exp\left(\frac{-z}{1\,000}\right) \tag{6-39}$$

$$\omega_{orgN_{ly}} = 10^4 \times \left(\frac{\omega_{orgC_{ly}}}{14}\right) \tag{6-40}$$

$$\omega_{orgP_{ly}} = 0.125 \times \omega_{orgN_{ly}} \tag{6-41}$$

式中：Z——土壤深度，mm；

$\omega_{NO_{3\,conc,z}^-}$——$Z$ 处的硝酸盐氮含量，mg/kg；

$\omega_{orgN_{ly}}$、$\omega_{orgP_{ly}}$、$\omega_{orgC_{ly}}$——表示该土层的有机氮、有机磷和有机碳含量，mg/kg。

屯溪流域表层土壤化学属性库主要参数见表 6-5。

表 6-5 屯溪流域表层土壤化学属性数据库

土壤类型	全磷/%	全氮/%	硝酸盐氮/（mg/kg）	有机氮/（mg/kg）	有机磷/（mg/kg）	溶解态磷/（mg/kg）
水稻土	0.04	0.11	4.69	9.11	1.14	10
	0.04	0.08	2.64	6.63	0.83	11
	0.04	0.05	1.07	2.90	0.36	9
	0.03	0.06	0.16	3.31	0.41	6
红壤	0.04	0.25	4.69	18.64	2.33	4
	0.04	0.11	1.52	6.34	0.79	4
	0.04	0.09	0.31	3.73	0.47	4
黄壤	0.06	0.24	4.46	22.79	2.85	5
	0.05	0.13	1.38	9.20	1.15	5
	0.03	0.05	0.42	3.52	0.44	5
紫色土	0.04	0.12	4.25	10.11	1.26	4
	0.05	0.06	0.86	4.18	0.52	4
	0.04	0.04	0.12	2.69	0.34	4
粗骨土	0.07	0.06	4.93	5.30	0.66	4
	0.08	0.03	2.06	1.99	0.25	4

6.3.4 土地利用数据库

土地利用数据集来源于中国科学院地理科学与资源研究所（2010 年，比例尺为 1∶10 万）的解译数据。根据屯溪流域的土地使用情况对原始的土地利用类型重新分类，并建立其与 SWAT 植被数据库的关联。根据黄山农业统计年鉴及实地调查，流域内耕地主要以水稻和油菜种植为主，因此在模型中设定水田种植水稻，水浇地和旱田种植油菜。茶叶种植是黄山的特色产业，也是该地区的重要经济来源，近年来由于经济效益种植面积逐年加大，增加了水土流失的风险。研究区内茶树品种属于灌木范畴，但是 SWAT 模型的 land cover/plant grow 数据库中没有该作物，因此本书中茶园的植被覆盖/作物生长参数采用该数据库中灌木的参数，但将其改为“施肥”模式，同时适当调整其中的 USLE_C 因子。原始的土地利用分类未将其从灌木中解译分离出来，但由年鉴可计算出茶园面积占灌木林面积的 2/3，因此假定所有的灌木地区全部为茶园。重新分类后的土地利用对照表和土地利用类型图见表 6-6 和图 6-10。

表 6-6　土地利用对照表

一级类		二级类		SWAT 分类		面积/km^2	是否施肥
代码	名称	编码	名称	分类名称	代码		
1	耕地	11	水田	水稻	RICE	329.9	是
		12	水浇地	油菜	CANP	151.2	是
		13	旱田				
2	林地	21	有林地	林地	FRST	1 660.3	否
		23	疏林地				
		22	灌木林	茶园	RNGB	386.8	是
3	草地	31	高密度草地	牧场	PAST	91.2	否
		32	低密度草地				
4	水域	41	河渠	水域	WATR	10.2	否
5	住宅用地	51	城镇用地	居民区	URBN	18.1	否
		52	农村居民点				

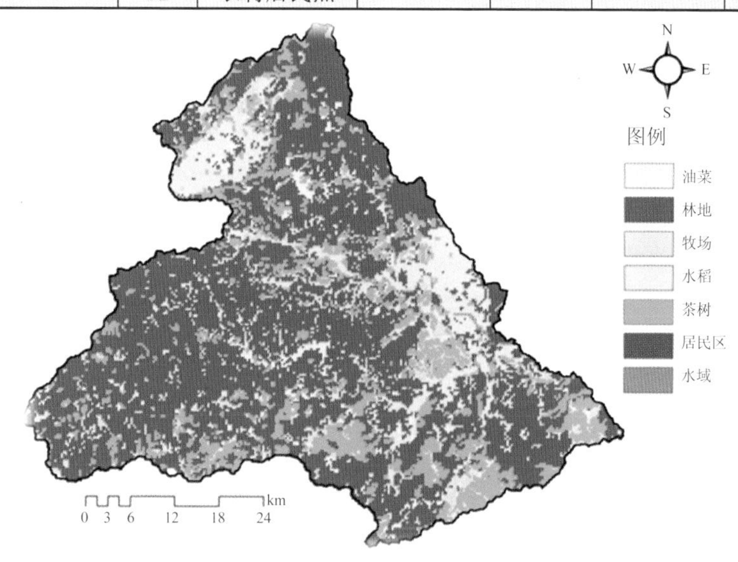

图 6-10　重分类后的 SWAT 模型土地利用类型图

6.3.5　污染源及农作物管理数据库

污染源数据包括点源（工厂、污水处理厂）和面源（大气沉降、农村生活污水、畜禽养殖和化肥施用等）数据，来自黄山市环保局污染源普查数据以及黄山市农业统计年鉴。流域内点源较少，输入了主要的 7 家企业和 2 个县级污水处理厂。大气沉降数据使用了该地区 2012 年的观测统计数据。流域内农村人口、禽畜养殖等产生的氮、磷污染物折算成尿素和过磷酸钙平均施用在不同的农作物上。通过实地调研，建立了当地农作物管理数据库，见表 6-7。

表 6-7 屯溪流域主要农作物管理信息

代码	名称	日期	管理	施肥量/（kg/hm^2）	
				尿素	过磷酸钙
RICE	水稻	5 月 10 日	播种	不施肥	
		6 月 20 日	插秧/基肥	210	225
		7 月 5 日	分蘖肥	105	0
		8 月 1 日	穗肥	210	0
		10 月 25 日	收割	收获并收割	
CANP	油菜	10 月 1 日	播种/基肥	120	750
		11 月 1 日	提苗肥	90	0
		12 月 20 日	腊肥	45	0
		1 月 20 日	薹肥	45	0
		5 月 10 日	收割	收获并收割	
RNGB	茶树	11 月 1 日	基肥	500	375
		2 月 1 日	催芽肥	300	0
		3 月 25 日	春肥	225	0
		7 月 15 日	夏肥	225	0

6.4 模型运行及参数率定

使用上述处理好的土地利用类型图、土壤类型图和 DEM 图叠加生成 HRU。由于流域地形复杂，选择复式坡度并分为 0～<5%，5%～30%，大于 30%共 3 个等级。HRU 重新定义时，土地利用类型阈值取 5%，土壤类型阈值取 20%，坡度阈值取 20%，共生成 252 个 HRU。模型模拟潜在蒸散发选择 Penman-Monteith 方法，地表径流采用 SCS 径流曲线数法，河道汇流采用变动存储系数方法。

基于月尺度的径流量、产沙量和溶解态氮负荷的观测值对相应的参数进行率定。以 2000 年数据为模型“预热期”，2001—2006 年数据为调试与率定期，2007—2010 年数据为模型验证期。

参数率定过程把握以下 3 点原则：

①遵循先上游后下游的原则，即先分别调整新亭和月潭水文站控制的子流域（两个站点无上、下游关系）的参数，再利用黄口的数据调整其余子流域参数；

②先调整径流参数，再调整产沙量参数，最后调整营养盐参数；

③通过查阅资料和计算得到的土壤数据库参数（SOL_Z、SOL_AWC 等）和由 DEM 提取得到的地形特征参数（SLOPE 等）先不调整，先调整难以获得的、集总性质的参数，如果率定效果不好，再考虑调整上述类型的参数。

研究中径流和溶解态氮参数率定过程使用了 SWAT-CUP 程序的 SUFI-2 算法，泥沙参数优选模型自带的 SCE-UA 算法。由于 C/N 值对于径流和泥沙模拟是最为敏感和关键的参数，因此在调整 C/N 值时，综合考虑土地利用类型、土壤水文组等特征（不考虑坡度影响），赋予每个 HRU 不同的 C/N 值初始范围，该范围主要参考 SWAT 模型手册给定。

与 GWLF 模型一样，选取判定系数 R^2、纳氏系数 NSE（目标函数）、百分比偏差 PBIAS、均方根误差与观测数据标准偏差的比值 RSR，作为模型适用性评价指标；同时使用 SWAT-CUP 中 SUFI-2 算法的 *P*-factor 和 *R*-factor 来评价模型的不确定性。除了上述指标外，还要比较模拟值—实测值过程线拟合效果合理与否。

6.5　结果与讨论

6.5.1　参数灵敏性分析结果

模型校准之前先进行模型水文和水质参数的灵敏性分析。根据模型结构和手册指导，本书选取了关键的 12 个水文学参数、6 个泥沙参数和 11 个溶解态营养盐参数，选取 2000—2010 年流域出口黄口站点观测的月水文和月污染物负荷结果进行灵敏性分析。参数的先验分布设定为均匀分布，取值范围参照模型的默认范围设定。参数的灵敏性分析结果见图 6-11～图 6-14。

6.5.1.1　水文参数

水文参数校准是模型运用的关键一步，它不仅影响着流域的整个水量平衡，还控制着泥沙和营养盐的过程模拟的好坏。

从图 6-11 可以看出，CN 2 值是最敏感的参数，也是模拟地表径流的关键参数。地下水基流 α 因子 ALPHA_BF 和地下水蒸发系数 GW_REVAP 也是水文模拟的关键参数，它们主要控制地下水模拟过程。控制主河道汇流过程的水力传导系数 CH_K2、曼宁系数 CH_N2，控制蒸散发过程的植被冠层截留量 CANMX、蒸发补偿因子 ESCO，对水文过程也有较强的影响。两个地下水临界值参数 REVAPMN、GWQMN 和地表水滞后系数 SURLAG 敏感性相对较小。

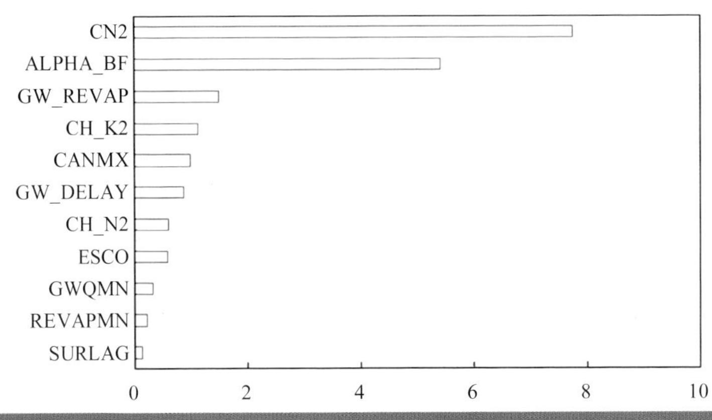

图 6-11　径流参数灵敏性分析结果

6.5.1.2　泥沙参数

从图 6-12 可以看出，产流过程参数是影响泥沙过程的第一组关键参数，它是泥沙输送的动力，主要包括影响地表径流的 CN2 值、地表水滞后系数 SURLAG 和地下水基流 α 因子 ALPHA_BF。第二组参数主要是控制泥沙输移的河道参数，包括河道挟沙能力指数 SPEXP 和 SPCON，河道侵蚀因子和覆盖因子 CH_COV1 和 CH_COV2，河道水力传导系数 CH_K2 和曼宁系数 CH_N2。其余参数包括土壤蒸发补偿系数 ESCO，主河道有效水力传导度 CH_K2，地下水延迟天数 GW_DELAY，植被冠层截留量 CANMX，浅层地下水回归流产生的临界值 GWQMN，浅层地下水蒸发的临界值 REVAPMN，地下水蒸发系数 GW_REVAP 等，敏感性相对前两组参数较小。

除此之外，主河道洪峰速率调整因子 PRF 和支流的洪峰速率调整因子 ADJ_PKR 也是影响泥沙输移的关键参数（模型自带敏感性分析不包含），研究中手动进行调整。

6.5.1.3　营养盐参数

从图 6-13 可以看出，对于 DN，最为敏感的参数是反硝化指数速率系数 CDN 和氮渗透系数 NPERCO，其次是水文参数组 CN2 值、GWQMN 和 SURLAG。从图 6-14 可以看出，对于 DP，最为敏感的参数仍然是水文参数 CN2 值、地下水基流 α 因子 ALPHA_BF，然后是影响磷在土壤中运动和分布的参数，如 P_UPDIS、PHOSKD、PSP 和 PPERCO 等。

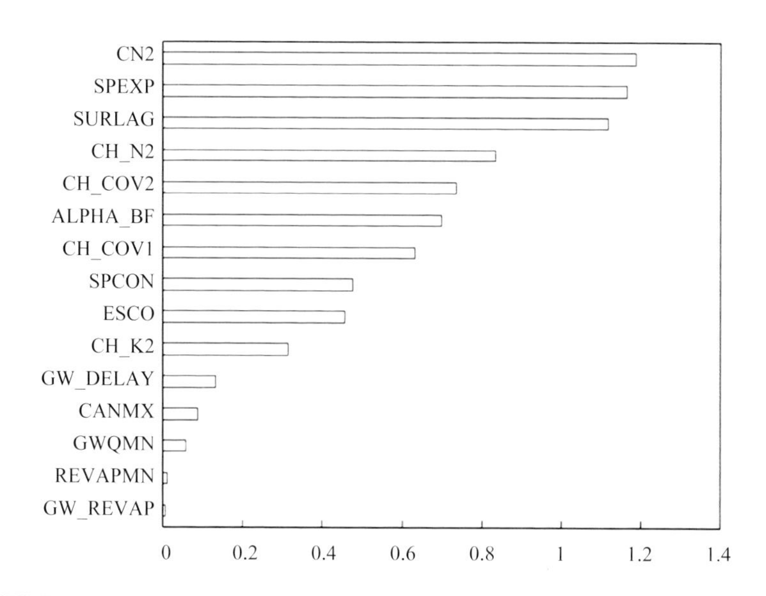

图 6-12　泥沙参数灵敏性分析结果

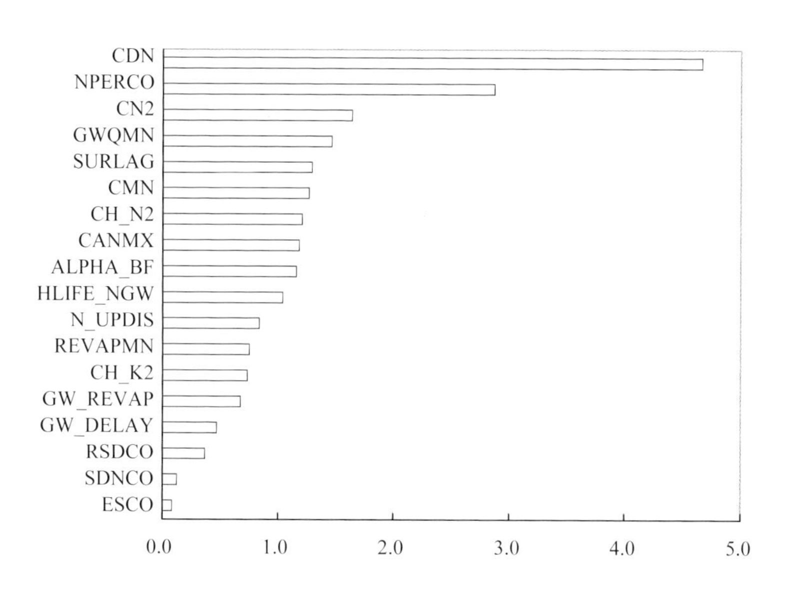

图 6-13　DN 参数灵敏性分析结果

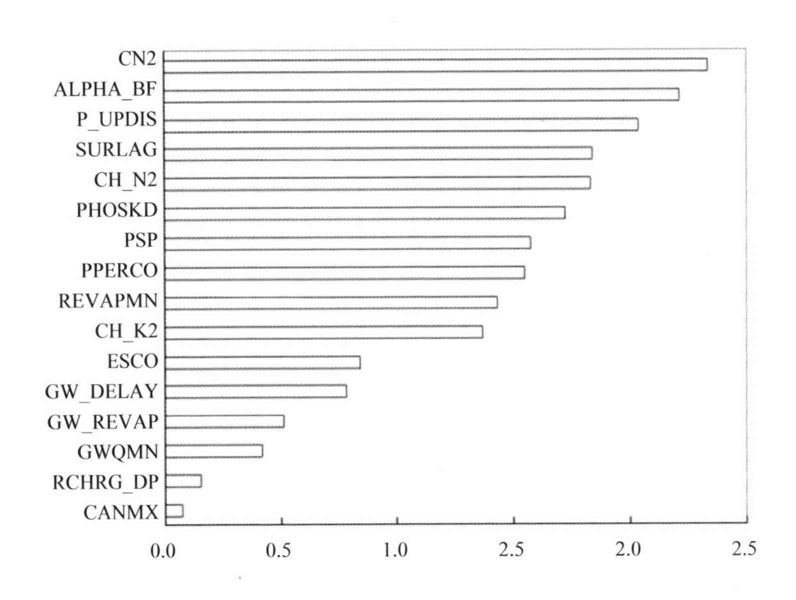

图 6-14 DP 参数灵敏性分析结果

6.5.2 参数率定、验证及模型性能评价

结合参数灵敏性分析结果，对屯溪流域的径流、泥沙和溶解态氮、磷等过程进行参数校准和验证。模型性能统计指标计算结果见表 6-8，下面分别进行描述。

表 6-8 屯溪流域各站点率定和验证统计指标结果

模拟	水文站	率定期（2001—2006 年）				验证期（2007—2010 年）				不确定性指标	
		R^2	NSE	PBIAS	RSR	R^2	NSE	PBIAS	RSR	P	R
径流	新亭	0.954	0.935	10.2	0.26	0.876	0.853	13.4	0.39	0.43	0.08
	月潭	0.955	0.935	8.80	0.25	0.957	0.951	9.19	0.22	0.36	0.00
	黄口	0.965	0.953	6.86	0.22	0.970	0.965	10.9	0.19	0.28	0.01
泥沙	黄口	0.857	0.840	20.9	0.40	0.954	0.878	−11.7	0.34	—	—
DN	黄口	0.817	0.801	−9.3	0.45	0.864	0.837	5.2	0.40	0.28	0.01
DP	黄口	0.948	0.922	0.5	0.28	0.956	0.965	2.9	0.19	0.31	0.01

6.5.2.1 径流模拟

根据灵敏性分析结果可知，水文参数 CN2 值对径流、泥沙和营养盐的模拟都十分敏感，因此，本书对不同下垫面特征的 CN2 值进行了精细化校准，通过 SWAT-CUP 的参数标识符来实现：

x__＜parname＞.＜ext＞__＜hydrogrp＞__＜soltext＞__＜landuse＞__＜subbsn＞__＜slope＞

式中，x 表示参数改变类型代码（有 3 种：v 表示现有参数值被给定值取代，a 代表将给定值加到现有参数值上，r 代表现有参数值×(1+给定参数值))；parname 为参数名称；ext 为参数扩展名，hydrogrp 为水文学分组（A、B、C、D）；soltext 为土壤结构（texture）；landuse 为土地利用类型代码；subbsn 为子流域编号；slope 为坡度。本书在径流参数 CN2 值的校准过程中，标识符 x 全部采用 v 的形式，并考虑土壤水文学分组、土地利用类型和子流域 3 个因素，通过模型手册设定不同水文学分组和土地利用类型 CN2 值的初始范围，依次对新亭、月潭和黄口 3 个站点进行 CN2 值精细化校准。例如，对新亭和月潭校准好之后，对黄口校准的参数设定如下：

v__CN2.mgt____C__FRST__2-11,13,14,17,19-22,24,25,70.0,77.0
v__CN2.mgt____A__FRST__2-11,13,14,17,19-22,24,25,30.0,45.0
v__CN2.mgt____C__RICE__2-11,13,14,17,19-22,24,25,77.0,84.0
v__CN2.mgt____A__RICE__2-11,13,14,17,19-22,24,25,58.0,65.0
v__CN2.mgt____C__CANP__2-11,13,14,17,19-22,24,25,70.0,84.0
v__CN2.mgt____A__CANP__2-11,13,14,17,19-22,24,25,58.0,65.0
v__CN2.mgt____C__RNGB__2-11,13,14,17,19-22,24,25,65.0,77.0
v__CN2.mgt____A__RNGB__2-11,13,14,17,19-22,24,25,30.0,48.0
……

径流模拟过程调整的参数及其取值范围见表 6-9 和表 6-10。可以看出，土地利用类型和土壤水文组是决定 CN2 值的主要因素，但不同子流域具有相同土地利用类型和土壤类型的 CN2 值在空间上也略有差异。径流模拟过程主要调整了影响径流过程的其他关键参数，包括地表径流、蒸散发、地下水和河道汇流的相关参数。新亭、月潭、黄口的径流模拟的评价结果显示，对于 R^2 和 NSE 指标，除新亭验证期略低外（NSE=0.853＞0.75），其余均＞0.93，模型效果非常好；对于 PBIAS 指标，各个站点整个模拟周期均在 15%以内，RSR 指标均＜0.50。新亭（图 6-15）、月潭（图 6-16）和黄口（图 6-17）水文站径流模拟值与实测值的流量过程线也比较吻合，不论是在丰水期还是退水期，模型拟合得都十分出色。总体上讲，SWAT 模型在屯溪流域月尺度上径流模拟的适用性非常好。

表 6-9 曲线数（CN）的率定

土地利用类型	土壤水文学组	初始范围	最终取值		
			新亭	月潭	其余
FRST	A	30～45	—	31.50	33.60
	C	70～77	74.89	74.73	76.65
RNGB	A	30～48	—	35.94	37.55
	C	65～77	76.40	76.88	76.82
CANP	A	51～63	—	57.00	62.30
	C	74～86	—	74.90	83.82
RICE	A	58～65	—	—	61.29
	C	77～84	—	78.02	80.43
PAST	A	30～68	—	33.99	—
URBN	A	85～95	—	—	90.00

表 6-10 屯溪流域径流过程参数的率定

参数	模拟过程	描述	参数范围	最终取值		
				新亭	月潭	其余
SURLAG	地表径流	地表径流滞后系数	0～10（量纲为一）	4	4	4
ESCO	蒸散	土壤蒸发补偿系数	0.01～1（量纲为一）	0.84	0.68	0.51
CANMX	蒸散	植被冠层截留量	0～5 mm H_2O	1.12	0.03	1.45
ALPHA_BF	地下水	基流 α 系数	0～1（量纲为一）	0.73	0.78	0.89
GW_DELAY	地下水	地下水延迟天数	30～50 d	34	23	12
GW_REVAP	地下水	地下水蒸发系数	0～0.2（量纲为一）	0.079	0.125	0.158
REVAPMN	地下水	浅层地下水蒸发发生的临界值	0～10 mm H_2O	1.59	9.75	7.50
GWQMN	地下水	浅层地下水回归流产生的临界值	0～2 mm H_2O	1.13	0.99	0.18
CH_N2	河道汇流	主河道曼宁系数	0～0.3（量纲为一）	0.238	0.125	0.189
CH_K2	河道汇流	主河道有效水力传导度	5～50 mm/h	9.57	43.0	9.95

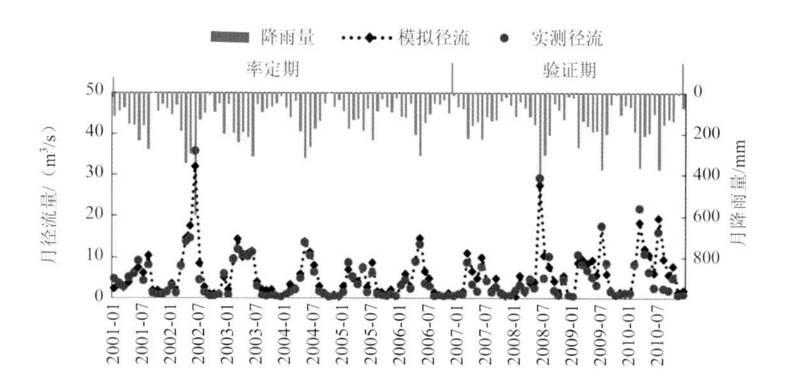

图 6-15　新亭站月径流过程模拟

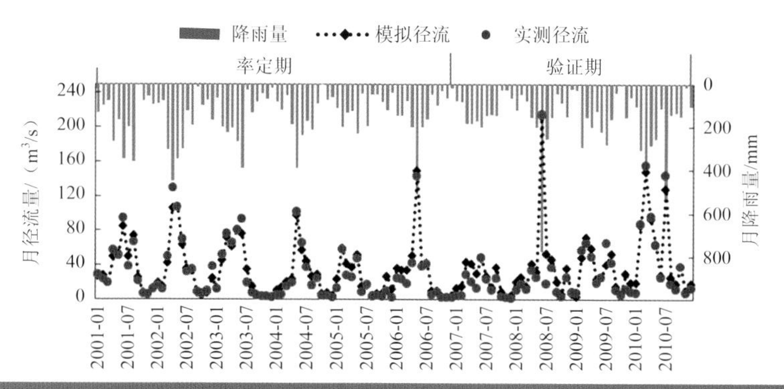

图 6-16　月潭站月径流过程模拟

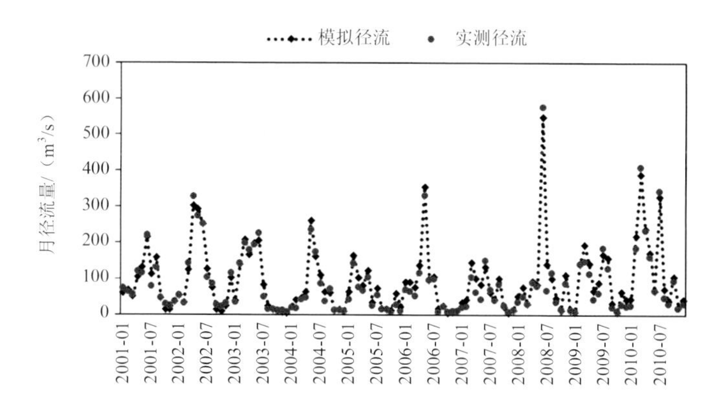

图 6-17　黄口月径流过程模拟

6.5.2.2 泥沙模拟

屯溪流域泥沙模拟过程调整的主要参数及取值范围见表 6-11。针对不同土地利用和管理方式，调整 MUSLE 方程中的土地覆被因子（C_{USLE}）和水土保持因子（P_{USLE}）；调整影响河道泥沙输移演算的参数，包括计算挟沙能力的线性系数（SPCON）和指数系数（SPEXP），主河道（PRF）和支流河道（ADJ_PKR）泥沙演算的洪峰速率调整因子以及河道侵蚀和覆盖因子（CH_COV）。黄口站率定期与验证期泥沙负荷的 R^2 和 NSE 值均≥0.840，效果非常好，相对误差 PBAIS 相对较大，分别为 20.9%和−11.7%，但仍在±25%之内。这是因为在屯溪流域内，枯水期基本检测不到泥沙（实测值为 0），而模型模拟不会出现 0 值；强降雨事件主要发生在 5—7 月，产生严重的土壤侵蚀，洪水携带大量泥沙涌入河道，且退水也较快，日尺度的观测值与实际情况可能存在一定误差；从图 6-18 流域出口的泥沙过程线来看，模型对泥沙峰值捕捉的效果一般，而峰值拟合的好坏直接影响纳氏系数 NSE 的大小和 PBAIS 的高低。总体来说，SWAT 模型对研究区泥沙负荷的模拟精度是较好的，可以用来模拟总氮和总磷输出负荷。

表 6-11 屯溪流域产沙过程参数的率定（量纲为一）

参数	描述	参数范围	最终取值
SPCON	挟沙能力线性指数	0.0001～0.01	0.0006
SPEXP	挟沙能力幂指数	1～2	1.669
PRF	主河道洪峰速率调整因子	0～2	0.9
ADJ_PKR	支流洪峰速率调整因子	0.5～2	0.8
CH_COV1	河道侵蚀因子	−0.05～1	0.170
CH_COV2	河道覆盖因子	−0.001～1	0.766
C_{USLE}	USLE 植物覆盖因子最小值	0.001～0.5	林地、草地 0.003；耕地 0.03
P_{USLE}	USLE 水土保持措施因子	0～1	林地、草地 0.9；耕地 0.3

6.5.2.3 溶解态氮和磷的模拟

SWAT 模型中河道输出的氮素（.rch 文件）包括硝酸盐氮（NO_3^-）、亚硝酸盐氮（NO_2^-）、氨氮（NH_4）和有机氮（ORGN），此处溶解态氮（DN）指的是前三者之和。DN 模拟主要率定的参数及取值范围见表 6-12，除此之外，降水中氮的浓度（RCN）和浅层地下水中硝酸盐浓度（SHALLST_N）的初始范围来自于黄山市当地的观测值。率定期和验证期相关系数 R^2 和纳氏系数 NSE 均大于 0.80，相对误差 PBAIS 在±10%以内，拟合精度非常好；从图 6-19 也可以看出，SWAT

模型能很好地捕捉到 DN 的峰值和谷值。SWAT 模型可以应用于流域的氮负荷营养盐模拟。

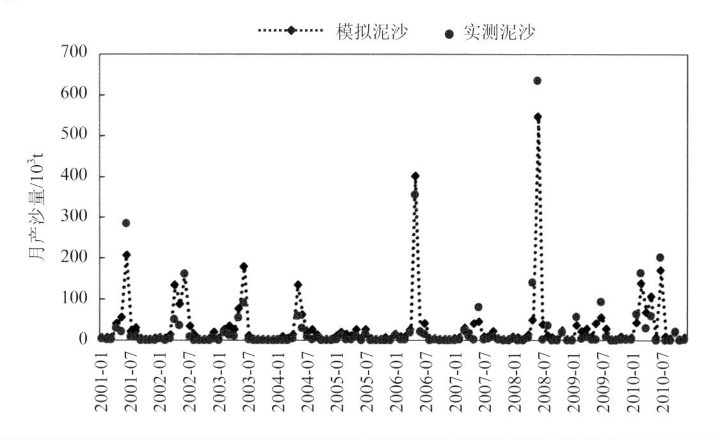

图 6-18 黄口泥沙模拟与实测数据比较

SWAT 模型中河道输出的磷素（.rch 文件）包括无机磷 MINP 和有机磷 ORGP 两大类，此处的溶解态磷（DP）指的是 MINP。DP 模拟主要率定的参数及取值范围见表 6-12。除此之外，浅层地下水溶解态磷浓度（GWSOLP）来自当地观测值。从率定和验证结果的统计指标来看，溶解态磷的拟合效果非常好，R^2、NSE 均>0.920，PBIAS 在±5%以内；从负荷过程曲线图 6-20 来看，模型对峰值的捕捉效果略差，模拟值低于实测值，这主要是因为一开始假定的实测数据均为溶解态磷，而事实上，在降雨丰富的月份，观测数据还可能包含一定的颗粒态磷，导致模型对 DP 的低估。

表 6-12 屯溪流域营养盐参数的率定

参数	描述	参数范围	最终取值
CDN	反硝化指数速率系数	0～3（量纲为一）	2.55
CMN	腐殖质矿化速率系数	0.000 1～0.003（量纲为一）	0.0010
SDNCO	反硝化发生的含水量临界值	0.9～1.2（量纲为一）	0.920
N_UPDIS	氮吸收分布参数	0～100（量纲为一）	40.0
NPERCO	氮渗透系数	0～1（量纲为一）	0.70
RSDCO	作物残留矿化率	0.002～0.1（量纲为一）	0.086
RCN	降水中氮的浓度	0～2 mg/L	1.90
SHALLST_N	浅层地下水硝酸盐初始质量浓度	0～10 mg/L	1.43
HLIFE_NGW	浅层地下水硝酸盐半衰期	0～200 d	126.0

参数	描述	参数范围	最终取值
P_UPDIS	磷吸收分布参数	0～100（量纲为一）	25.65
PPERCO	磷渗透系数	10～17.5（量纲为一）	12.8
PSP	磷可用性指数	0.01～0.7（量纲为一）	0.349
PHOSKD	土壤磷分配系数	100～200（量纲为一）	195.25
GWSOLP	浅层地下水溶解态磷浓度	0～1 mg/L	0.0875

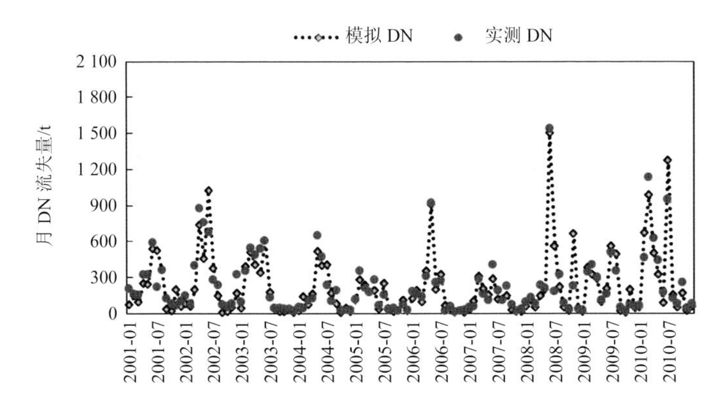

图 6-19 黄口溶解态氮模拟与实测数据比较

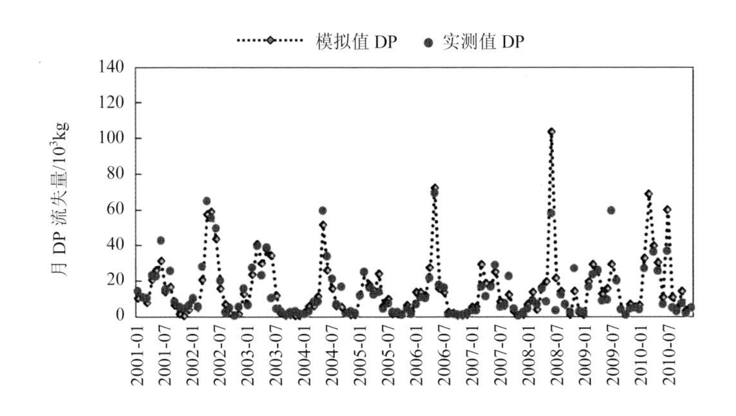

图 6-20 黄口溶解态磷模拟与实测数据比较

6.5.3 模型主要输出结果

使用校准过的 SWAT 模型对屯溪流域的水文、泥沙和氮、磷营养盐在整个模拟周期内（预热期除外，即 2001—2010 年）进行运算。在这之前对影响总氮和总磷的两个关键参数进行了计算：氮泥沙富集比（ERORGN）和磷泥沙富集比（ERORGP），分别用 2010 年洪水期试验得到的颗粒态氮、磷数据，分别除以土壤表层中总氮和总磷的值得到。经计算，ERORGN≈2，ERORGP≈4，代入到模型中运行。从输出结果来看，流域多年平均降雨量 1 792.1 mm，地表径流量 440.46 mm，壤中流量 200.02 mm，浅层地下水补给量 450.50 mm，深层地下水渗漏量 23.96 mm，蒸发量 675.8 mm，传输损失 4.04 mm；泥沙侵蚀量 4.382 t/hm^2，整个流域折合约 117.9 万 t；流域总氮输出约 2 929.7 t，其中溶解态氮 2 857.0 t；总磷输出约 429.7 t，其中溶解态磷约 99.4 t。

6.5.3.1　不同土地利用类型污染物输出结果

对.hru 输出结果进行统计，分析屯溪流域内不同土地利用类型的污染物输出结果。.hru 文件中，不同土地氮素的来源包括地表径流溶解态氮（NSURQ）、壤中流溶解态氮（NLATQ）、地下水溶解态氮（$NO_3^-{}_{GW}$）和有机氮（ORGN）；磷素来源包括有机磷（ORGP）、泥沙吸附的无机磷（SEDP）、地表径流溶解态磷（SOLP）、地下水溶解态磷（P_GW）。表 6-13 列出了不同土地利用类型多年平均污染物输出情况。其中 DN= NSURQ+NLATQ+ $NO_3^-{}_{GW}$，DP=SOLP+P_GW；地下部分 DN=NLATQ+ $NO_3^-{}_{GW}$，这是为了与 GWLF 模型对比而统计的。

从表 6-13 和图 6-21 中可以看出：林地占流域 66.4%的面积，贡献了 13.5%的泥沙负荷，47.7%和 47.1%的 DN 和 TN 负荷，67.1%和 27.8%的 DP 和 TP 负荷；水稻以 13.0%的面积，贡献了 35.9%的泥沙负荷，17.1%和 17.4%的 DN 和 TN 负荷，13.7%和 39.3%的 DP 和 TP 负荷；茶园以 14.8%的面积，贡献了 30.5%的泥沙负荷，30.6%的 DN 和 TN 负荷，13.8%和 20.7%的 DP 和 TP 负荷。氮污染以溶解态为主，而磷污染则以颗粒态为主。

表 6-13　不同土地利用类型年尺度污染物输出分析结果

土地利用类型	面积/km^2	占比/%	泥沙产量 10^3/t	占比/%	DN/t	占比/%	TN/t	占比/%	地下部分 DN/%	DP/t	占比/%	TP/t	占比/%
林地	1 758.4	66.4	156.9	13.5	1 363.4	47.7	1 379.3	47.1	20.6	66.6	67.1	119.4	27.8
草地	61.7	2.33	127.5	11.0	31.5	1.10	34.2	1.17	68.6	2.08	2.09	17.7	4.12
油菜田	88.8	3.35	104.2	8.98	98.6	3.45	109.0	3.72	18.3	3.33	3.35	33.4	7.78
水稻田	345.1	13.0	416.1	35.9	489.0	17.1	509.3	17.4	11.6	13.6	13.7	168.8	39.3
茶园地	391.8	14.8	353.6	30.5	873.0	30.6	896.3	30.6	48.4	13.7	13.8	88.9	20.7
居民用地	1.51	0.06	1.61	0.14	1.51	0.05	1.62	0.06	0.0	0.03	0.03	1.37	0.32

土地利用类型	面积/km^2	占比/%	泥沙产量10^3/t	占比/%	DN/t	占比/%	TN/t	占比/%	地下部分DN/%	DP/t	占比/%	TP/t	占比/%
水域	0.40	0.01	0	—	0	—	0	—	—	0	—	0	—
合计	2 647.7	100	1 159.9	100	2 857.0	100	2 929.7	100	28.0	99.4	100	429.7	100

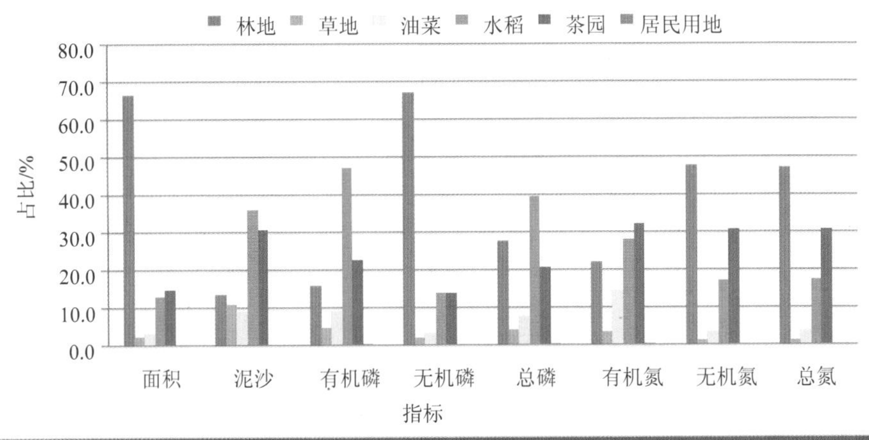

图 6-21 不同土地利用类型面源输出负荷所占比例

表 6-14 给出了不同土地利用类型的年输出系数。不难看出，农业土地利用类型土壤侵蚀情况均较为严重，输出系数可达 10 t/（hm^2·a）以上。茶园地的总氮输出系数最大，可达 22.88 kg/（hm^2·a）；其次是水稻田和油菜田，分别为 14.76 kg/（hm^2·a）和 12.28 kg/（hm^2·a）。而对于总磷，居民用地的输出系数最高，为 9.07 kg/（hm^2·a）；

表 6-14 不同土地利用类型的年均输出系数

土地利用类型	泥沙/[t/（hm^2·a）]	DN/[kg/（hm^2·a）]	TN/[kg/（hm^2·a）]	DP/[kg/（hm^2·a）]	TP/[kg/（hm^2·a）]
林地	0.89	7.75	7.84	0.38	0.68
草地	20.66	5.11	5.54	0.34	2.87
油菜田	11.73	11.10	12.28	0.38	3.76
水稻田	12.06	14.17	14.76	0.39	4.89
茶园地	9.03	22.28	22.88	0.35	2.27
居民用地	10.66	10.03	10.76	0.20	9.07
水域	0.00	0.00	0.00	0.00	0.00

其次是水稻田，为 4.89 kg/（hm^2·a）。各种土地利用的 DP 输出系数差别不大，在 0.00～0.39 kg/（hm^2·a）。从模型输出结果来看，草地的泥沙输出系数较大，是因为它大部分位于坡度较大的区域，坡度因子 LS 很大。

6.5.3.2 非点源污染时空特征及关键源区识别

（1）时间分布特征

表 6-15 给出了流域产水量、泥沙侵蚀和总氮输出系数的月均统计结果。从表中可以看出，泥沙侵蚀主要发生在 4—7 月，特别是 5 月和 6 月，泥沙输出系数超过 1.0 t/hm^2；而 8 月到次年 1 月，泥沙输出系数较小。而总氮输出从 2 月到 8 月均超过了 2.9 kg/hm^2，最大值出现在 6 月，为 3.77 kg/hm^2，这除了与丰富的降水有关外，还可能与农业生产活动相关，如施肥活动，特别是水稻基本在 5 月底和 6 月初播种和插秧。

表 6-15 月均统计结果

月份	径流深/mm	泥沙输出系数/（t/hm^2）	总氮输出系数/（kg/hm^2）	月份	径流深/mm	泥沙输出系数/（t/a）	总氮输出系数/（kg/hm^2）
1	47.67	0.10	1.74	7	130.54	0.49	3.73
2	94.19	0.24	2.91	8	72.76	0.18	2.90
3	131.89	0.31	3.00	9	35.55	0.05	0.27
4	137.45	0.47	3.55	10	20.95	0.03	0.34
5	177.69	1.07	3.48	11	31.27	0.05	1.31
6	177.41	1.35	3.77	12	29.59	0.05	0.71

（2）空间分布特征和关键源区识别

面源污染负荷的输出与降雨空间分布、土地利用类型、土壤理化性质和地形坡度等因素相关，也即在 SWAT 模型的每个 HRU 上都有不同的输出响应。

经 SWAT 模型模拟，得到了 25 个子流域的面源污染源年均排放量，结果见表 6-16。从表中可以看出，不同子流域的污染物输出量差异很大。产沙量最大的子流域是 2#子流域，然后是 25#子流域；总氮输出量最大的子流域是 2#子流域，然后是 25#子流域；总磷输出量最大的子流域仍然是 2#子流域，然后是 8#子流域。面源污染排放与子流域面积大小密切相关，因此，需要对单位面积污染物输出量各个子流域的输出系数进行分析。

表 6-16 屯溪流域 25 个子流域的面源污染排放量

子流域编号	河流名称	面积/km^2	产沙量/（10^3t/a）	DN/（t/a）	TN/（t/a）	DP/（t/a）	TP/（t/a）
1#	贵源河	183.2	40.2	174.3	176.3	7.1	19.9
2#	漳水	262.0	202.3	363.0	375.0	11.9	77.6
3#	东亭河	161.6	95.4	175.1	183.3	6.2	32.0
4#	横江	68.9	17.7	57.8	58.7	1.6	8.5
5#	横江	17.1	1.4	13.8	13.9	0.6	1.4
6#	休宁河	33.2	9.2	44.4	44.8	1.1	5.2
7#	渠口河	109.2	28.6	83.1	84.6	2.4	14.3
8#	横江	208.9	78.7	226.9	231.1	11.3	61.0
9#	屯溪	0.1	0.0	0.1	0.1	0.0	0.1
10#	屯溪	26.7	9.2	22.7	23.1	1.1	5.8
11#	屯溪	4.4	2.6	4.1	4.2	0.4	2.6
12#	率水	346.5	37.8	276.5	280.7	12.0	19.4
13#	率水	20.9	4.9	28.4	28.7	1.2	3.9
14#	佩琅溪	106.8	88.0	121.6	126.2	3.5	21.6
15#	大源河	163.5	54.0	130.8	134.1	4.8	14.5
16#	率水	212.6	70.9	202.3	207.9	7.2	21.8
17#	率水	57.5	11.3	62.6	63.2	2.4	9.4
18#	小源河	111.5	48.1	118.3	121.0	4.0	11.2
19#	率水	8.5	3.9	8.2	8.4	0.6	2.2
20#	—	31.4	10.9	31.0	31.4	1.3	6.2
21#	兰水河	80.0	50.2	101.8	104.6	3.3	15.5
22#	源芳河	61.3	27.5	64.9	66.7	2.3	8.0
23#	—	107.7	53.2	137.0	139.8	2.2	11.6
24#	汊水河	64.7	67.9	124.4	128.1	1.7	15.4
25#	岩溪河	199.2	146.1	283.9	293.5	9.2	40.6
合计		2 647.4	1 160.0	2 857.0	2 929.6	99.4	429.7

1）基于子流域的面源污染空间分布特征

屯溪流域面源污染在子流域尺度上的空间分布见图 6-22～图 6-27。图 6-22 显示的是流域降雨量空间分布情况，屯溪流域的降雨量在 1 605～2 211 mm，空间差异较为显著，南部山区的降雨量明显要高于北部。图 6-23 显示了各个子流域的泥沙输出系数，可以看出：南部降雨量大的子流域 14、18、23、24 和 25 泥沙侵蚀较为严重，而北部的子流域 2 和 3 侵蚀也较为严重，均超过 6.0 t/hm^2。图 6-24

和图 6-25 分别是 DN 和 TN 的输出空间分布图，二者十分相似，氮污染较为严重的子流域有 2、24 和 25，输出系数超过 14 kg/hm^2。图 6-26 和图 6-27 分别是 DP 和 TP 的输出空间分布图，可见二者除了子流域 12 差异显著外，其余各个子流域污染程度相似，都以子流域 2、8 和 25 污染强度最大。

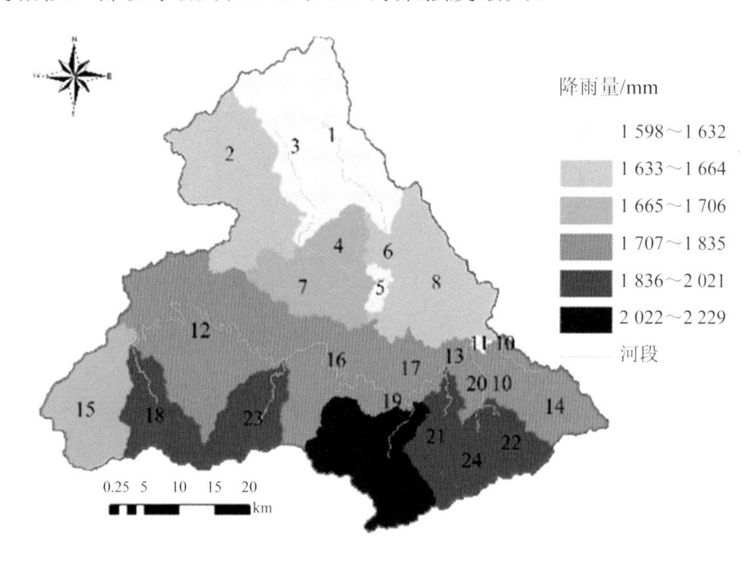

图 6-22　降雨量空间分布图

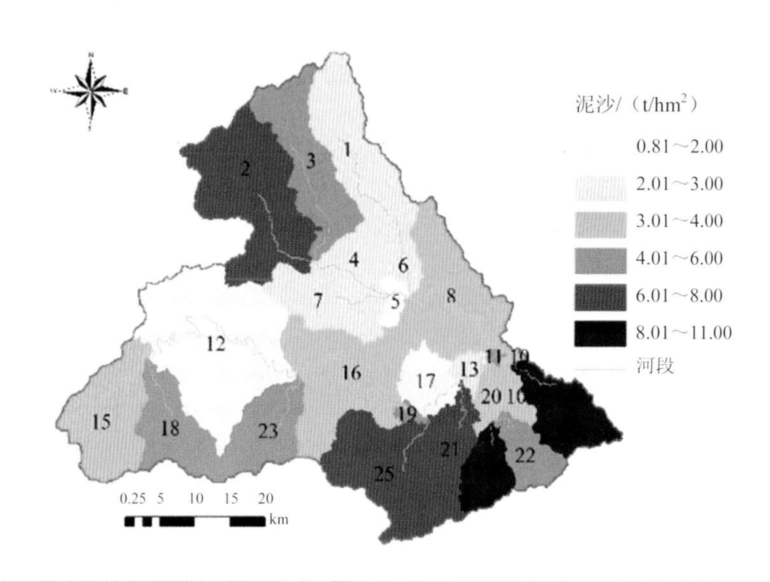

图 6-23　泥沙输出空间分布图

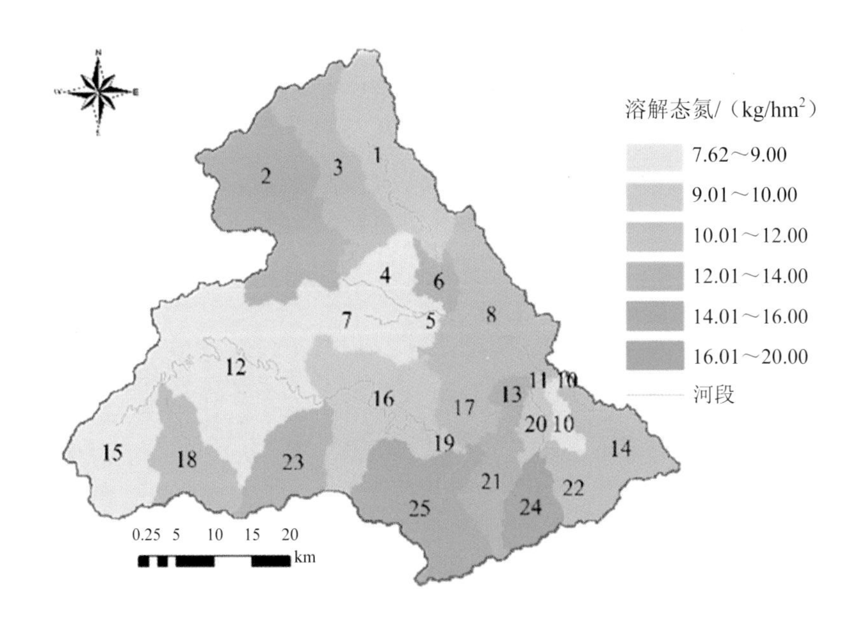

图 6-24 DN 输出空间分布图

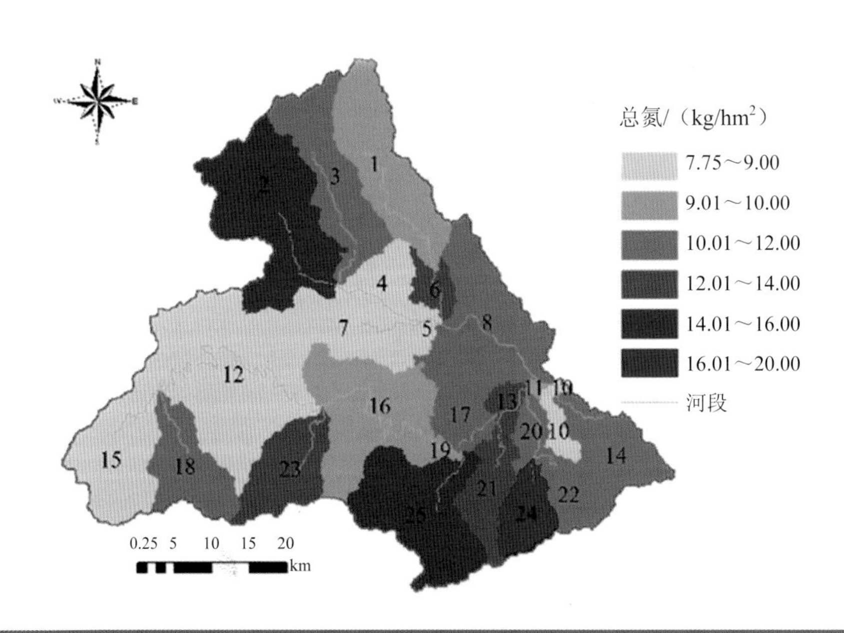

图 6-25 TN 输出空间分布图

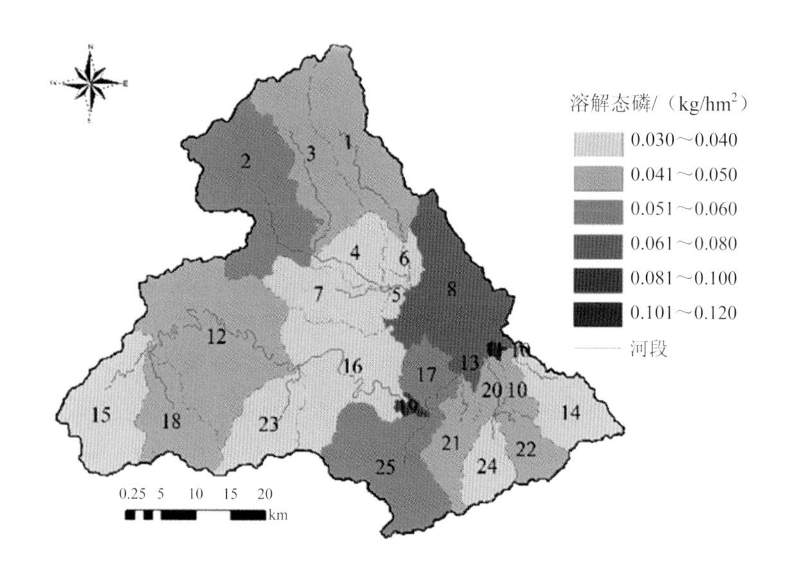

图6-26　DP输出空间分布

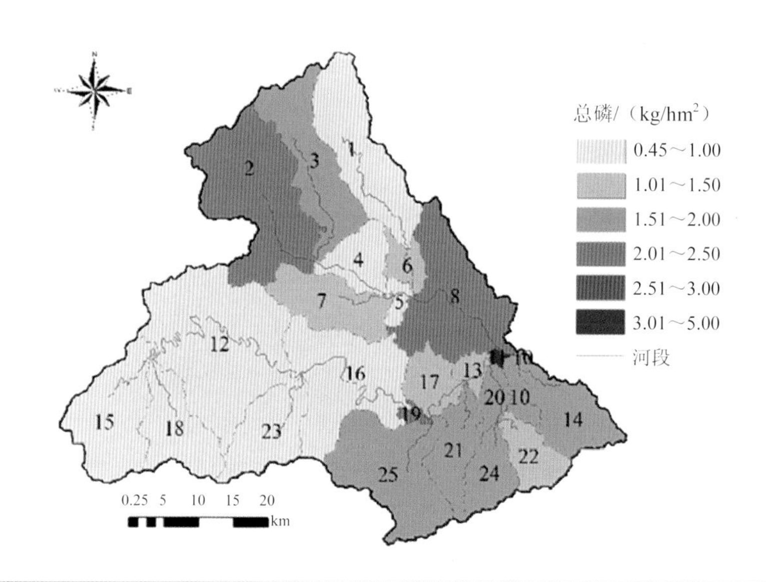

图6-27　TP输出空间分布图

综上所述，屯溪流域面源排放空间分布不均，泥沙侵蚀和氮输出较为严重的子流域有2#（黟县漳水子流域）、24#（休宁县汊水河子流域）和25#（休宁县岩溪河子流域）；磷负荷输出系数较大的子流域有2#、8#（休宁县+徽州区部分）和25#。

这其中，2#和 8#子流域农业土地利用类型面积较大，而 24#和 25#不仅降水丰富，而且地形坡度较大，所以这些子流域的面源输出系数较高。因此，流域的面源污染不仅与降水量有关，还受下垫面情况的影响，比如坡度、土地利用类型和土壤条件，面源污染的关键源区需要在 HRU 水平上进行识别。

2）基于 HRU 的非点源污染关键源区识别

关键源区识别首先要确定面源输出强度（输出系数）分级。参考中华人民共和国水利部颁布的《土壤侵蚀分类分级标准》（SL190—2007）对 25 个子流域的土壤侵蚀强度进行分级，认为年侵蚀模数＞20 t/hm^2 的区域为土壤侵蚀的关键区；同时认为年总氮输出强度＞20 kg/hm^2 的区域为氮排放关键源区，年总磷大于 5 kg/hm^2 的区域为磷排放关键源区，结果见图 6-28～图 6-30。从图 6-28 中可以看出，屯溪流域年均土壤侵蚀量大部分在 0.0～5.0 t/hm^2，属于微度侵蚀；跟 DEM 图比较来看，大于 5.0 t/hm^2 的区域主要在南部山区陡坡地带和北部黟县的大片农田境内。从图 6-29 中可以看出，总氮污染关键源区分布与泥沙侵蚀相似，大部分地区输出系数小于 20 kg/hm^2；跟土地利用类型对比发现，它更加集中在农业土地利用区域，特别是 2#子流域的大片耕地和 24#、25#子流域的小片园地区域。从图 6-30 可以看出，屯溪流域总磷输出系数均小于 5.0 kg/hm^2，不存在总磷输出的关键源区。

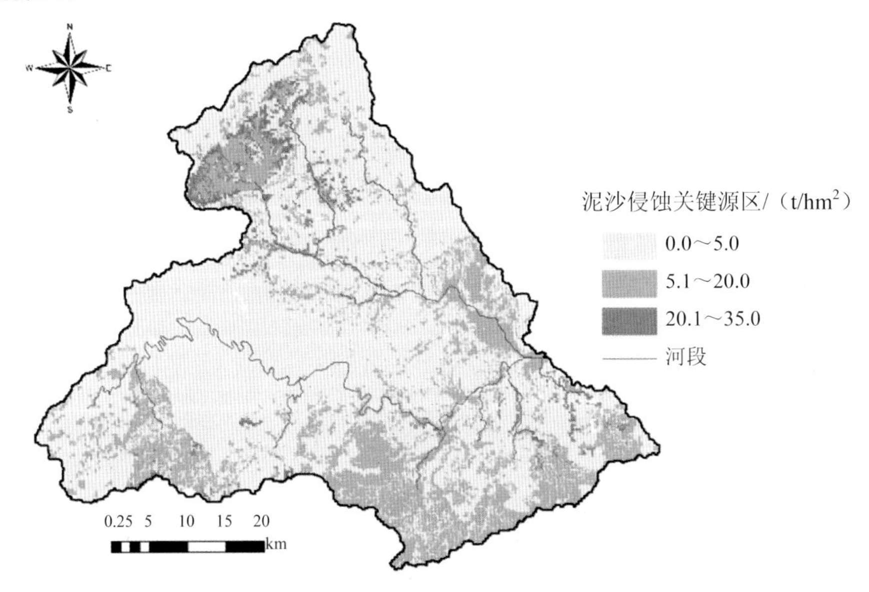

图 6-28 基于 HRU 分析的泥沙侵蚀关键源区

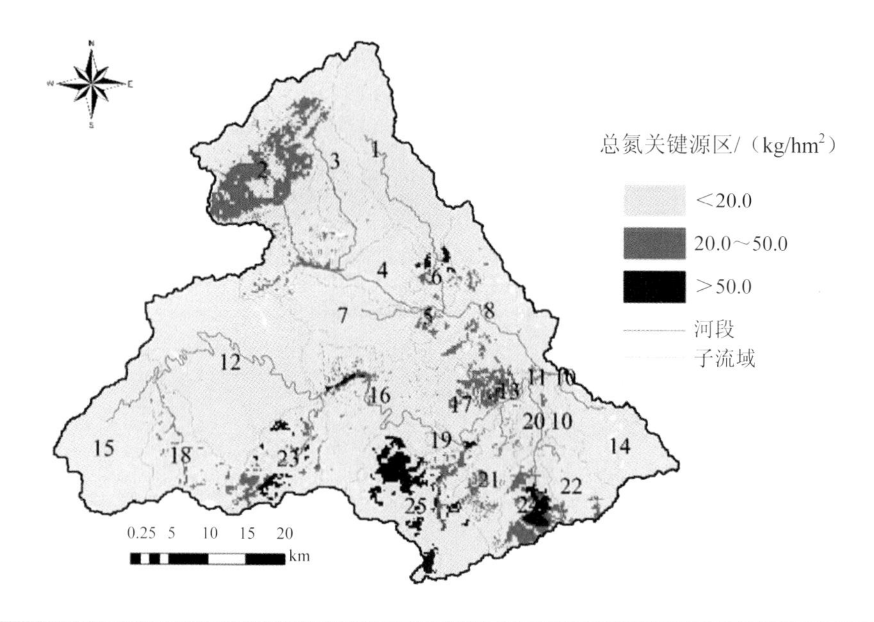

图 6-29　基于 HRU 分析的 TN 输出关键源区

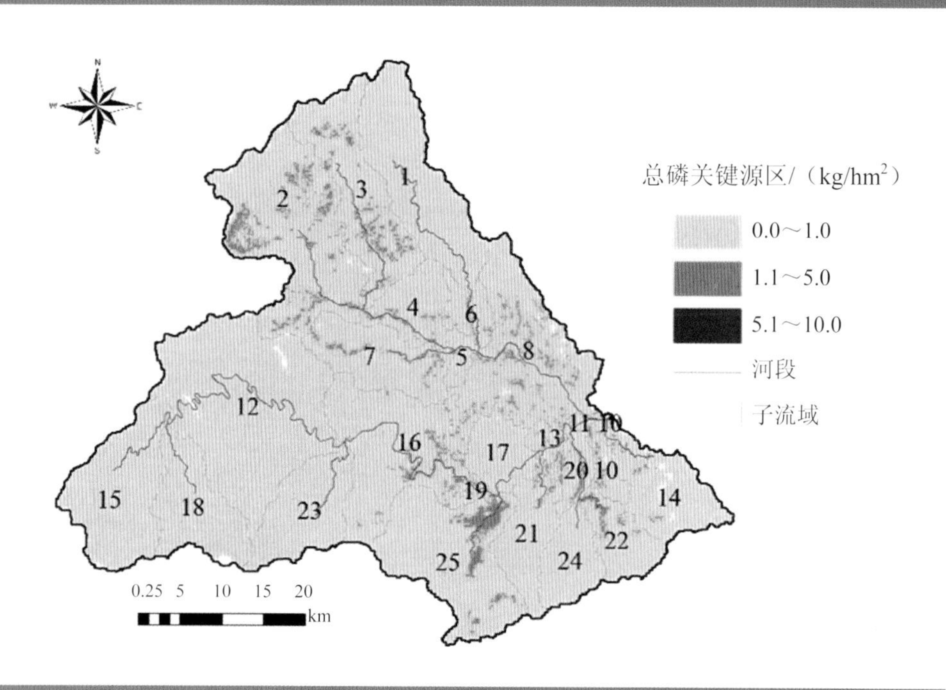

图 6-30　基于 HRU 分析的 TP 输出关键源区

6.5.4 情景分析

前一节的分析结果表明：黄山市屯溪流域的面源污染的关键问题是以与人类活动密切相关的农业土地利用类型的泥沙侵蚀和营养盐输出为主，而林地、草地导致的面源污染则是以降水和土壤背景值为主的自然背景来源。因此，该流域水环境管理首先应从农业用地入手，有针对性地实施管理手段和管理实践，如控制农业用地面积的扩大，特别是控制山地、坡地的面积，退耕还林；严格控制施肥量，合理安排施肥时间；修建河岸护坡、植被过滤带、田间植物篱等水土保持措施，减少泥沙流失。鉴于此，本书设计了 3 种类型的情景分析，分别是坡地退耕还林、施肥控制和农田植被过滤带，来研究和对比它们对屯溪流域面源污染控制的效果。

情景分析设计方案针对每一组情景分别运行 SWAT 模型，之后对流域出口的面源输出情况进行分析，来对比面源削减程度，结果见表 6-17。

表 6-17 不同情景下的流域面源污染削减结果 单位：t（标出除外）

情景	描述	泥沙/10^3t	有机磷	无机磷	总磷	有机氮	无机氮	总氮
0	基准	1 159.9	330.3	99.4	429.7	72.8	2 857.0	2 929.7
1	＞15°退耕	865.0	230.2	38.1	268.4	39.9	730.9	770.8
	削减率/%	25.4	30.3	61.6	37.5	45.1	74.4	73.7
2	过滤带（1 m）	940.7	256.0	97.5	353.6	57.1	2 551.0	2 608.1
	削减率/%	18.9	22.5	1.9	17.7	21.6	10.7	11.0
	过滤带（2 m)	854.0	231.4	97.1	328.4	52.0	2 466.1	2 518.1
	削减率/%	26.4	30.0	2.3	23.6	28.6	13.7	14.1
	过滤带（5 m)	708.4	189.9	96.3	286.2	43.4	2 294.2	2 337.6
	削减率/%	38.9	42.5	3.1	33.4	40.3	19.7	20.2
3	不施肥	1 807.9	382.0	95.0	477.1	56.4	2 034.8	2 091.2
	削减率/%	−55.9	−15.6	4.3	−11.0	22.5	28.8	28.6
	施肥减半	1 267.9	344.9	96.8	441.7	70.9	2 488.3	2 559.3
	削减率/%	−9.3	−4.4	2.6	−2.8	2.5	12.9	12.6
4=2+3	施肥减半 过滤带（1 m）	1 028.3	2 66.3	94.9	361.2	55.8	2 231.9	2 287.7
	削减率/%	11.3	19.4	4.5	15.9	23.4	21.9	21.9
5=1+2+3	＞15°退耕 施肥减半 过滤带（1 m）	846.3	188.9	34.1	223.0	31.5	539.9	571.4
	削减率/%	27.0	42.8	65.7	48.1	56.6	81.1	80.5

6.5.4.1　情景 1：退耕还林措施

我国《土地利用现状调查技术规程》将耕地坡度分为五级，分别为≤2°、2°～<6°、6°～<15°、15°～25°、>25°，并认为坡度在 2°～6°可发生轻度土壤侵蚀，需注意水土保持；6°～<15°可发生中度水土流失，应采取修筑梯田、等高种植等措施；15°～25°水土流失严重，必须采取工程、生物等综合措施防治水土流失；>25°为《水土保持法》规定的开荒限制坡度，已经开垦为耕地的，要逐步退耕还林还草。本书在划分 HRU 时将坡度分为 3 个等级：0～<5%，5%～<30%，30%～100%（该等级为坡度的正切值，tanα），因此，本情景将 30%～100%的农业用地（油菜地 CANP 和茶园 RNGB）及其属性值转化为林地（FRST，不施肥），之后使用 SWAT 模型模拟计算。运算结果可以看出：该情景对减少屯溪流域的农业面源污染负荷效果十分显著。泥沙量由原来的 1 159.9×10^3 t 减少到 865.0×10^3 t，削减率为 25.4%；总磷由原来的 429.7 t 减少到 268.4 t，削减率为 37.5%；总氮由原来的 2 929.7 t 减少到 770.8 t，削减率高达 73.7%。情景 1 对于减少农业面源污染负荷效果显著，其原因主要是：首先在坡度大的区域水土流失方程的 LS 因子本身就很大，土壤侵蚀自然背景严重，不适合于农业耕作；将农业用地（如茶园）等植被覆盖度低、叶面积指数小的作物变成覆盖度相对较高、冠层较大的林地，不仅减少了地表径流损失（体现在 CN 值降低），更重要的是，还减少了施肥总量，因此，营养盐负荷大幅度下降。

6.5.4.2　情景 2：植被过滤带（vegetative filter strips，VFS）措施

分别针对所有农田 HRU 设计了宽度分别为 1 m、2 m 和 5 m 植被过滤带（VFS）。可以看出，1 m 的 VFS 即可削减 18.9%的泥沙、17.7%的总磷和 11.0%的总氮，2 m 的 VFS 可削减 26.4%的泥沙、23.6%的总磷和 14.1%的总氮，而 5m 的 VFS 可削减 38.9%的泥沙、33.4%的总磷和 20.2%的总氮。VFS 主要通过减缓和减少地表径流量拦截泥沙和营养物质，从结果也可以看出，它对有机颗粒态的氮、磷去除效果更佳。结果还显示，VFS 的宽度和面源污染物削减率不是简单的线性响应。SWAT 模型根据众多学者的研究成果，引入 VFS 在 HRU 水平上对面源污染响应进行计算。该方法是在 VFSMOD 模型的基础上，根据大量的实验研究结果，提出一个径流削减的经验模型，在此基础上，给出了一系列的泥沙和营养盐削减经验公式：

$$R_{R} = 75.8 - 10.8 \times \ln R_{L} + 25.9 \times \ln K_{SAT} \tag{6-42}$$

$$S_{\mathrm{R}} = 79.0 - 1.04 \times S_{\mathrm{L}} + 0.213 \times R_{\mathrm{R}} \tag{6-43}$$

$$\mathrm{TN}_{\mathrm{R}} = 0.036 \times S_{\mathrm{R}}^{1.69} \tag{6-44}$$

$$\mathrm{NN}_{\mathrm{R}} = 39.4 + 0.584 \times R_{\mathrm{R}} \tag{6-45}$$

$$\mathrm{TP}_{\mathrm{R}} = 0.90 \times S_{\mathrm{R}} \tag{6-46}$$

$$\mathrm{DP}_{\mathrm{R}} = 29.3 + 0.51 \times R_{\mathrm{R}} \tag{6-47}$$

式中：R_{R} —— 地表径流削减率，%；

R_{L} —— 地表径流量，mm；

K_{SAT} —— 饱和水力传导系数，mm/h；

S_{R} —— 泥沙削减率，%；

S_{L} —— 泥沙输出负荷，kg/m^2；

TN_{R}、NN_{R}、TP_{R} 和 DP_{R} —— 分别是总氮、硝酸盐氮、总磷和溶解态磷的削减率，%。

通过设置 VFS 的宽度 FILTERW 参数来改变地表径流量值，进而改变各个污染物的输出负荷。从模型削减效果来看，1 m 的 VFS 的削减效果令人满意，已经可以减少污染物负荷总量的 15%以上。

6.5.4.3 情景 3：施肥管理措施

针对屯溪流域 SWAT 模型的农作物施肥管理数据库，设计了不施肥和施肥量减半两种情景。结果显示：①不施肥情景反而导致了流域土壤侵蚀加剧，泥沙负荷由原来的 1 159.9×10^3 t 增加到 1 807.9×10^3 t，增加率为 55.9%；同样，总磷负荷也增加了 11.0%，相比较而言，总氮负荷削减率较大，为 28.6%。②施肥减半模拟结果显示流域的泥沙和总磷负荷有略微增加趋势，分别增加了 9.3%和 2.8%，而总氮负荷则削减了 12.6%。

根据 SWAT 模型中作物生长对氮、磷的利用和胁迫过程可知，在氮和磷等营养物质严重缺乏的情况下，农作物的生长会受到胁迫，导致叶面积指数减小，根系发育缓慢，植被覆盖度低，在降雨充沛的季节容易发生水土流失现象，因此产生更多的泥沙侵蚀；加上黄山地区土壤本身肥力较差，土壤磷含量较低，因此不施肥情景会导致农作物长势较差，泥沙侵蚀加剧。而不施肥情景下总磷输出负荷增加，总氮负荷降低，可能暗示着当地农作物以磷胁迫为主，而氮肥施用可能存在过量的现象。反过来看，施肥减半情景下（相当于在不施肥情景上增加磷肥和氮肥施用），流域泥沙负荷较不施肥情景削减了 29.9%，总磷削减了 7.4%，总氮增加了 22.4%，进一步说明了屯溪流域农业用地存在大量施用氮肥的可能。

6.5.4.4　综合情景 4 和 5

根据上述情景分析结果，设定了两组综合情景，分别是情景 4——过滤带（1 m）+施肥减半、情景 5——坡度（大于 15°）退耕+过滤带（1 m）+施肥减半。结果显示：情景 4 对农业面源的削减效果良好，泥沙、总氮和总磷的削减率分别为 11.3%、15.9%和 21.9%。情景 5 对农业面源的削减效果极好，泥沙、总氮和总磷的削减率分别为 27.0%、48.1%和 80.5%，因此可以作为当地面源削减策略的备选方案之一。然而黄山地区属于以农业为主的山区，坡地比例较高，退耕还林的成本和农民再就业问题也是需要考虑的因素之一，情景 5 的代价可能会比较大，有待进一步分析研究。

第 7 章　绩效评估模型：DEA

生态补偿措施实施后，新安江流域内（黄山片）的环境投资力度明显加强，运用模型衡量好环境投资的效率，能够对下一步的投资进行一定的指导。本章应用数据包络分析技术（DEA），通过分析经济与环境指标之间的关系，更加有效地评估了治理措施的合理性；同时根据污染格局的变化调整治理重点和方向，提高补偿资金的使用效率。

7.1　模型原理

数据包络分析（data envelopment analysis，DEA）是运筹学、管理学与数理经济学交叉研究的一个领域，它是由 Chames 与 Cooper 等于 1978 年创建的[46]。DEA 主要采用数学规划的模型评价具有多输入多输出的部门或决策单元（decision making units，DMU）之间的相对有效性，是一种非参数的评估方法，同时也是估计生产前沿面的一种有效方法。

DEA 的显著特点是其不需要考虑投入产出之间的函数关系，也不需要预先估计参数和任何权重假设，避免了主观因素，直接通过产出与投入之间的加权和之比，计算决策单元的投入产出效率。在环境治理过程中，投入了大量的资金，希望获得尽可能高的治理效率，而经济与环境指标之间一般并没有直接的对应函数关系，因此使用 DEA 分析经济投入与环境改善产出之间的关系被认为是一种有效可行的方法。

为了说明 DEA 的效率评价原理，使用图 7-1 来详细说明。图中有 5 个决策单元 A～E，每个决策单元投入两种资源 x_1 和 x_2 进行生产活动，相应的输出为 y。由图中可见，DMU E 是技术无效的单元，其他的决策单元都是有效的，且处于生产前沿面（包络面）上，该生产前沿面是由一系列的分线段组成的等产量线的组合，使得观测点均位于面的上方。

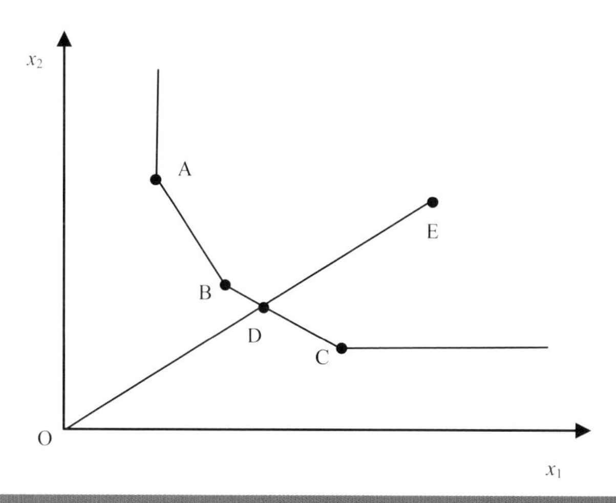

图 7-1　DEA 效率评价思想

对于无效的决策单元 E 来说，在前沿面上对应的决策单元为 D，显然可以表示为 B 和 C 的线性组合。而用 D 点的投入也可以生产出不少于 E 的产出，这说明 E 使用了过多的资源，相对于 D 来说，E 是无效的，而 D 是技术有效的。此时，E 的效率为 OD/OE，当 OD/OE=1 时，DMU E 是有效的，否则是无效的。DEA 正是基于这一思想，通过观测数据构造线性规划模型，求出各个决策单元的相对效率，当决策单元处于包络面上时，效率值为 1。

DEA 方法简约、直观地评估了治理效果的相对有效性，帮助政府部门准确掌握管理职能绩效水平。本书采用的是固定规模报酬下的多投入、多产出的效率评价 C^2R 模型和变动规模报酬下涵盖纯技术效率和规模效率的 BC^2 模型评估新安江流域治理绩效。

综合技术效率和纯技术效率以及由它们共同决定的规模效率是由 C^2R 模型和 BC^2 模型测度出来的。C^2R 模型假定规模收益不变，由 C^2R 模型求解出来的 θ^* 为综合技术效率值（TE）；由 BC^2 模型求解出来的 θ^* 为纯技术效率值（PTE），根据公式：综合技术效率=纯技术效率×规模效率可以求得规模效率（SE）。

7.1.1　C^2R 模型

设有 n 个决策单元 DMU，这 n 个决策单元都是具有可比性的。每个决策单元都有 m 种类型的输入和 s 种类型的输出，输入指标满足越小越好，输出指标满足越大越好。对于 DMU_j（$j\in[1,2,\cdots,n]$）：

x_{ij}=DMU_j 对第 i 种输入的投入量，$x_{ij}>0$（$1\leqslant i\leqslant m$）；

y_{rj}=DMU$_j$ 对第 r 种输出的产出量，$y_{rj}>0$（$1\leqslant r\leqslant s$）。

每个输入指标和输出指标在决策单元中的地位是不同的，它们有着不同的权重。设：v_i 为第 i 个投入指标的权重（$1\leqslant i\leqslant m$），u_r 为第 r 个产出指标的权重（$1\leqslant r\leqslant s$），$\boldsymbol{X}_i$、$\boldsymbol{Y}_j$ 分别表示 DMU$_j$ 的输入向量和输出向量，$\boldsymbol{v}$ 和 $\boldsymbol{u}$ 分别表示 m 种投入和 s 种产出的权重向量（$v\geqslant 0$，$u\geqslant 0$），则：

$\boldsymbol{X}_j$=（x_{1j}，x_{2j}，…，x_{mj}）^{T}，j=1,2,…,n；

$\boldsymbol{Y}_j$=（y_{1j}，y_{2j}，…，y_{mj}）^{T}，j=1,2,…,n；

$\boldsymbol{v}$=（v_1，v_2，…，v_m）^{T}；

$\boldsymbol{u}$=（u_1，u_2，…，u_s）^{T}。

对于权系数 $v\in E^m, u\in E^s$，将每个输入、输出指标赋予一定的权重，得到决策单元 j 的效率评价指标指数 h_j：

$$h_j=\frac{u^T Y_j}{v^T X_j}, j=1,\cdots,n$$

h_j 的本质是评价产出-投入比，总可以选取适当的权系数 v 和 u，使得 $h_j\leqslant 1$（$1\leqslant j\leqslant n$），将以上条件作为约束，构成了如下的分式规划模型（C^{2}R 模型）：

$$\begin{cases} \max \dfrac{u^T Y_{j0}}{v^T X_{j0}} \\ s.t. \dfrac{u^T Y_{j0}}{v^T X_{j0}} \leqslant 1,\ j=1,\cdots,n \\ u\geqslant 0,\ v\geqslant 0 \end{cases}$$

经过 C^2 变换，可以将上述条件转化为一个与其等价的线性规划问题：

$$(\mathrm{P})\begin{cases} \max \mu^T Y_{j_0} \\ w^T X_j - \mu^T Y_j \geqslant 0,\ j=1,\cdots,n \\ w^T X_{j_0} = 1 \\ w\geqslant 0, \mu\geqslant 0 \end{cases}$$

式中：$w=tv, \mu=tu$，而 $t=\dfrac{1}{v^T X_{j_0}}$。

通过目标决策单元 DMU_{j0} 与其他决策单元比较，找到一个权重向量使得该 DMU_{j0} 相对于其他决策单元的效率达到最大。借助 Pareto 有效性定义可以判断一个决策单元是否有效：一个决策单元完全有效，是在没有使其他决策单元变坏的基础上改善任何输入或输出。对于线性规划问题（P）有如下的定义：

（1）若线性规划问题（P）的最优解 v^0、u^0 满足 $u^{0T}Y_{j_0}=1$，则称 DMU_{j0} 为弱 DEA 有效（$\mathrm{C^2R}$）；

（2）若线性规划问题（P）的最优解 v^0、u^0 满足 $u^{0T}Y_{j_0}=1$，且 $v^0>0,u^0>0$，则称 DMU_{j0} 为 DEA 有效（$\mathrm{C^2R}$）。

7.1.2　BC^2 模型

锥性公理是 $\mathrm{C^2R}$ 模型对决策单元有效性判断的一个重要假设，被考察的决策单元可以通过增加投入等比例地扩大产出规模，因此，$\mathrm{C^2R}$ 模型所测度出的既是技术效率又是规模效率，但如果是非 DEA 有效，则无法判断是规模无效还是技术无效导致的。而且锥性假设这一条件非常苛刻，与实际差距较大。

BC^2 模型在生产可能集 $T_{\mathrm{C^2R}}$ 的基础上添加了一个凸性假设：$\sum_{j=1}^{n}\lambda_j=1$，这样就较好地解决了技术效率和规模效率混在一起的问题，BC^2 模型是专门用来考察决策单元技术效率的。BC^2 模型的生产可能集是：

$$T_{\mathrm{BC}^2}=\left\{(X,Y)\left|X\geqslant\sum_{j=1}^{n}\lambda_jX_j,Y\leqslant\sum_{j=1}^{n}\lambda_jY_j,\sum_{j=1}^{n}\lambda_j=1,\lambda_j\geqslant 0,j=1,\cdots,n\right.\right\}$$

输入型的 BC^2 模型为：

$$(\mathrm{P}^1{}_{\mathrm{BC}^2})\begin{cases}\max(\mu^T\,\mathrm{Y}_{j_0}-\mu_0)\\ \omega^TX_j-\mu^TY_j+\mu_0\geqslant 0,j=1,\cdots,n\\ \omega^TX_{j_0}=1\\ \omega\geqslant 0,\mu\geqslant 0,\mu_0\in E^1\end{cases}$$

对于 BC^2 模型，有以下的定义：

（1）若线性规划问题（$\mathrm{P}^1{}_{\mathrm{BC}^2}$）的最优解 ω^0、μ^0、$\mu_0{}^0$ 满足 $u^{0T}Y_{j_0}-\mu_0{}^0=1$，则称 DMU_{j0} 为弱 DEA 有效（BC^2）；

（2）若线性规划问题（$P^1_{BC^2}$）的最优解ω^0、μ^0、$\mu_0^{\ 0}$满足$u^{0T}Y_{j_0}-\mu_0^{\ 0}=1$，且

$\omega^0>0$、$\mu^0>0$，则称DMU_{j0}为DEA有效（BC^2）。

C^2R模型和BC^2模型能够给决策者提供重要的决策信息，具有十分重要的经济意义：

（1）可以对被考察单元进行规模收益分析。

当$\sum_{j=1}^{n}\lambda_j^{\ 0}=1$时，$DMU_{j0}$为规模收益不变，被考察的决策单元应该采取适宜稳定发展的战略；

当$\sum_{j=1}^{n}\lambda_j^{\ 0}<1$时，$DMU_{j0}$为规模收益递增，被考察的决策单元应该继续扩大投入的规模；

当$\sum_{j=1}^{n}\lambda_j^{\ 0}>1$时，$DMU_{j0}$为规模收益递减，意味着需要减少投入，将冗余的投入投放到其他领域。

（2）通过最优解可以对非DEA有效的被考察决策单元DMU_{j0}进行投影分析。

$$\hat{X}_{j_0}=\theta X_{j_0}-S^{-*}=\sum_{j=1}^{n}X_j\lambda_j$$

$$\hat{Y}_{j_0}=Y_{j_0}+S^{+*}=\sum_{j=1}^{n}Y_j\lambda_j$$

可以证明，被考察的决策单元 DMU_{j0} 在生产前沿面上的投影（$\hat{X}_{j_0}$，$\hat{Y}_{j_0}$）是DEA有效的，其投入的减少值和产出的增加值分别为：

$$\Delta X_{j_0}=X_{j_0}-\hat{X}_{j_0}$$

$$\Delta Y_{j_0}=Y_{j_0}-\hat{Y}_{j_0}$$

7.2 模型在新安江流域的应用

DEA模型在新安江流域的应用是以表4-6为基础，以生态补偿措施的环保投入资金为投入，以面源负荷削减、水质改善作为产出，以黄山地区7个不同区县

（因绩溪县没有环保投资数据，没有考虑进来）为决策单元（DMU），运用 DEA 模型，分别对其进行投入-产出绩效评估。

由于 SPARROW 模型的输出结果基于子流域概念进行分析，因此利用 NANI 模型得到子流域与行政区之间的关系，计算得到各行政区的污染排放变化量与水质变化量的值。有些区县数据出现负值，认为没有产出，统一定义为 0。模型的投入变量来自新安江流域投资统计数据，根据投资方向整理得到 12 类与水质改善相关的经济数据，按照区县范围进行加和，结果如表 7-1 所示。由于缺失绩溪县的经济投资统计数据，因此最终只针对屯溪区、黄山区、徽州区、歙县、黟县、休宁县、祁门县 7 个区县进行分析。

表 7-1　各行政区县投资类型及金额　　单位：万元

项目类型	屯溪区	黄山区	徽州区	歙县	休宁县	黟县	祁门县
农村保洁	263.9	47.08	260.4	1312	822.5	213.45	70.17
河面打捞	298.4	5	35	563.8	157.2	20	10
垃圾处理设施项目	270	0	120	580	240	120	120
重点区域网箱养殖整治	0	0	100	3 520	0	0	0
规模化畜禽养殖场污染治理	480	100	350	630	400	340	100
土壤污染治理	90	60	180	180	150	120	30
重点农村治理	200	0	0	2 400	0	0	200
城区污水处理设施建设	520	0	150	300	0	0	0
乡镇污水处理设施及配套管网建设	80	240	380	160	1 340	540	80
循环经济园区污水处理设备及管网	0	0	4 237	3 500	0	0	0
经济园区污水处理配套管网	1 800	0	0	0	680	300	0
生态修复工程	33 525	1 440	4 252	8 393	4 150	4 034	840

Pearson 相关性分析是考察两个变量之间线性关系的一种统计分析方法。更准确地说，当一个变量发生变化时，另一个变量如何变化，需要通过计算 Pearson 相关系数来做深入的定量考察。对各年的环保投入与面源 TN、TP、COD 削减进行 Pearson 相关分析，相关系数分别为 0.407、0.709、0.247；对各年的环保投入与水质 TN、TP、COD 削减进行 Pearson 相关分析，相关系数分别为 0.718、0.803、0.377。

数据计算利用 DEAP 软件完成，如图 7-2 所示。

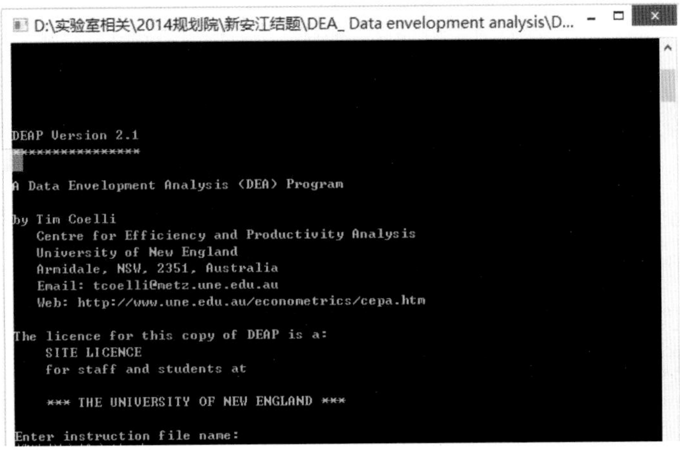

```
D:\实验室相关\2014规划院\新安江结题\DEA_ Data envelopment analysis\D...

DEAP Version 2.1
****************

A Data Envelopment Analysis (DEA) Program

by Tim Coelli
   Centre for Efficiency and Productivity Analysis
   University of New England
   Armidale, NSW, 2351, Australia
   Email: tcoelli@metz.une.edu.au
   Web: http://www.une.edu.au/econometrics/cepa.htm

The licence for this copy of DEAP is a:
    SITE LICENCE
    for staff and students at

    *** THE UNIVERSITY OF NEW ENGLAND ***

Enter instruction file name:
```

图 7-2 DEAP 软件运行界面

7.2.1 以面源负荷削减作为产出的环保投入绩效评估结果

表 7-2 以面源负荷削减作为产出的环保投入绩效评估结果

决策单元	产出松弛变量			投入松弛变量	效率值			规模收益
	S_1^{+*}	S_2^{+*}	S_3^{+*}	S_1^{-*}	TE	PTE	SE	
黄山区	0.000	0.000	397.886	0.000	0.056	0.100	0.563	irs
徽州区	0.000	0.000	0.000	0.000	1.000	1.000	1.000	—
祁门县	0.000	0.000	0.000	0.000	1.000	1.000	1.000	—
屯溪区	0.000	0.000	1 053.615	23 512.654	0.250	0.908	0.275	drs
歙县	0.000	0.000	0.000	0.000	0.603	1.000	0.603	drs
休宁县	0.000	0.000	0.000	0.000	1.000	1.000	1.000	—
黟县	0.000	1.077	1 096.567	0.000	0.298	0.318	0.936	irs
平均	0.000	0.154	364.101	3 358.951	0.601	0.761	0.768	—

DEA 绩效评估结果见表 7-2，从表中可以看出，综合技术效率（TE）平均值为 0.601，除了黄山区（0.056）、屯溪区（0.250）和黟县的值（0.298）偏低以外，其余年份效率值都在 0.600 以上；各控制单元治理的规模效率（SE）除了屯溪区（0.275）以外，其余控制单元的值均在 0.500 以上，平均值达到 0.768；纯技术效

率（PTE）平均值为 0.761，决策单元的纯技术效率基本达到有效匹配规模和投入、产出的效果。

新安江流域以面源负荷削减作为产出的环保投入绩效评估分析结果表明，各区县环保投入基本有效。但是，黄山区、黟县的纯技术效率过低，屯溪区的规模效率不足的问题必须引起重视。

其中屯溪区和歙县规模收益递减，黄山区和黟县规模收益递增，其余 3 个控制单元规模收益有效。

综上，屯溪区规模收益递减很可能是因为存在投资冗余的现象（松弛变量为 23 512.654），歙县规模收益递减的原因可能是规模效率不高（0.603），黄山区和黟县尽管规模收益递增，但不意味着必须继续在这两个区域增加投入，其原因很有可能是纯技术效率过低导致的（分别为 0.100 和 0.318）。

7.2.2　以水质改善作为产出的环保投入绩效评估结果

表 7-3　以水质改善作为产出的环保投入绩效评估结果

决策单元	产出松弛变量		投入松弛变量	效率值			规模收益
	S_1^{+*}	S_2^{+*}	S_1^{-*}	TE	PTE	SE	
黄山区	0.000	0.000	0.000	0.699	0.873	0.801	drs
徽州区	0.000	0.000	0.000	1.000	1.000	1.000	—
祁门县	0.000	0.000	0.000	1.000	1.000	1.000	—
屯溪区	0.000	0.000	0.000	0.304	1.000	0.304	drs
歙县	0.000	0.020	11 474.400	0.283	0.811	0.349	drs
休宁县	0.000	0.026	0.000	0.395	0.683	0.578	drs
黟县	0.000	0.026	0.000	0.348	0.813	0.428	drs
平均	0.000	0.010	1639.200	0.576	0.883	0.637	—

DEA 绩效评估结果见表 7-3，从表中可以看出，综合技术效率（TE）平均值为 0.576，普遍不高，除了徽州区（1.000）、祁门县（1.000）较高之外，其余年份效率值都不高；各控制单元治理的规模效率（SE）差异明显，徽州区、黄山区和祁门县较好，7 个区县平均值达到 0.637；纯技术效率（PTE）平均值为 0.883，决策单元的纯技术效率基本达到有效匹配规模和投入、产出的效果。

新安江流域以水质改善作为产出的环保投入绩效评估分析结果表明，各区县环保投入基本有效。

从规模收益的角度看，除了徽州区和祁门县外，其余各控制单元均为规模收益递减，很可能存在投资冗余的现象。

7.2.3 结论

整体而言，环保投入在水质改善方面效率更高；而环保投入在面源污染削减方面效率相对而言整体不高。7 个区县中，黄山区在面源污染削减方面纯技术效率过低，在水质改善方面边际效用递减；徽州区和祁门县无论从哪方面说都是规模有效，效率最高；屯溪区和歙县规模效率较低，两方面都是规模收益递减；休宁县在面源污染削减方面技术有效，在水质改善方面规模效率、纯技术效率不足；黟县各方面效率均不高，亟待提高资金的合理利用度。

由于各个区县并非完全包含于流域范围内，因此可能存在区县的整体投资金额数据大于流域范围内区县投资金额的情况，造成投入数据与产出数据范围不统一的情况，存在一定的计算误差，因此分析结果仅作为投资效率的参考。

第 8 章　建议

本书主要对水环境模型在新安江流域在研究中的应用进行了介绍，这些模型工具面向水环境管理的需求，一定程度上为流域综合性水环境管理决策提供了借鉴和参考。目前，我国流域水环境管理还比较薄弱，为逐步实现流域精细化、信息化管理，提出如下建议：

8.1 加强模型技术的开发与应用

以不同尺度的流域为对象，开展流域水质模型的研究，逐步建立现状、目标、决策、反馈等流域环境综合管理系统，耦合流域模型与地理信息系统的集成，通过大量参数的测定实现对大尺度区域面源污染输出负荷的确定以及流域水环境质量的评价、模拟和预警。

8.2 建立模型精度所需基础信息的共享机制

模型在构建和使用过程中需要大量的河网数据、污染源数据、监测数据、空间属性数据、水文数据、土壤数据等，数据的精度、准确度以及匹配程度等均会对模型的使用结果产生重要影响。为提高模型模拟的精度，需尽快开展基础信息的监测、整理和分析，建立数据共享、共用机制，进一步规范模型的使用，促进模型应用的程序化和标准化。

8.3 推进模型的标准化和规范化

根据模型的模拟特征及应用条件，尽快建立模型库，并根据模型的应用特征，推荐模型的分析、应用、研讨和完善，逐步建立标准化的模型体系。同时，注重加强流域特征及模型复杂度间的匹配分析，完善模型的规范化应用步骤。开展不同尺度的流域模拟，注重模型研究成果间的相互衔接和分析，建立宏观、微观相结合的模型体系。

8.4 发挥模型模拟对行政决策的支撑作用

模型对环境水体水位、水量、水质进行模拟计算，依靠3S等技术提高模型预测和模拟结果表现能力，使水体水位、水质等信息以生动形象的图形方式呈现给环境管理人员，并且以这些信息为基础，完成相关流域水质的预测、判断和分析，为环境管理决策者提供参考，逐步发挥模型对行政决策的支撑作用。

参考文献

[1] 蒋洪强，吴文俊，姚艳玲，等. 耦合流域模型及在中国环境规划与管理中的应用进展[J]. 生态环境学报，2015，24（3）：539-546.

[2] 李青，田丽丽，孙韧，等. WEAP 模型在天津市滨海新区水资源与水环境管理中的应用初探[J]. 水资源与水工程学报，2010，21（2）：56-59.

[3] 何因，秦保平，李云生，等. GWLF 模型的原理、结构及应用[J]. 城市环境与城市生态，2009，15（6）：26-27.

[4] 朱超，于瑞宏，刘慧颖，等. 基于 DEM 的乌梁素海东部流域河网信息提取[J]. 水资源保护，2011，21（3）：75-77.

[5] Maidment D. ArcGIS hydro data model [EB/OL][2001-07-03]. GIS hydro 2000 pre-conference seminar，2000 international user conference，ESRI，San Diego，California，June 2000. http：//www.crwr.utexas.edu/giswr/.

[6] Maidment D. Arc Hydro：GIS for water resources [M]. San Diego：ESRI，2002.

[7] Jarvis A，Reuter HI，Nelson，et al. Hole filled seamless SRTM data V3. International Centre for Tropical Agriculture [EB/OL]. [2009-08-19]. http：//srtm.csi.cgiar.org.

[8] Maathuis B，Msc LW. Digital elevation model based hydro processing [J]. Geocarto International，2006，21（1）：21-26.

[9] Zoun R，Schneider K，Whiteaker T，et al. Applying the ArcGIS hydro data model part/[EB/OL][2001]. http：//www.crwr.utexas.edu/gis/archydrobook/Data Model Files/Tutorial/Archydro Part/.htm.

[10] Haith DA，Shoenaker LL. Generalized watershed loading functions for stream flow nutrients [J]. Journal of the American Water Resources Association，1987，23（3）：471-478.

[11] Ning S，Jeng K，Chang N. Evaluation of non-point sources pollution impacts by integrated 3S information technologies and GWLF modelling [J]. Water Science & Technology，2002，46（6-7）：217-224.

[12] Yagow G. Using GWLF for development of reference watershed approach TMDLs[C]，Proceedings of the American Society of Agricultural and Biological Engineers and the Canadian Society for Bioengineering Annual International Meeting，2004.

[13] Benham B L，Brannan KM，Yagow G，et al. Development of Bacteria and Benthic Total Maximum Daily Loads [J]. Journal of environmental quality，2005，34（5）：1860-1872.

[14] Wagner R C，Dillaha T A，Yagow G. An assessment of the reference watershed approach for TMDLs with biological impairments [J]. Water，Air，and Soil Pollution，2007，181（1-4）：341-354.

[15] Dodd R，Tippett J. Nutrient modeling and management in the Tar-Pamlico River Basin[R]. Research Triangle Institute，1994.

[16] Lee K Y，Fisher T R，Jordan T E，et al. Modeling the hydrochemistry of the Choptank River Basin using GWLF and Arc/Info：1. Model calibration and validation [J]. Biogeochemistry，2000，49（2）：143-173.

[17] Lee K Y，Fisher T R，Rochelle-Newall E. Modeling the hydrochemistry of the Choptank River Basin using GWLF and Arc/Info：2. Model validation and application [J]. Biogeochemistry，2001，56（3）：311-348.

[18] Chang H. Basin hydrologic response to changes in climate and land use：the Conestoga River Basin，Pennsylvania [J]. Physical Geography，2003，24（3）：222-247.

[19] Jennings E，Allott N，Pierson D C，et al. Impacts of climate change on phosphorus loading from a grassland catchment：Implications for future management[J]. Water research，2009，43（17）：4316-4326.

[20] Ning S K，Chang N B，Jeng K Y，et al. Soil erosion and non-point source pollution impacts assessment with the aid of multi-temporal remote sensing images [J]. Journal of environmental management，2006，79（1）：88-101.

[21] Lin C，Huang T，Shaw D. Applying water quality modeling to regulating land development in a watershed [J]. Water resources management，2010，24（4）：629-640.

[22] Chikondi G M，Joshua V，Phiri S. Modeling the fluxes of nitrogen，phosphate and sediments in Linthipe catchment，Southern Lake Malawi Basin：Implications for catchment management [J]. African Journal of Agricultural Research，2010，5（6）：424-430.

[23] Dai T，Wetzel R L，Christensen T R，et al. BasinSim 1.0：A Windows-based watershed modeling package[R]. Virginia Institute of Marine Science，College of William & Mary，2000.

[24] Schneiderman E M，Pierson D C，Lounsbury D G，et al. Modeling the hydrochemistry of the Cannonsville watershed with Generalized Watershed Loading Functions（GWLF）[J]. Journal of the American Water Resources Association，2002，38（5）：1323-1347.

[25] Hong B，Swaney D. GWLFXL 1.2.1 Users' manual[R]. Cornell University. Available at http：//www.eeb.cornell.edu/biogeo/usgswri/GWLFXL/gwlfxl.doc. 2007.

[26] Mörth CM，Humborg C，Eriksson H，et al. Modeling riverine nutrient transport to the Baltic Sea：a large-scale approach [J]. AMBIO：A Journal of the Human Environment，2007，36（2）：

124-133.

[27] Billen G，Garnier J. Nitrogen transfers through the Seine drainage network：a budget based on the application of the 'Riverstrahler' model [J]. Hydrobiologia，1999（146）：139-150.

[28] Beven K，Binley A. The future of distributed models：model calibration and uncertainty prediction [J]. Hydrological Processes，1992，6（3）：279-298.

[29] Beven K，Freer J. Equifinality，data assimilation，and uncertainty estimation in mechanistic modeling of complex environmental systems using the GLUE methodology [J]. Journal of hydrology，2001，249（1-4）：11-29.

[30] Hong B，Swaney D. Regional Nutrient Management（ReNuMa）Model，Version 1.0. User's Manual[R]. Available at http：//www.eeb.cornell.edu/biogen/nanc/usda/renuma.htm. 2007.

[31] G.E. Schwarz，A. Hoos，R. Alexander，et al. The Sparrow Surface Water-Quality Model：Theory，Application and User Documentation. US Department of the Interior，US Geological Survey Washington，DC，2006.

[32] Chapra S，Pelletier G. QUAL2K：A modeling framework for simulating river and stream water quality：Documentation and user's manual [R]. Medford：Tufts University Civil and Environmental Engineering Department，2003.

[33] Brown L C，Barnwell T O. The enhanced stream water quality models QUAL2E and QUAL2E-UNCAS：documentation and user manual [R] U.S. EPA，1987.

[34] Holland J H. Adaptation in natural and artificial systems：an introductory analysis with applications to biology，control，and artificial intelligence [M]. Boston：MIT press，1992.

[35] Gassman P W，Reyes M R，Green C H，.et al. Soil and water assessment tool：Historical development，applications，and future research directions[J] Transactions of the ASABE. 2007，50（4）：1211-1250.

[36] Arnold J G，Moriasi D N，Gassman P W，et al. SWAT：Model use，calibration，and validation [J]. Transactions of the ASABE，2012，55（4）：1491-1508.

[37] Morris M D. Factorial sampling plans for preliminary computational experiments [J]. Technometrics，1991，33（2）：161-174.

[38] Abbaspour K. User manual for SWAT-CUP，SWAT calibration and uncertainty analysis programs [J]. Swiss Federal Institute of Aquatic Science and Technology，2007.

[39] 庞靖鹏，刘昌明，徐宗学. 密云水库流域土地利用变化对产流和产沙的影响[J]. 北京师范大学学报：自然科学版，2010，46（3）：290-298.

[40] 蔡永明，张科利，李双才. 不同粒径制间土壤质地资料的转换问题研究[J]. 土壤学报，2003（4）：511-517.

[41] 刘建立，徐绍辉，刘慧. 几种土壤累积粒径分布模型的对比研究[J]. 水科学进展，2003，14（5）：588-592.

[42] 郑海金，杨洁，喻荣岗，等. 红壤坡地土壤可蚀性 K 值研究[J]. 土壤通报，2010，（2）：425-428.

[43] Saxton K，Rawls W J，Romberger J，et al. Estimating generalized soil-water characteristics from texture [J]. Soil Science Society of America Journal，1986，50（4）：1031-1036.

[44] Williams J，Nearing M，Nicks A，et al. Using soil erosion models for global change studies [J]. Journal of Soil and Water Conservation，1996，51（5）：381-385.

[45] 史晓亮，杨志勇，严登华，等. 滦河流域土地利用/覆被变化的水文响应[J]. 水科学进展，2014，25（1）：21-27.

[46] Charnes A，Cooper WW，Rhodes E. Measuring the efficiency of decision making units [J]. European Journal of Operational Researeh，1978，6（2）：429-444.